电力系统管理及其自动化技术研究

梁高源　赵福春　翟亚州　主编

吉林科学技术出版社

图书在版编目（CIP）数据

电力系统管理及其自动化技术研究 / 梁高源，赵福春，翟亚州主编．-- 长春：吉林科学技术出版社，2023.10
ISBN 978-7-5744-0913-2

Ⅰ．①电… Ⅱ．①梁… ②赵… ③翟… Ⅲ．①电力系统自动化—研究 Ⅳ．① TM76

中国国家版本馆 CIP 数据核字 (2023) 第 197967 号

电力系统管理及其自动化技术研究

主　　编　梁高源　赵福春　翟亚州
出 版 人　宛　霞
责任编辑　王凌宇
封面设计　周　凡
制　　版　周　凡
幅面尺寸　185mm × 260mm　1/16
字　　数　280 千字
页　　数　300
印　　张　18.75
印　　数　1-1500册
版　　次　2023 年 10 月第 1 版
印　　次　2024 年 2 月第 1 次印刷

出　　版　吉林科学技术出版社
发　　行　吉林科学技术出版社
地　　址　长春市净月区福祉大路 5788 号
邮　　编　130118
发行部电话 / 传真　0431-81629529　81629530　81629531
81629532　81629533　81629534
储运部电话　0431-86059116
编辑部电话　0431-81629518
印　　刷　三河市嵩川印刷有限公司

书　　号　ISBN 978-7-5744-0913-2
定　　价　84.00 元

编委会

主　编　梁高源　赵福春　翟亚州

副主编　刘　芳　陈喜刚　王　磊　周一峰

前言

随着工业技术的发展和进步，我国的电网建设已经相对完善，电力事故也越来越少。特别是随着新能源的快速发展，核能、风能、太阳能、地热能等一些新能源发电系统并入电网，能够保障我国各行各业的电力供应，满足国家的用电需求，提升电网的稳定性。同时，电力负荷在逐渐增加，而且越来越复杂，不同负荷类型对电网稳定性的依赖程度也不同，因此构建合理稳定的电网环境尤为重要。只有从构建电网初期开始对各个环节进行实地测量评估，制定因地制宜的施工计划，并在施工过程中严格执行国标，才能构建更加稳定可靠的电网环境。

本书是电力方向的书籍，主要研究电力系统管理及其自动化技术。本书从电力工程基础入手，针对输配电设备的工作原理、高压直流与特高压交流输电技术、建筑配管配线工程进行了分析研究；另外对电力系统基本概念、电力系统接线方式、开关电器、限流电器与互感器、导体、绝缘子与交流输电补偿器做了一定的介绍；还剖析了防雷接地与建筑弱电设计、智能建筑电气技术与工程设计、电力调度自动化系统运维管理技术、储能在电力系统中的应用等内容。本书论述严谨，结构合理，条理清晰，内容丰富。对电力系统管理及其自动化技术研究有一定的借鉴意义。

在本书的策划和写作过程中，参阅了国内外大量有关的文献和资料，从其中得到启示；同时也得到了有关领导、同事、朋友及学生的大力支持与帮助，在此致以衷心的感谢。本书的选材和写作还有一些不尽如人意的地方，加上编者学识水平和时间所限，书中难免存在缺点，敬请读者批评指正，以便进一步完善和提高。

目　录

第一章　电力工程基础 ………………………………………………………… 1

第一节　电力系统基本概念 ………………………………………………… 1

第二节　电力系统接线方式 ………………………………………………… 8

第二章　输配电设备的工作原理 ………………………………………………… 32

第一节　开关电器 ………………………………………………………… 32

第二节　限流电器与互感器 ………………………………………………… 63

第三节　导体、绝缘子与交流输电补偿器 ………………………………… 76

第三章　高压直流与特高压交流输电技术 ………………………………… 86

第一节　高压直流输电技术 ………………………………………………… 86

第二节　特高压交流输电技术 ……………………………………………… 103

第四章　建筑配管配线工程 ……………………………………………… 122

第一节　建筑电气施工基础知识 ………………………………………… 122

第二节　配管配线工程 …………………………………………………… 128

第五章　防雷接地与建筑弱电设计 ……………………………………… 140

第一节　防雷接地设计 …………………………………………………… 140

第二节　建筑弱电设计 …………………………………………………… 162

第六章　智能建筑电气技术与工程设计 ………………………………… 172

第一节　智能建筑电气技术 ……………………………………………… 172

第二节　建筑电气工程的设计与施工 …………………………………… 196

第七章　电力调度自动化系统运维管理技术 227
第一节　电力调度自动化系统运维管理技术概述 227
第二节　自动化系统运维组织与管理 237
第三节　自动化机房巡检技术 252
第四节　自动化运维服务质量评价 256
第八章　储能在电力系统中的应用 268
第一节　储能在微电网中的应用 268
第二节　风储联合参与系统调频调压 274
第三节　基于储能的虚拟电厂 283
参考文献 289

第一章　电力工程基础

第一节　电力系统基本概念

一、电力系统的组成和特点

(一) 电力系统的组成

由于电能生产是一种能量形态的转换，发电厂宜建设在动力资源所在地，而蕴藏动力资源的地区与电力用户之间又往往相隔一定距离。例如，水能资源集中在河流落差较大的偏僻地区，热能资源则集中在盛产煤、石油、天然气的矿区；而大城市、大工业中心等用电部门则由于原材料供应、产品协作配套、运输、销售、农副产品供应等原因以及各种地理、历史条件的限制，往往与动力资源所在地相距较远，为此必须建设升压变电所和架设高压输电线路以实现电能的远距离输送。电能输送到负荷中心后，必须经过降压变电所降压，再由配电线路向各类用户供电。

电力系统 (Power System) 是由发电机、输电网、配电网和电力用户组成的整体，是将一次能源转换成电能并输送和分配到用户的一个统一系统，它包括从发电、输电、配电到用电这样一个全过程。如果把发电厂的动力部分 (如热力发电厂的锅炉、汽轮机、热力网和用热设备，水力发电厂的水库、水轮机以及核电厂的反应堆等) 也包括在内，则称之为动力系统。与电力系统相关联的是电力网络，它是指电力系统中除发电机和用电设备以外的部分。所以电力网络是电力系统的一个组成部分，而电力系统又是动力系统的一个组成部分。

(二) 电力系统的特点

其实，电能也是商品，也有其生产、输送和消费环节，但是它又具有明显的特殊性。这种特殊性决定了电力系统与其他工业部门相比有着许多不同的特点，主要表现如下：

1. 电能不能被大量储存

电能的生产、输送和消费实际上是同时进行的，即发电设备任何时刻生产的电能必须等于该时刻用电设备消费与输送中损耗电能之和，而且这一数值还随着时间不断变化。

2. 发供用电的连续性

由于电能不能被大量储存，必须保持电能生产、输送、消费流程的连续性，其中任一环节出现故障，必将影响电力系统的运行。因此，必须努力提高各环节的可靠性，以保证电力系统的安全、经济、可靠运行和对用户的不间断供电。

3. 暂态过程的短暂性

电力系统中发电机、变压器、电力线路、用电设备的投入或退出都在一瞬间完成，由此而引起的系统电磁暂态、机电暂态过程非常短暂。电能从一处输送到另一处所需的时间以 $10^{-6} \sim 10^{-3}$ 秒计，所以电能生产、输送、消费工况的改变十分迅速。

4. 与国民经济各部门关系密切

随着现代化的进展，各部门中电气化的程度将越来越高。尤其是随着信息化社会的发展，各个部门对电力的依赖程度都非常高。因而，电能供应的中断或不足，不仅直接影响国防与工农业生产、交通运输，造成国民经济损失，人民生活紊乱，在某些情况下甚至会酿成极其严重的社会性灾难。历史上一些大停电事故的教训都证实了这一点。

（三）电力系统运行的基本要求

从电力系统上述特点出发，根据电力工业在国民经济中的地位和作用，决定了对电力系统有下列基本要求：

1. 保证可靠地持续供电

这是电力系统运行中一项极为重要的任务，供电中断给国民经济造成的损失远远超过停电对电力系统本身造成的损失。因此，电力系统运行首先要满足连续可靠的要求；其次要提高运行和管理水平，防止因发生误操作和不必要的人为操作失误使事故扩大化；再次要加强对设备的安全运行检查；最后要加强和完善电网本身的结构，增加备用容量和采用必要的自动化设备。

2. 保证良好的电能质量

电能质量包含电压质量、频率质量和波形质量三个方面。用户受电端供电电压的允许波动范围：35kV 为 ±5%；10kV 为 ±7%；220V 为 +7% ~ —10%；频率的允许偏移为 50 ±（0.2 ~ 0.5）Hz（小系统为 ±0.5Hz，大系统为 ±0.2Hz）；波形应为标准正弦波且谐波应不超过标准。电能质量合格，用电设备正常工作时具有最佳的技术经济效果；相反，电能质量不合格，不仅对用电设备运行产生影响，对电力系统本身也有危害。

3. 保证系统运行的经济性

电力系统运行时，要尽可能地降低发电、变电和输配电过程中的损耗，最大限度地降低电能成本。电能成本的降低不仅意味着能源的节省，还将影响到各用电部门成本的降低，对整个国民经济有很大好处。

二、电力系统的电压等级

(一) 电力系统的额定电压等级

近代电力系统中，各部分电压等级之所以不同，是因为三相功率 S 和线电压 U、线电流 I 之间的关系为 $S=\sqrt{3}UI$。当输送功率一定时，输电电压越高，电流越小，导线载流部分的截面积越小，投资越小；但电压越高，对绝缘的要求越高，杆塔、变压器、断路器等绝缘的投资也越大。综合考虑这些因素，对应于一定的输送功率和输送距离应有一个最合理的线路电压。但从设备制造角度考虑，为保证生产的系列性，又不应任意确定线路电压。另外，规定的标准电压等级过多也不利于电力工业的发展。电力系统中的电气设备都是按照额定电压和额定频率来设计的，当电气设备在额定电压和额定频率下运行时，其技术经济性能才最好，也才能保证安全可靠运行。

在同一电压等级下，各种电气设备的额定电压并不完全相等，某一级的额定电压是以用电设备的额定电压为中心而定的。为了满足用电设备对供电电压的要求，电力系统的额定电压应与用电设备的额定电压相一致。下面介绍电力系统主要元件，如发电机、变压器、电力线路、用电设备等额定电压的确定。

1. 用电设备的额定电压

以 U_N 表示用电设备的额定电压(作为其他元件的参考电压)。

2. 输电线路的额定电压

输电线路的首端和末端均可接用电设备，而用电设备的端电压一般容许在额定电压的 ±5% 以内波动。因而在没有调压设备的情况下，输电线路上可以容许 10% 的电压损耗。

若输电线路的首端电压较用电设备的额定电压高 5%，即为 $U_1=U_N(1+5\%)$，输电线路的末端电压较用电设备的额定电压低 5%，即为 $U_2=U_N(1-5\%)$，则输电线路的额定电压为：$(U_1+U_2)/2=U_N$。

3. 发电机的额定电压

发电机作为直接配电的电源，总是接在线路的首端，它的额定电压应较输电线路的额定电压高 5%，所以发电机的额定电压为：$U_{GN}=U_N(1+5\%)$。

4. 变压器的额定电压

变压器的额定电压即为变压器两侧的额定电压，以变比表示为：$k=U_{1N}/U_{2N}$。

变压器具有发电机和负荷的双重地位，它的一次侧是接受电能的，相当于用电设备，它的二次侧是送出电能的，相当于发电机。所以变压器一次侧的额定电压等于用电设备的额定电压，即$U_{1N}=U_N$。对于直接与发电机相联的变压器，其一次侧的额定电压等于发电机的额定电压，即$U_{1N}=U_{GN}=U_N(1+5\%)$。

考虑变压器二次侧接长线路时存在电压降落的情况，变压器在二次侧的输出电压较后面线路的额定电压高5%，空载电压为$U_{2N}=U_N(1+5\%)$。考虑变压器负载运行时，约有5%的压降，则变压器二次侧的电压应较线路额定电压高出10%，即$U_{2N}=U_N(1+10\%)$。

变压器两侧的额定电压总结为：

$$\text{一次侧额定电压}\begin{cases}U_{1N}=U_N(\text{降压变压器或中间联络变压器})\\U_{1N}=U_{CN}(\text{直接与发电机相联的变压器})\end{cases}$$

$$\text{二次侧额定电压}\begin{cases}U_{2N}=U_N(1+5\%)(\text{线路空载或直接接负载})\\U_{2N}=U_N(1+10\%)(\text{线路}+\text{负载})\end{cases}$$

(二) 选择电压等级

输配电网络额定电压的选择在规划设计时又称电压等级的选择，它关系到电力系统建设费用高低、运行是否方便、设备制造是否经济合理的一个综合性问题，因而是较为复杂的问题。

在输送距离和传输容量一定的条件下，如果所选用的额定电压越高，则线路上的电流越小，相应线路上的功率损耗、电能损耗和电压损耗也就越小，并且可以采用较小截面的导线以节约有色金属；但是电压等级越高，线路的绝缘要求越高，杆塔的几何尺寸也要随导线之间的距离和导线对地之间的距离增加而增大，这样线路的投资和杆塔的材料消耗就要增加；同样线路两端的升压、降压变电所的变压器以及断路器等设备的投资也要随之增大。因此，采用过高的额定电压并不一定恰当。一般来说，传输功率越大，输送距离越远，选择较高的电压等级比较有利。

总之，选择电力网的电压时，应根据输送容量和输电距离，以及周围电力网的额定电压情况，拟订几个方案，通过经济技术比较来确定。如果两个方案的经济技术指标相近，或较低电压等级的方案优点不太明显时，应采用电压等级较高的方案。

电力工业发展的经验表明，电压等级不宜过多或过少，即相邻的两个电压等级的级差不宜过大或过小。级差过小，将导致电压等级过多，使电力设备制造部门的

生产复杂化，增加设备成本，也为电力系统中设备的维护和检修带来诸多不便，增加运行管理的困难；反之，电压等级过少又会使电压等级的选择受到限制，不易达到合理配置。根据经验，电力系统输电额定电压等级中相邻的两个电压之比，在电压为 110kV 以下时一般为三倍左右，在 110kV 以上时宜在两倍左右。

三、电力系统的负荷

（一）电力负荷的构成

电力系统的总负荷就是系统中所有用电设备消耗总功率的总和。这些设备包括异步电动机、同步电动机、各类电弧炉、整流装置、电解装置、制冷制热设备、电子仪器和照明设施等。它们分属于工农业、企业、交通运输、科研机构、文化娱乐和人民生活等各种电力用户。根据电力用户的不同负荷特征，电力负荷（Power Load）可区分为工业负荷、农业负荷、交通运输业负荷和人民生活用电负荷等。

电力系统综合用电负荷是指工业、农业、交通运输、市政生活等各方面消耗的功率之和。电力系统供电负荷是指综合用电负荷加上传输和分配过程中的网络损耗，即为发电厂应供出的功率。电力系统发电负荷是指供电负荷加上各发电厂本身消耗的厂用电功率，即为发电机应发出的功率。

（二）电力负荷的变化规律

在进行电力系统分析计算及调度部门决定开停机时，必须知道负荷大小。由于电力系统的负荷是随时间变化的，因此，电力网中的功率分布、功率损耗及电压损耗等都是随负荷变化而变化的。例如某些负荷随季节（冬、夏季）、企业工作制（一班或倒班作业）的不同而出现一定程度的变化。所以，在分析和计算电力系统的运行状态时，必须了解负荷随时间变化的规律。

负荷的变化规律通常以负荷曲线来表示。负荷曲线是指某一段时间内负荷随时间变化的曲线。负荷曲线对变电所、发电厂和电力系统的运行有重要意义。它是变电所负荷控制，发电厂安排日发电计划，确定电力系统运行方式和主变压器、发电机组等设备检修计划以及制定变电所、发电厂扩建新建规划的依据。由于负荷的变化是随机的，很难确切地预知未来负荷的变化规律，因此往往采用负荷预测的方法。负荷预测是目前十分重要而又未完全解决的一项研究课题。电力系统的负荷曲线有以下几种：按负荷种类分为有功功率负荷曲线和无功功率负荷曲线；按时间段分为日负荷曲线和年负荷曲线；按计量地点分为用户、电力线路、变电所、发电厂等负荷曲线。下面介绍几种常用的负荷曲线：

1. 有功功率日负荷曲线

有功功率日负荷曲线是制定各发电厂发电计划及系统调度运行的依据。虽然系统中不同用户的有功功率日负荷曲线变化较大，如图 1–1（a）所示，但系统总的有功功率日负荷曲线却相当平坦。这是由于各行业用户的最大、最小负荷不同时出现造成的。曲线中最高处称为最大负荷 P_{max}；最低处称为最小负荷 P_{min}。

有功功率日负荷曲线除了表示负荷随时间变化的规律外，还可以反映用户消耗多少电能。由于某一时间内用户所消耗的电能 A 等于该用户的有功功率 P 乘以 Δt，因此，在一天内用户所消耗的总能量为：

$$A=\int_0^{24}P(t)dt$$

很明显，用户一天中消耗的电能即为有功功率日负荷曲线下面所包围的面积。当有功功率 P 的单位取 kW，时间 t 的单位取 h，则电能 A 的单位是 kW•h。

2. 无功功率日负荷曲线

电力系统的调度不仅调度发电机的有功功率，有时还要调度发电机、同步调相机及电容器等的无功功率，因此除了有功功率负荷曲线外还有一个无功功率负荷曲线，其横坐标是时间，纵坐标是无功功率。无功功率日负荷曲线与有功功率日负荷曲线不完全一样，因为一日之内功率因数是变化的，在低负荷时功率因数相对较低，而在高峰负荷时功率因数较高。一般白天出现无功功率最大负荷，晚上出现有功功率最大负荷，如图 1–1（b）所示。

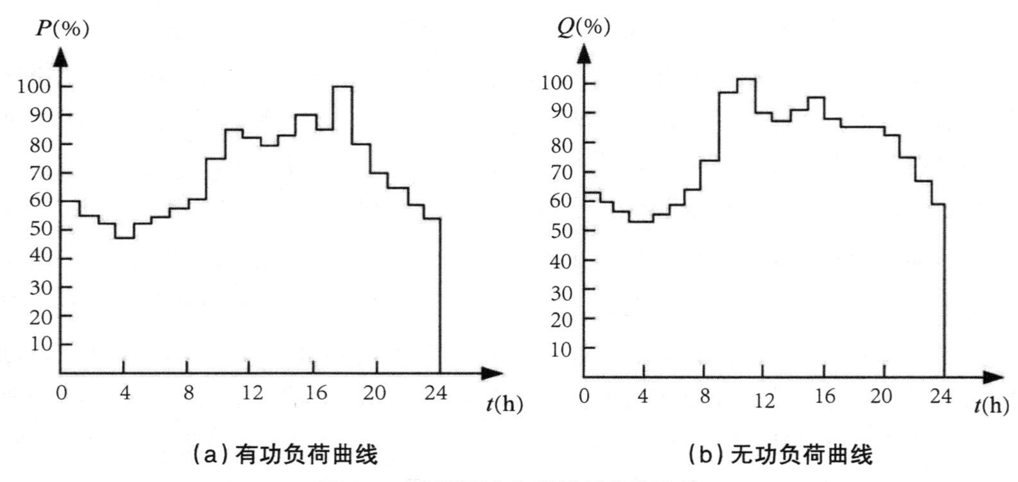

（a）有功负荷曲线　　（b）无功负荷曲线

图 1–1　生活用电负荷的日负荷曲线

3. 有功功率年最大负荷曲线

在电力系统的运行和设计中，不仅要知道一天 24h 负荷变化的规律，而且要知道一年之内负荷的变化情况，经常用到的是年最大负荷曲线。把每月的最大有功功率负荷记录按年绘制成曲线，称为年最大负荷曲线，如图1–2所示。这种负荷曲线主要用来指导制定发电设备检修计划和制定新建、扩建电厂的规划等。

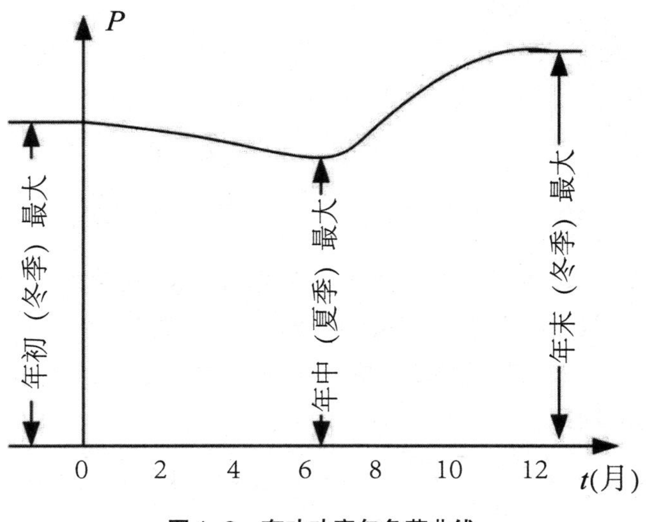

图1–2　有功功率年负荷曲线

4. 年持续负荷曲线

在电力系统的分析和计算中，还经常用到年持续负荷曲线，它是将一年中系统负荷按其大小及持续时间顺序排列而成的，如图1–3所示。由图可见，在全年8760h中，t_1小时的负荷为P_1，t_2小时的负荷为P_2，t_3小时的负荷为P_3，其中P_1=P_{max}。这种负荷曲线常用于安排发电计划、电网能量损耗计算、可靠性估算等方面。

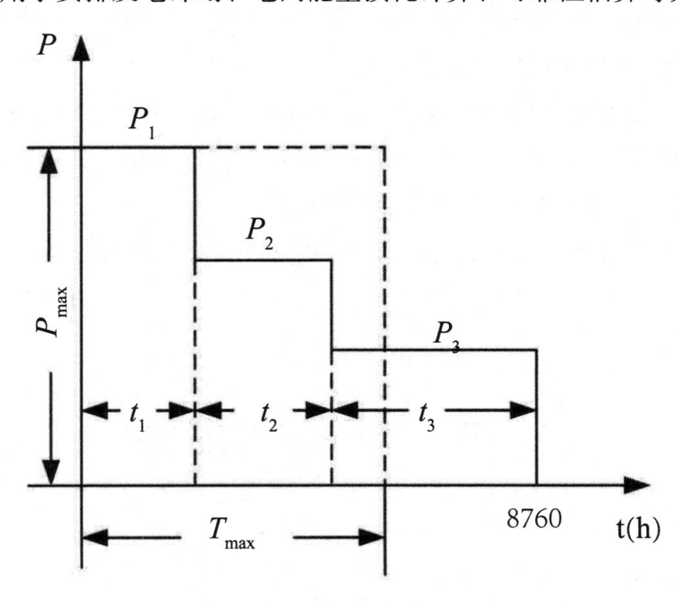

图1–3　年持续负荷曲线

根据年持续负荷曲线，可以确定系统负荷的全年耗电量为：

$$A=\int_{0}^{8760}P(t)\mathrm{d}t$$

如果负荷始终等于最大值 P_{max}，经过 T_{max} 小时后所消耗的电能恰好等于全年的实际消耗量，则称 T_{max} 为最大负荷利用小时数，即

$$T_{max}=\frac{A}{P_{max}}=\frac{1}{P_{max}}\int_{0}^{8760}P(t)\mathrm{d}t$$

T_{max} 的大小一定程度上反映了实际负荷在一年中变化的大小。T_{max} 值越大，则负荷曲线比较平坦；T_{max} 值越小，则负荷曲线随时间的变化越大。此外，它又反映了负荷用电的特点。根据电力系统实际运行经验，不同类型的负荷，其 T_{max} 大体上在一定的范围内。若已知用户的性质，则可查到对应的 T_{max}，进而由 $A=P_{max}T_{max}$ 估算出负荷全年的用电量。

（三）电力负荷的等级

按照电力负荷用户的重要性以及对供电连续性和可靠性程度要求的不同，一般将电力负荷分成三级：

一级负荷：最重要的电力负荷。对该类负荷供电的中断，将招致人的生命危险、设备损坏、重要产品报废，使生产过程长期紊乱，给国民经济带来重大损失或造成社会秩序混乱。属于这类负荷的有冶金、电炉炼钢企业、重要国防工业和科研机构、医院手术室、铁路与城市交通的电力牵引和铁路枢纽、行车信号与集中闭塞负荷等。对一级负荷一律由两个独立电源供电。

二级负荷：较重要的电力负荷。对该类负荷供电的中断，将造成工农业大量减产、工矿交通运输停顿、生产率下降以及人民正常生活和业务活动遭受重大影响等。一般大型工厂企业、科研院校等都属于二级负荷。

三级负荷：不属于上述一、二级的其他电力负荷，如附属企业、附属车间和某些非生产性场所中不重要的电力负荷等。

第二节　电力系统接线方式

无论是电力系统在正常工况下运行的经济性、调度操作的灵活性和方便性、供电的可靠性，还是系统在故障工况下进行故障隔离、检修，修复后的供电恢复操作

甚至电气设备的选择等，都与电力系统接线方式密切相关。电力系统的接线方式应满足电力系统运行的基本要求：① 必须保证用户供电的可靠性；② 必须能灵活地适应各种可能的运行方式；③ 应力求节约设备和材料，减少设备费用和运行费用，使电网的建设和运行比较经济；④ 应保证各种运行方式下运行人员能够安全操作。以研究对象而言，电力系统接线涉及两方面内容，一方面是电力网的接线方式；另一方面则是发电厂、变电站的电气主接线方式。了解电力网接线的基本形式、电气主接线及其特点是电力系统优化设计和运行灵活、方便操作的前提。

一、电力网的接线方式

电力系统接线中的一个主要方面就是电力网的接线方式，这里就输电网接线及配电网接线分别加以介绍。不管是输电网络，还是配电网络，其接线方式大致又可分为无备用和有备用两类。

(一) 输电网的接线方式

输电网（Transmission Network）是由若干输电线路组成的将许多电源点与许多供电点连接起来的网络体系，它按电压等级划分层次，组成网络结构，并通过变电所与配电网连接，或与另一电压等级的输电网连接。目前，我国将110kV及以上电压等级的电网归为输电网。输电网接线的基本方式可分为无备用开式接线、有备用开式接线、简单闭式接线与复杂闭式接线四类，后三者属于有备用方式。

1. 无备用开式接线

电源经单回线路向变电站供电的接线方式称为无备用开式接线。无备用开式接线又可分为放射式、干线式和链式三类。

无备用开式接线的特点是简单、经济、运行灵活方便，但供电可靠性低、电能质量差，任何一段出现故障或检修都会影响对用户的供电，通常只用于不太重要的三级负荷供电。为了提高这类电网的供电可靠性，除了加强检查与维护外，还应在适当的地点装设继电保护装置，以便使故障线路切断，保证有一定的选择性，从而尽可能地缩小停电范围。由于架空电力线路已广泛采用自动重合闸装置，这种接线方式也适用于二级负荷。

2. 简单闭式接线

简单闭式接线包含两端供电网与环形电网两种。这类接线中的每个变电站都可从两个方向取得电源，因而有较高的可靠性，相对于有备用的开式接线，线路长度较短，可节约线路投资，但是操作较复杂、发生故障时电能质量差。

3. 复杂闭式接线

由多环电网和多回线路构成的电网称为复杂闭式网。此类电网输送容量较大，可靠性较高，但运行操作与继电保护整定比较复杂。

（二）配电网的接线方式

配电网（Distribution Network）是从输电网接受电能，再逐级分配给各用户或就地消费的电力网。目前我国对配电网电压等级的划分主要有：35 ~ 110kV 高压配电电压；1 ~ 35kV 中压配电电压；1kV 以下低压配电电压。高压配电网接线均采用输电网接线方式，下面仅对中压、低压网络常采用的接线方式进行分析。

1. 中压配电网接线方式

中压配电网接线方式应符合 $N-1$ 原则（一回线故障不会造成对用户停电）的可靠性要求。其主要的接线方式有放射式、普通环式、拉手环式、双线放射式、双线拉手环式等五种。每种方式又分架空线路和电缆线路两类。

（1）放射式

架空线路的放射式结构如图 1–4 所示；电缆线路为多回路平行线式，如图 1–5 所示。这种中压配电网结构简单，投资较小，维护方便，但是供电可靠性较低，只适用于农村、乡镇和小城市。

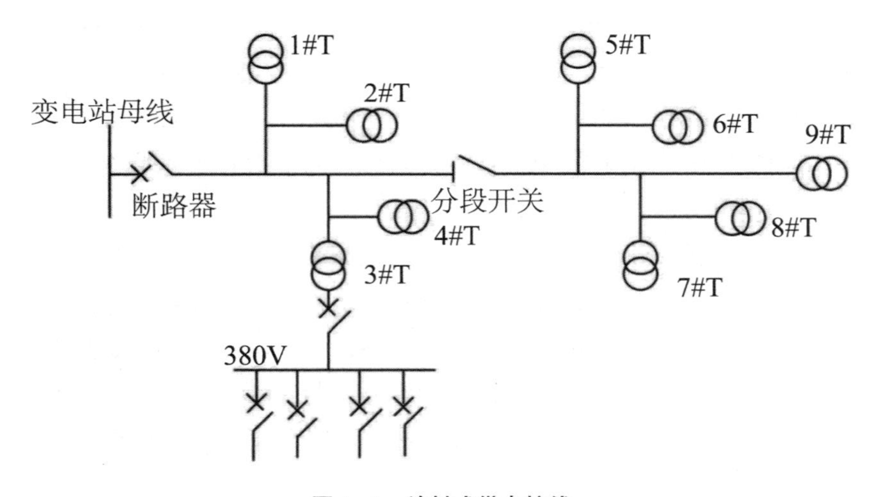

图 1–4　放射式供电接线

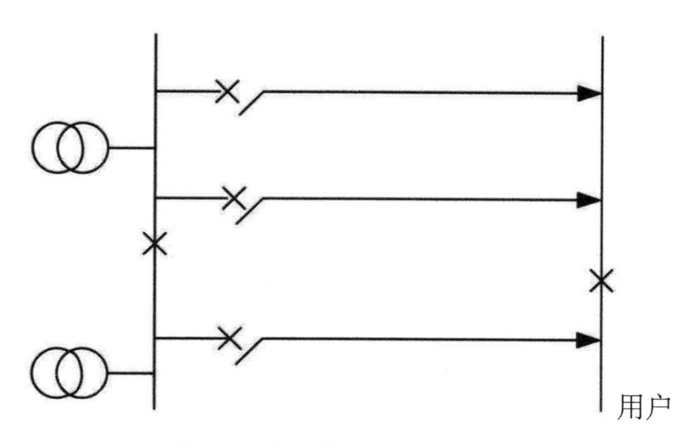

图 1-5　多回路平行供电接线原理

(2) 普通环式

① 架空线路的普通环式

该接线方式只有一个电源，中压变电站停电，则用户停电。在同一个中压变电站的供电范围内，不同线路的末端或中部连接起来构成环式网络，如图 1-6 所示。当中压变电站 10kV 侧为单母线分段时，两回线路最好分别来自不同的母线段，这样一来只有中压变电站全停电时，才会影响用户用电，这种配电网结构投资比放射式要高些，但配电线路可分段检修，停电范围较小，适用于大中城市边缘，小城市、乡镇也可采用。

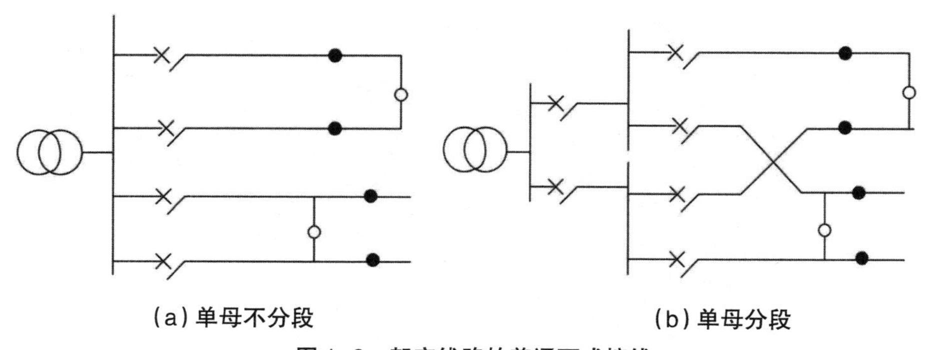

(a) 单母不分段　　(b) 单母分段

图 1-6　架空线路的普通环式接线

② 电缆线路的普通环式

该结构如图 1-7 所示。单一电源供电，由电缆本身构成环式，以保证某段电缆出现故障时各个用户的用电。图中每个用户入口都要装设由负荷开关或电缆插头组成的“∏”接进口设备，便于电缆分段检修。

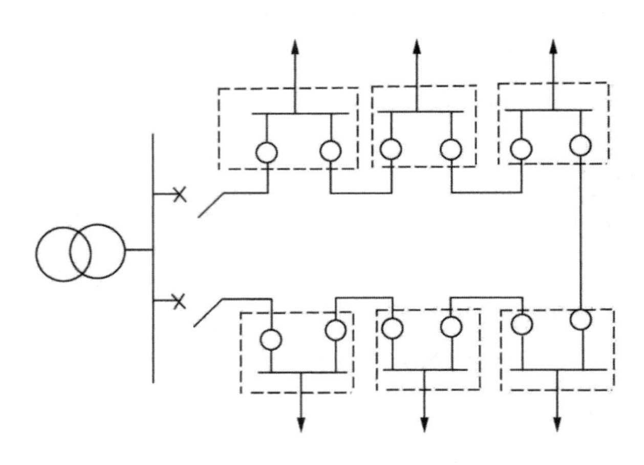

图 1-7　电缆环式供电接线

(3) 拉手环式

① 架空线路拉手环式

架空线拉手环式是目前城镇配电网络中普遍使用的一种接线方式，通过主干线路末端之间的直接联络，实行环网接线、开环运行，从而大大提高了供电可靠性，如图 1-8 所示。这种接线具有运行方便、结线简单、投资省、建设快等特点，但该接线方式要求每条线路具有 50% 的备供能力，即正常最大供电负荷只能达到该线路安全载流量的 1/2，以满足配电网络 $N-1$ 安全准则要求；一般每条线路配变装接容量不超过 10MVA。

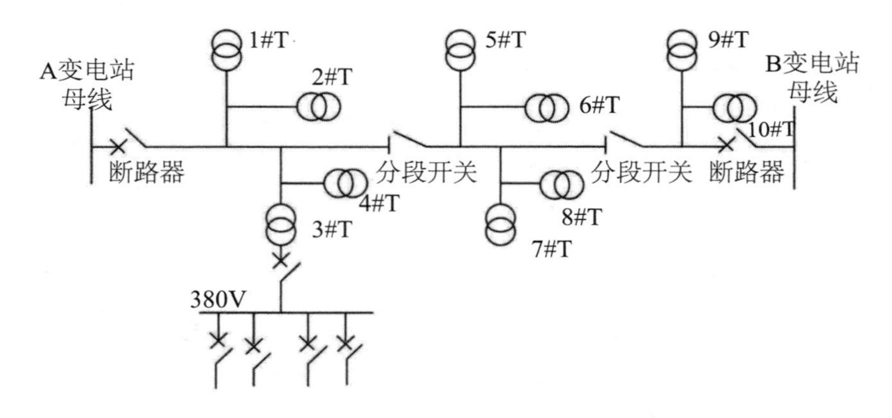

图 1-8　拉手环式供电接线

② 电缆拉手环式

该结构分为拉手单环和拉手双环两种，如图 1-9 所示。图 1-9（a）这种接线简单、运行灵活，有利于配电网络扩展和配网自动化建设。正常运行时，每条线路应留有 50% 备用容量，电缆线路负载率较低。它比电缆普通环式多了一侧电源，当中压变电站停电时，用户不会受影响，每段电缆检修时，用户也可不受影响，供电可靠性较高；但发生故障停电时人工倒闸会影响用户用电。它适用于供电可靠性要求高、负荷密度较低、用电增长速度快的城市（镇）配电网络。

图 1–9（b）中 #1 变压器和 #2 变压器在正常情况下各带 50% 的负荷，且分别接在两个不同的电源系统中。(b) 具有接线完善、运行灵活、供电可靠性高的优点，但投资比单环网增加一倍。一般适用在城市（镇）中心区繁华地段、双电源供电的重要用户或供电可靠性要求较高的配电网络。

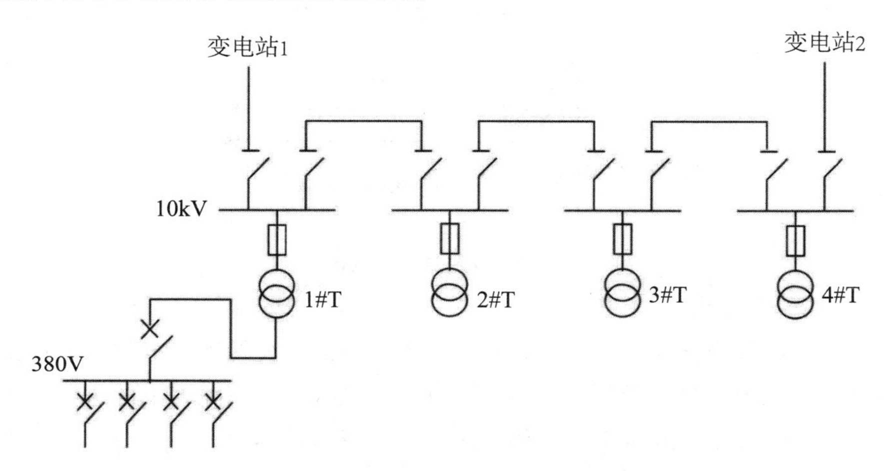

(a) 拉手单环式

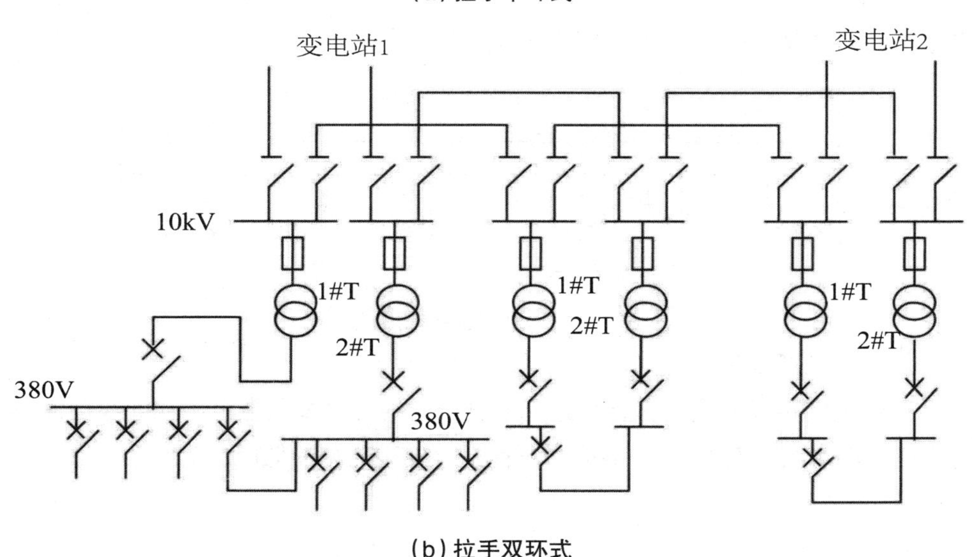

(b) 拉手双环式

图 1–9 电缆拉手环式电缆供电接线

(4) 双线放射式

架空线路和电缆线路的双线放射式接线方式类似，如图 1–10 所示。这种接线虽是一端供电，但有两回线路，每个用户都能两路供电，即常说的双“T”接。任何一回线路出现事故或检修停电时，都可由另一回线路供电。只有在这个中压变电站全停电时，用户才会停电。这种接线可靠性较高，但结构造价也较高，只适合于一般城市中的双电源用户。

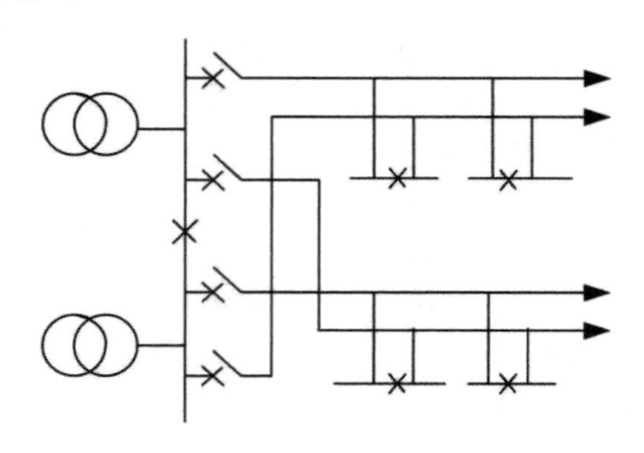

图 1–10　双线放射供电接线

(5) 双线拉手环式

这种接线的架空线路造价过高，很少采用。目前电缆线路供电的某些重要用户已采用此接线供电。这种接线方式两端有电源，即双“T”接，如图 1–11 所示。该接线方式对双电源用户基本上可以做到不停电，具有接线完善、运行灵活、供电可靠性高的优点，但投资比单环网增加一倍，一般适用在城市（镇）中心区繁华地段、双电源供电的重要用户或供电可靠性要求较高的配电网络。

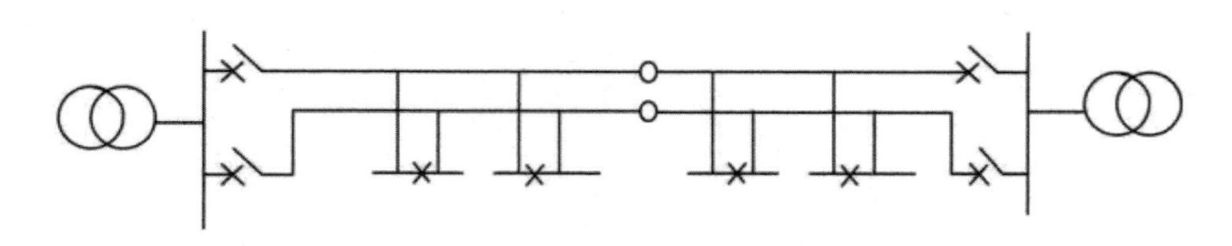

图 1–11　双线拉手环式接线

2. 低压配电网接线方式

低压配电网接线方式要综合考虑配电变压器的容量及供电范围和导线截面。低压配电网供电半径一般不超过 400m。下面介绍两种典型的低压配电网接线方式：

(1) 放射式

① 架空线路放射式

一台配电变压器、一组低压熔断器接线方式是低压架空线放射式中的一种。这种接线所有的低压配电线路都由一组低压熔断器控制。接线简单，造价较低，但供电可靠性差、安全性差、灵敏度差。一般负荷密度较小、供电范围也较小的地区，且配电变压器容量不超过 50kVA 或 100kVA 时才使用。

低压架空线常采用多组低压熔断器接线方式，即一路低压配电线路采用一组低压熔断器。该接线方式停电面积小，可靠性高，但要求熔断器的保护灵敏度高。

② 电缆线路放射式

电缆线路放射式接线包括单回路放射式、双回路放射式、带低压开闭锁的放射式等几种。

(2) 格式

这种接线方式主要用于低压电缆线路。它分为低压格网、低压变电站群、中压配电线路三个部分。配电变压器一般都是同一容量。另外，每个配电变压器周围的其他配电变压器的电源应来自不同中压变电站或同一中压变电站不同母线段的中压配电线路。这种接线方式结构灵活，供电可靠性高。

二、发电厂和变电所的电气主接线形式

电气主接线（Main Electrical Connection）是由高压电器通过连接线，按其功能要求组成接收和分配电能的电路，成为传输强电流、高电压的网络，故又称为一次接线或电气主系统。用规定的设备文字和图形符号并按工作顺序排列，详细地表示电气设备或成套装置的全部基本组成和连接关系的单线接线图，称为电气主接线图。

电气主接线的基本形式就是主要电气设备常用的几种连接方式，概括地讲可分为两大类：有汇流母线的接线形式和无汇流母线的接线形式。有汇流母线的接线又可分为单母线、单母线分段、双母线、双母线分段、增设旁路母线或旁路隔离开关等；无汇流母线的接线又可分为发电机—变压器单元接线、桥形接线、多角形接线等。下面按照接线形式由简到繁的顺序介绍各自的特点及应用场合：

(一) 有汇流母线的接线形式

目前，我国广泛采用有汇流母线的接线形式。按母线设置组数的不同，又可分为单母线接线和双母线接线两类。

1. 单母线接线

图 1–12 为单母线接线，由于接线中仅有一组母线故称为单母线接线，是有汇流母线的主接线中结构最为简单的一类。在这种接线中所有电源和引出线回路都连接于同一组母线上，为便于每回路（进、出线）的投入或切除，在每条引线上均装有断路器和隔离开关。

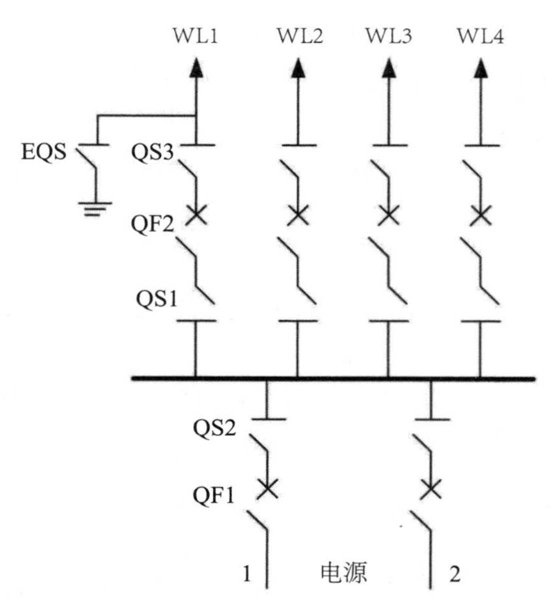

图 1–12　单母线接线

紧靠母线的隔离开关称为母线隔离开关，如图中 QS1、QS2；紧靠线路侧的隔离开关称为线路隔离开关，如 QS3。隔离开关没有灭弧装置，其开合电流能力极低，只能用作设备停运后退出工作时断开电路，保证与带电部分隔离，起着隔离电压的作用。断路器具有开合电路的专用灭弧装置，可以开断和闭合负荷电流和开断短路电流，故用来作为接通或切断电路的控制电器，如 QF1、QF2。

同一回路中串接的隔离开关和断路器，在运行操作时，必须严格遵守下列操作顺序：① 如对馈线 WL1 送电，须先合上母线隔离开关 QS1，后合上线路隔离开关 QS3，再投入断路器 QF2；② 如停止对馈线 WL1 供电，须首先断开断路器 QF2，其次断开线路隔离开关 QS3，最后断开母线隔离开关 QS1。这与上述操作正好相反。

单母线接线具有接线简单、清晰，采用设备少，投资小，操作方便，且有利于扩建等优点；但可靠性和灵活性较差，当母线或母线隔离开关故障或检修时，必须断开它所接的电源；与之相接的所有电力装置，在整个检修期间均需停止运行。此外，在出线断路器检修期间，必须停止该回路的工作。因此，这种接线只适用于 6 ~ 220kV 系统中只有一台发电机或一台主变压器，且出线回路数又不多的中、小型发电厂或变电所，它不能满足一、二级用户的要求。但若采用成套配电装置，因可靠性高，也可用于较重要用户的供电。

2. 母线分段接线

为了弥补单母线接线可靠性差的缺点，可以采用单母线分段接线来提高对用户供电的可靠性。单母线分段接线是通过在母线某一合适位置处装设断路器后，将母线分段而形成的，如图 1–13 所示，DQF 称为分段断路器。正常情况下，DQF 是闭合状态。对重要用户可以从不同段引出两条回馈电线路，由两个电源供电。当一段母线发生故障，分段断路器会自动断开，将故障段隔离，保证正常段母线不间断供电，不至于使重要用户停电。两段母线同时故障的概率甚小，可以不予考虑。在可靠性要求不高时，亦可用隔离开关 DQS 分段。任一段母线故障时，将造成两段母线同时停电，在判别故障后，拉开隔离开关 DQS，完好段即可恢复供电。

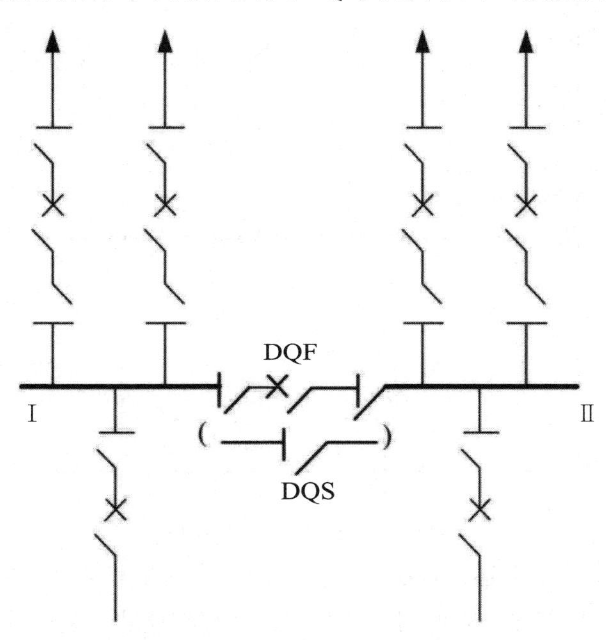

图 1–13　单母线分段接线

分段的数目取决于电源数量和容量。段数分得越多，故障时停电范围越小，但使用断路器的数量亦越多，且配电装置和运行也越复杂，通常以 2 ~ 3 段为宜。这种接线广泛用于 6 ~ 10kV 中、小容量发电厂和 6 ~ 220kV 变电所中。但该接线仍不能改变某一回路断路器检修时，该回路要长时间停电的显著缺点，同时这种接线在一段母线或母线隔离开关故障或检修时，该段母线所连接回路在检修期间将全部停电。在实际运行时可采用增设旁路母线的办法来解决。

3. 单母线带旁路接线

图 1–14 为单母线带旁路接线。图中母线 SW 为旁路母线，断路器 SQF 为旁路断路器，QS3、QS4、SQS 为旁路隔离开关。正常运行时，旁路母线 SW 不带电，所有旁路隔离开关及旁路断路器均断开，以单母线方式运行。当检修某出线断路器 QF 时，先闭合 SQF 两侧的隔离开关，再闭合 SQS 和 SQF，然后断开 QF 及其线路隔离开关 QS2 和母线隔离开关 QS1 进行安全检修。以上操作既不影响出线回路的正常供

电，又能对经过长期运行和切断数次短路电流后的断路器进行检修，大大提高了供电可靠性。

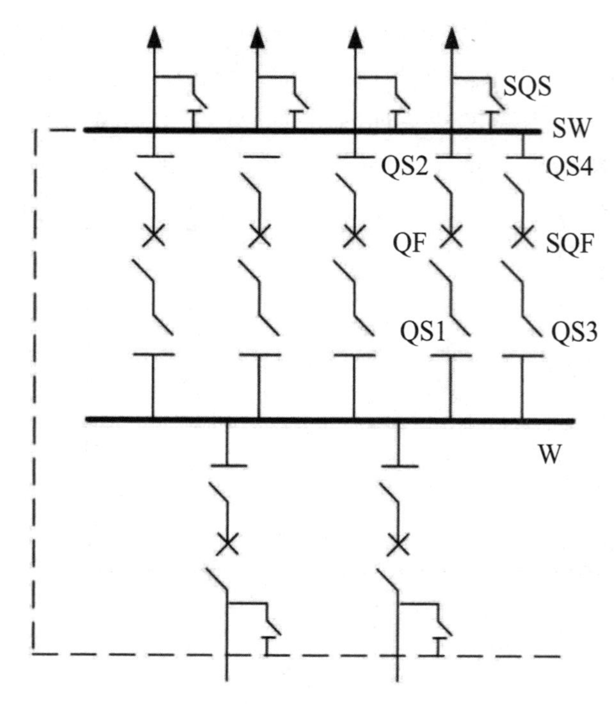

图 1–14　单母线带旁路接线

这种接线除了能以上述操作实现不停电检修出线断路器外，还可以不停电检修电源回路断路器，只需在电源回路加装与旁路母线相连的隔离开关即可。

设置了旁路母线的单母主接线由于提高了供电可靠性，被广泛地用于出线数较多的 110kV 及以上的高压配电装置中，而 35kV 及以下的配电装置一般不设旁路母线，只有在向特殊重要的一、二级用户负荷供电，不允许停电检修断路器时，才考虑设置旁路母线。

图 1–14 中采用了专用的旁路断路器，虽然这样提高了供电可靠性，但却增加了投资。若条件允许可以采用不设专用旁路断路器的接线，如图 1–15 所示，以单母线分段兼旁路的接线。断路器 DQF 既为母线 W 的分段断路器，又兼作公用旁路断路器。这种接线形式，在进出线回路数不多的情况下，具有足够高的可靠性和灵活性，较多用于容量不大的中、小型发电厂和电压等级为 35 ~ 110kV 的变电所中。但是，对于在电网中没有备用线路的重要用户以及出线回路数较多的大、中型发电厂和变电所，采用上述接线仍不能满足供电的可靠性，因此，需要采用双母线接线方式。

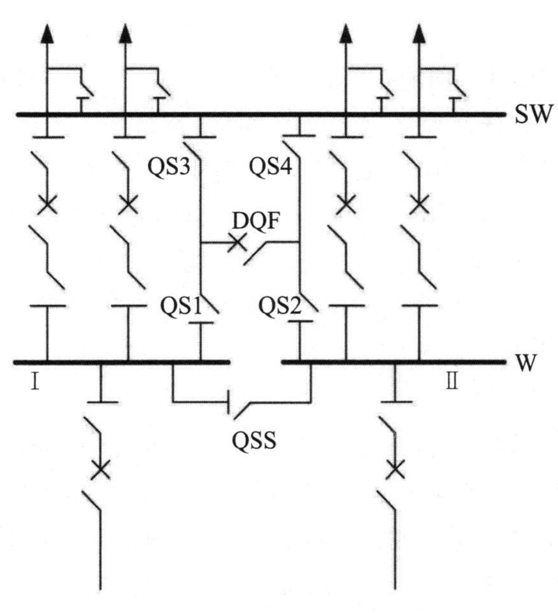

图 1–15　单母线分段兼旁路接线

4. 双母线接线

双母线接线如图 1–16 所示，它具有两组母线 W Ⅰ、W Ⅱ。每回线路都经一台断路器和两组隔离开关分别与两组母线连接，母线之间通过母线联络断路器 CQF（以下简称“母联”）连接，称为双母线接线。正常运行时，只有一组母线工作，母联及母线隔离开关均断开，以单母线方式运行。有两组母线后，使运行的可靠性和灵活性大为提高。其主要特点如下：

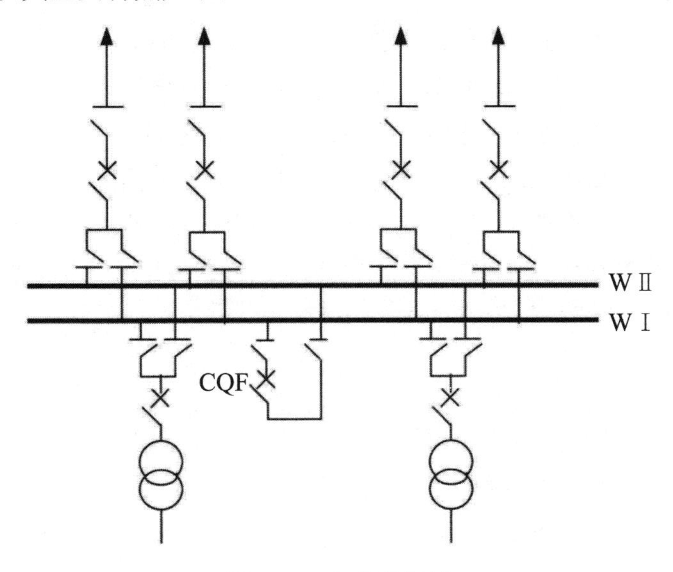

图 1–16　双母线接线

（1）供电可靠

通过两组母线隔离开关的倒换操作，可以轮流检修一组母线而不致使供电中断；一组母线出现故障后，能迅速恢复供电。例如，欲检修工作母线 W Ⅰ，可将全部电源和线路倒换到备用母线 W Ⅱ上。其步骤是先合上母联断路器两侧的隔离开关，再合母联 CQF，使备用母线 W Ⅱ通电。这时，两组母线等电位，运行人员可按照“先通后断”原则进行操作，先接通备用母线 W Ⅱ上的隔离开关，再断开工作母线 W Ⅰ上的隔离开关。完成母线转换后，再断开母联 CQF 及其两侧的隔离开关，即可使原工作母线 W Ⅰ退出运行进行检修。

（2）调度灵活

各个电源和各回路负荷可以任意分配到某一组母线上，能灵活地适应电力系统中各种运行方式调度和潮流变化的需要。通过倒换操作可以组成下面各种运行方式：① 母联断路器闭合，进出线分别接在两组母线上，即相当于单母线分段运行。② 母联断路器断开，一组母线运行，另一组母线备用，全部进出线均接在运行母线上，即相当于单母线接线，称之为固定连接方式运行。

（3）扩建方便

向双母线左右任何方向扩建，均不会影响两组母线的电源和负荷自由组合分配，在施工中也不会造成原有回路停电。

正是由于双母线接线的这些优点，在大、中型发电厂和变电所中被广注采用，并已积累了丰富的运行经验。但这种接线使用设备多（特别是隔离开关），配电装置复杂，投资较大；在运行隔离开关作为操作电器时，容易发生误操作；尤其当母线出现故障时，须短时切换较多电源和负荷；当检修出线断路器时，仍然会使该回路停电。为此，必要时须采用母线分段和增设旁路母线系统等措施。

当进出线回路数或母线上电源较多，或者输送功率较大时，在 6 ~ 10kV 配电装置中，由于短路电流较大，为选择轻型设备和选择较小截面的导线，限制短路电流，提高接线的可靠性，常把双母线分为三段，并在分段处加装母线限流电抗器 L，如图 1–17 所示。这种接线具有很高的可靠性和灵活性，但增加了母联断路器和分段断路器数量，配电装置投资较大，35kV 以上很少采用。

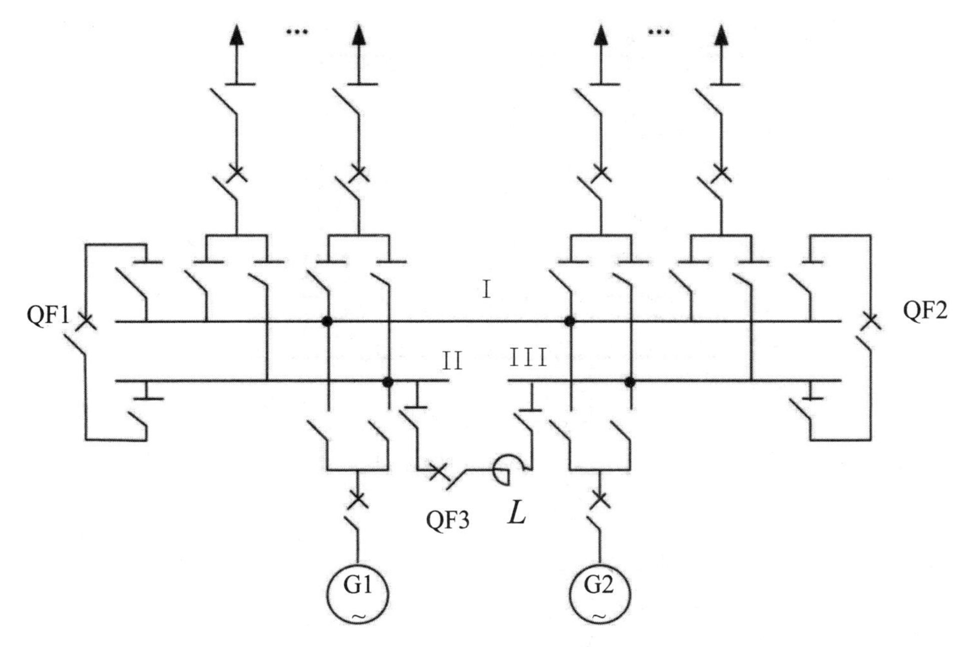

图 1–17 双母线分段接线

QF1、QF2– 母联断路器；QF3– 分段断路器；L– 电抗器；G1、G2– 发电机

若加装旁路母线则可避免检修出线断路器时造成短时停电。图 1–18 是具有专用旁路断路器的双母线带旁路母线接线。这种接线运行操作方便，不影响双母线正常运行，但多装一台断路器，增加了投资和配电装置的占地面积。且旁路断路器的继电保护为适应各回路出线的要求，其整定较复杂。为了节省专用旁路断路器，节省投资，常以母联断路器兼作旁路断路器，如图 1–18（b）、（c）所示。正常工作时 CQF（SQF）起母联作用，当检修断路器时，将所有回路都切换到一组母线上，然后通过旁路隔离开关将旁路母线投入，以母联断路器代替旁路断路器工作。图 1–18(b) 为一组母线带旁路；图 1–18（c）为两组母线带旁路。采用母联兼旁路断路器接线虽然节省了断路器，但在检修期间把双母线变成单母线运行，并且增加隔离开关的倒闸操作，可靠性有所降低。

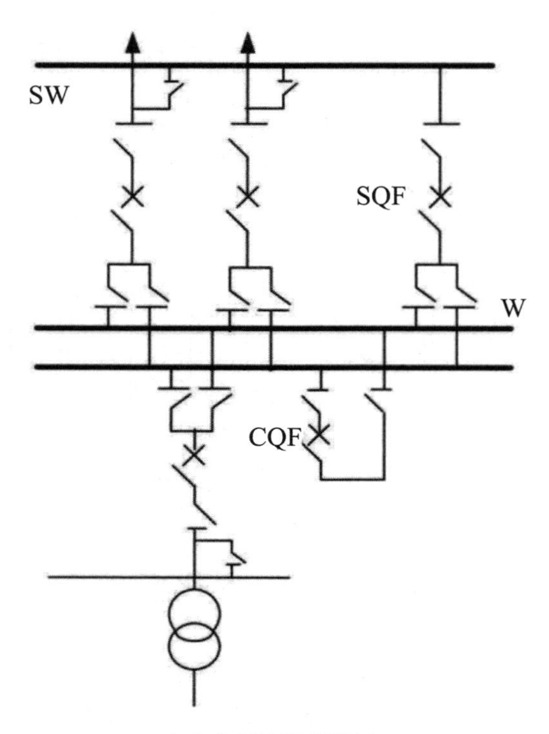

（a）专用旁路断路器

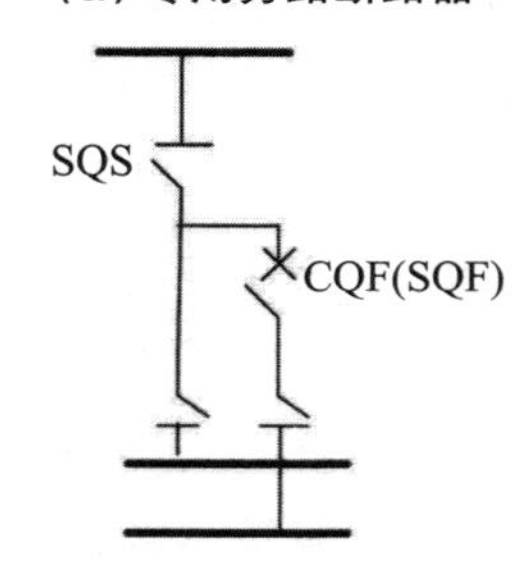

（b）一组母线带旁路

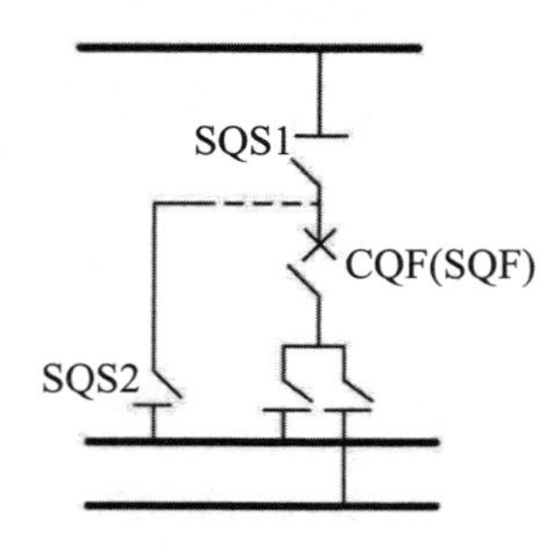

（c）两组母线带旁路

图 1–18　双母线带旁路母线接线

5. 一台半断路器接线

一台半断路器接线如图 1–19 所示，每两回线路用三台断路器接在两组母线上，即每一回线路经一台断路器接到一组母线，两条线路间设一台联络断路器，形成一串故称一台半断路器接线，又称二分之三接线。实质上它又属于一个回路由两台断路器供电的双重连接的多环形接线，它具有较高的供电可靠性和运行调度灵活性。即使母线发生故障，也只跳开与此母线相连的所有断路器，任何回路均不停电。正常运行时，两组母线和全部断路器都闭合，形成多环形供电，运行调度灵活可靠。且隔离开关不作为操作电器，只承担隔离电压的任务，减少误操作的概率，对任何断路器检修都可不停电，因此操作检修方便。为防止一串中的中间联络断路器（如图 1–19 中 CQF）故障，可能会同时切除该串所连接的线路以减少供电损失，因此应尽可能地把同名元件布置在不同串上。

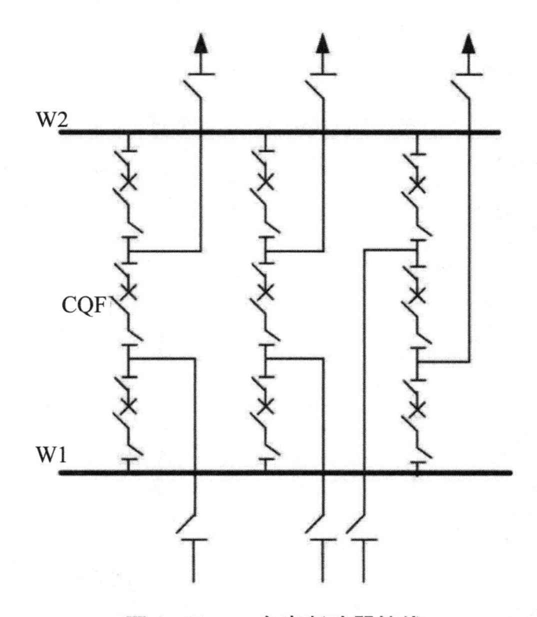

图 1–19　一台半断路器接线

这种接线是大型发电厂和变电所超高压配电装置广泛应用的一种接线方式。该接线方式投资较大，使用设备多，维修工作量增大，二次控制接线和继电保护配置都比较复杂。

(二) 无汇流母线的接线形式

无汇流母线的接线最大特点是使用断路器数量较少，一般采用断路器数等于或小于出线回路数，结构简单，投资较少。通常在 6 ~ 220kV 电压等级电气主接线中广泛采用。常见的有以下几种基本形式：

1. 发电机—变压器单元接线

发电机与变压器直接连接成一个单元，组成发电机—变压器组，称为单元接线，如图 1-20 所示。它具有接线简单，开关设备少，操作简便，以及因不设发电机电压级母线，使得在发电机和变压器低压侧短路时，短路电流相对于具有母线时有所减少等特点。

图 1-20（a）为发电机—双绕组变压器组成的单元接线，是大型机组广为采用的接线形式。发电机和变压器容量应配套设置。发电机出口不装断路器，为调试发电机方便可装隔离开关；对 200MW 及以上机组，发电机出口多采用分相封闭母线，为了减少开断点，亦可不装，但应留有可拆点，以利于机组调试。这种单元接线，避免了由于额定电流或短路电流过大，使得选择出口断路器时，受到制造条件或价格甚高等原因造成的困难。

图 1-20（b）为发电机—三绕组变压器组成的单元接线。当发电机向两个电压等级的电网供电时，发电机出口应当装设断路器，以便在发电机停机时，变压器其他两个绕组之间还能继续交换功率。三绕组变压器中压侧由于制造原因，均为死抽头，从而将影响高、中压侧电压水平及负荷分配的灵活性。此外，在一个发电厂或变电所中采用三绕组变压器台数过多时，增加了中压侧引线的构架，造成布置的复杂和困难。所以，通常采用三绕组主变压器一般不多于三台。

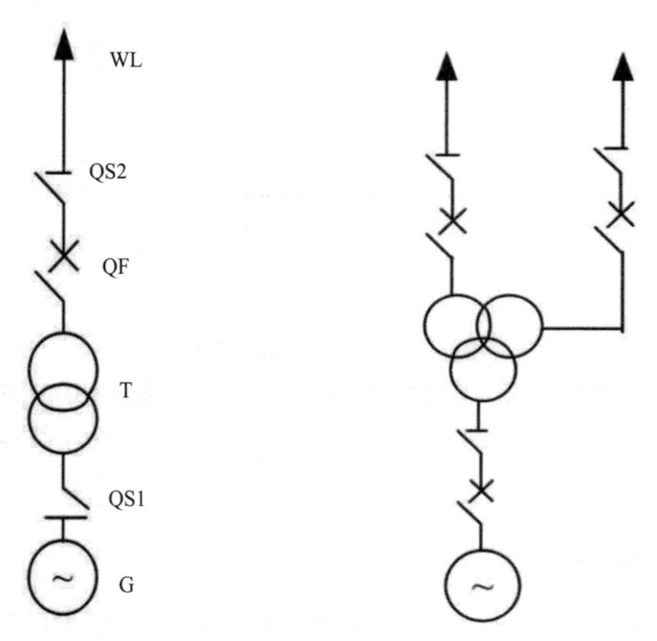

（a）发电机 – 双绕组变压器单元接线　　（b）发电机 – 三绕组变压器单元接线

图 1-20　发电机 – 变压器单元接线

2. 桥形接线

当只有两台变压器和两条输电线路时，采用桥形接线，如图 1–21 所示。

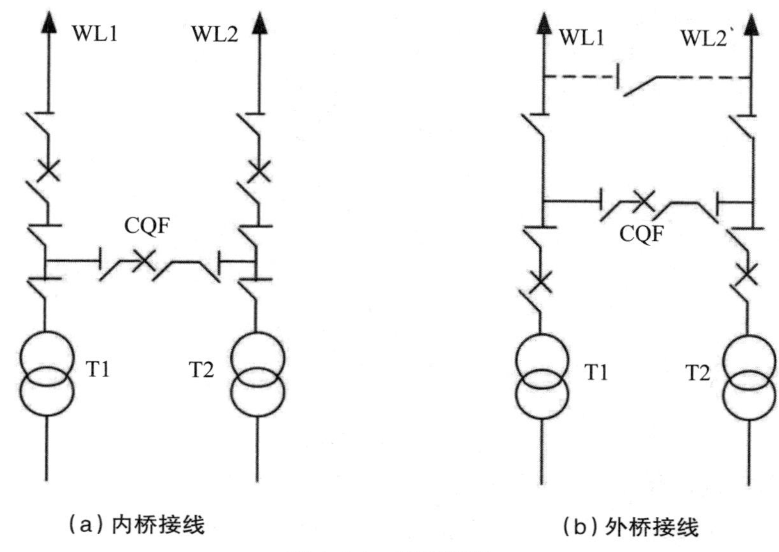

(a) 内桥接线　　(b) 外桥接线

图 1–21　桥形接线

桥形接线是使用断路器数目最少的一种接线方式。按照桥联断路器的位置，桥形接线可分为内桥式和外桥式。前者桥联断路器 CQF 设置在变压器和断路器之间；而后者桥联断路器 CQF 设置在线路和断路器之间。正常运行时，桥联断路器处于闭合状态。当输电线路较长，故障概率较大，而变压器又不需经常切换时，采用内桥式接线比较合适；外桥式接线则在出线较短，且变压器随经济运行的要求需经常切换，或系统有穿越功率通过变电所时，更为适宜。

桥形接线虽采用设备少、接线清晰简单，但可靠性不高，且隔离开关又用作操作电器，只适用于线路为两条、变压器为两台的交流牵引变电所和铁路变电所，以及作为最终将发展为单母线分段或双母线的初期接线方式。

3. 多角形接线

多角形接线是一种将各断路器互相连接构成闭合环形的一种接线方式，其中设有集中母线，又称为多边形接线或单环形接线，如图 1-22 所示。多角形接线中，断路器数等于回路数，且每条回路都与两台断路器相连接，检修任一台断路器都不致中断供电，隔离开关只在检修设备时起隔离电压的作用，从而具有较高的可靠性和灵活性。为防止在检修某断路器出现开环运行时，恰好又发生另一断路器故障，造成系统解列或分成两部分运行，甚至造成停电事故，一般应将电源与馈线回路相互交替布置，如图 1-22 的四角形接线中按“对角原则”接线，将会提高供电可靠性。

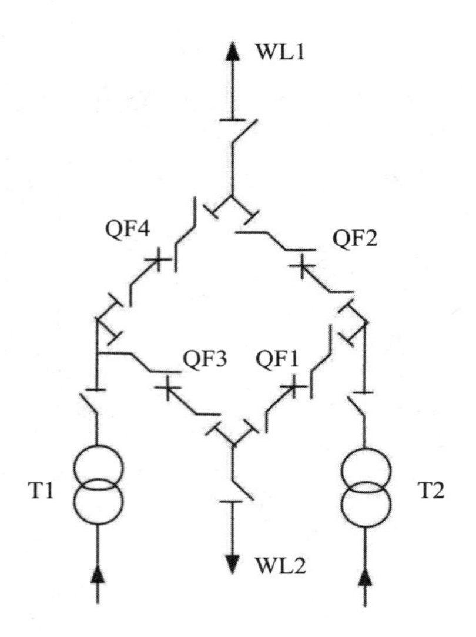

图 1–22　多角形接线

多角形接线在开环和闭环两种运行状态时，各支路所通过的电流差别很大，可能对电器选择造成困难，并使继电保护复杂化。此外，多角接线也不便于扩建。这种接线方式多用于最终规模较明确的 110kV 及以上的配电装置中，且以不超过六角形为宜。

三、电力系统中性点的运行方式

电力系统的中性点（Neutral Point）是指星形连接的变压器（或发电机）绕组的中性点。这些中性点的运行方式涉及绝缘水平、通信干扰、接地保护方式、电压等级、系统接线等很多方面，是一个十分复杂的问题。目前，我国电力系统中性点的运行方式主要有三种，即不接地（或中性点绝缘）、中性点经消弧线圈接地和中性点直接接地。前两种接地系统统称为小接地电流系统；最后一种接地系统称为大接地电流系统。这种区分方法是根据系统中发生单相接地故障时，按其接地电流的大小来划分的。下面分别介绍这三种接地方式在运行中的有关问题：

（一）中性点不接地系统

中性点不接地系统是指发电机或变压器绕组的中性点在电气上对地是绝缘的。我国 60kV 及以下的电力系统通常多采用这种运行方式。其正常运行时的电路图和相量图如图 1–23 所示。现假设三相系统的电压和线路参数都是对称的，把每相导线的对地电容用集中电容 C 来代替，并忽略相间分布电容。由于正常运行时三相电压 $\dot{U}_A,\dot{U}_B,\dot{U}_C$ 是对称的，所以三相的对地电容电流心也是对称的，三相的电容电流之和为零。

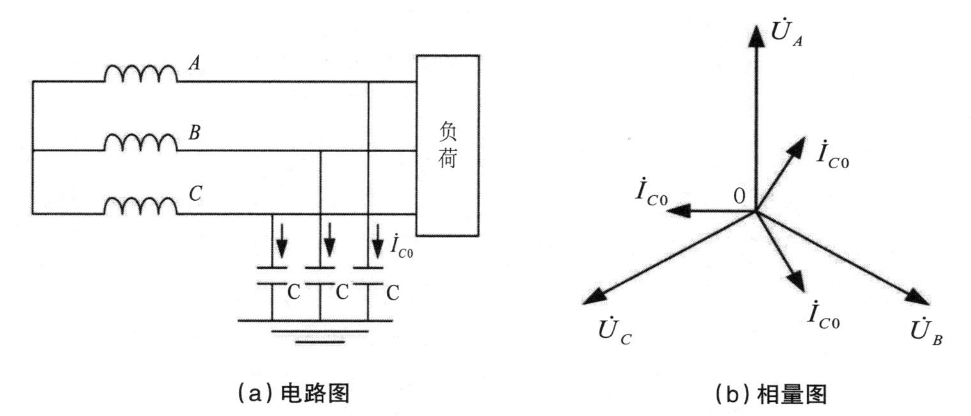

（a）电路图　　（b）相量图

图 1–23　中性点不接地系统正常运行时的电路图和相量图

图 1-24（a）所示为发生一相（如 C 相）接地故障的情况，此时 C 相对地电压降为零，而非故障相 A、B 的对地电压在相位和数值上均发生变化，即

$$\dot{U}'_A=\dot{U}_A+\left(-\dot{U}_C\right)=\sqrt{3}\dot{U}_C e^{j-150^\circ}$$

$$\dot{U}'_B=\dot{U}_B+\left(-\dot{U}_C\right)=\sqrt{3}\dot{U}_C e^{j150^\circ}$$

$$\dot{U}'_C=\dot{U}_C+\left(-\dot{U}_C\right)=0$$

由图 1–24（b）相量图可知，当 C 相接地时，A 相和 B 相对地电压变为 $\dot{U}'_A$ 和 $\dot{U}'_B$，其数值等于正常运行时的线电压，即升高了 $\sqrt{3}$ 倍，$\dot{U}'_A$ 和 $\dot{U}'_B$ 的相位差变为 60°　。如果单相接地经过一定的接触电阻（亦称过渡电阻），而不是金属性接地，那么故障相对地电压将大于零而小于相电压，非故障相对地电压将小于线电压而大于相电压。

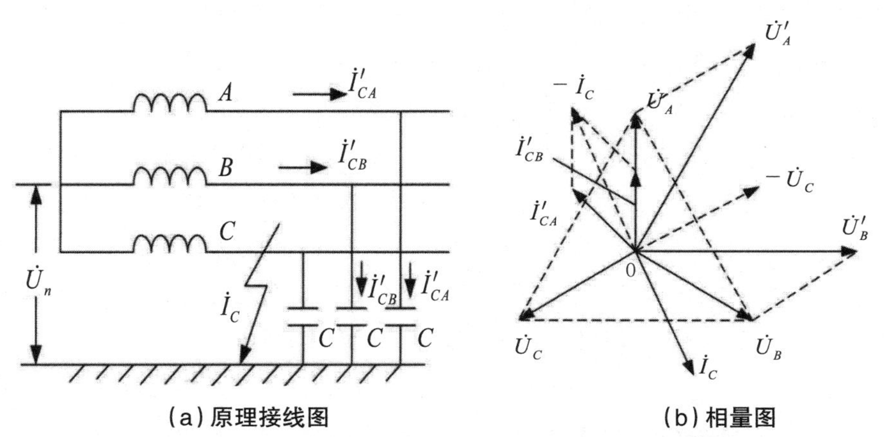

（a）原理接线图　　（b）相量图

图 1–24　中性点不接地系统单相接地时的电路图和相量图

由图 1-24（b）还可看出，在系统发生单相接地故障时，一方面三相之间的线电

压仍然保持对称和大小不变，只是线电压三角形发生了平移，因此用户的三相用电设备仍能照常运行，这也是中性点不接地系统的最大优点。但是，由于非故障相 A 和相 B 的对地电压升高了 $\sqrt{3}$ 倍，这就要求电网中各种设备的差缘水平应当按线电压来设计。另一方面需要指出的是，中性点不接地系统在发生单相接地后，是不允许运行很长时间的，因为此时非故障相的对地电压升高了 $\sqrt{3}$ 倍，很容易发生对地闪络（沿绝缘体表面发生放电现象），从而造成相间短路。因此，我国有关规程规定，中性点不接地系统发生单相接地故障后，允许继续运行的时间不能超过 2 ~ 3h，在此时间内应设法尽快查出故障，予以排除。否则，就应将故障线路停电检修。

中性点不接地系统发生单相接地故障时，在接地点将流过接地电流（电容电流）。例如，C 相接地时，C 相对地电容被短接，A、B 相对地电压升高了 $\sqrt{3}$ 倍，所以对地电容电流变为：

$$\dot{I}_{CA}' = j\omega C\dot{U}_A' = \sqrt{3}\omega C\dot{U}_C e^{j-60^\circ}$$

$$\dot{I}_{CB}' = j\omega C\dot{U}_B' = \sqrt{3}\omega C\dot{U}_C e^{j-120^\circ}$$

接地电流 $\dot{I}_C$ 就是上述电容电流的相量和，即

$$\dot{I}_C = -\left(\dot{I}_{CA}' + \dot{I}_{CB}'\right) = j3\omega C\dot{U}_C$$

由式 $\dot{I}_C = -\left(\dot{I}_{CA}' + \dot{I}_{CB}'\right) = j3\omega C\dot{U}_C$ 可知，中性点不接地系统单相接地故障电流为容性电流，其值等于正常运行时 C 相电容电流的 3 倍。若接地点的电流不大，则接地点处的电弧通常可以自行熄灭。目前，电力网中的故障以单相接地为最多。特别是对于某些 35kV 及以下电压的电网，当其单相接地电流不大时，如一般情况下接地电弧均能自动熄灭，这时电力网采用中性点不接地的方式最合适。

但是，由于中性点不接地时，电力网的最大长期工作电压与过电压都较高，并且还存在电弧接地过电压的危险，因而对整个电力网的绝缘水平要求较高。所以对电压等级较高的电力网来说，采用这种方式势必使绝缘方面的投资大为增加。同时，随着电压等级的提高，接地电流也相应增大，故障将会扩大。此外，中性点不接地电力网由于单相接地电流较小，要实现灵敏而有选择性的接地继电保护也有困难。

根据上述情况，目前在我国中性点不接地电力网的适用范围为：① 电压低于 500V 的装置（380/220V 的照明装置除外）。②3 ~ 10kV 电力网，当单相接地电流小于 30A 时；如要求发电机能带单相接地故障运行，则当与发电机有电气连接的 3 ~ 10kV 电网的接地电流小于 5A 时。③20 ~ 60kV 电力网中，单相接地电流小于 10A 时。

如不满足上述条件，当 10kV 电网接地电流超过 30A、20kV 电网接地电流超过 10A 时，可能在接地点处产生间歇性电弧或稳定燃烧的电弧，此时，网络中的电

感和电容可能产生振荡，造成电弧过电压，其幅值可达2.5～3.5倍的相电压值，在网络绝缘薄弱点可能发生击穿，从而造成两相两点，甚至多点接地故障。因此，当3～10kV电网电容电流大于30A、20kV系统电容电流大于10A时，应采用中性点经消弧线圈接地或电阻接地方式。

（二）中性点经消弧线圈接地系统

中性点不接地系统具有当发生单相接地故障时仍可继续供电的优点，但在单相接地电流较大时却不适用。为了克服这个缺点，出现了经消弧线圈接地的系统。

消弧线圈实质上是一个具有空气间隙铁芯的电感线圈，线圈的电阻很小、电抗很大，且具有很好的线性特性，电抗值可用改变线圈的匝数来调节。它装在系统中发电机或变压器的中性点与地之间，如图1–25（a）所示。当发生单相接地故障时，可形成一个与图1–25中接地电流i_c大小接近相等但方向相反的电感电流，这个电流与电容电流相互补偿，使接地处的电流变得很小或等于零，从而消除了接地处的电弧以及由它所产生的一切危害，提高了供电可靠性。消弧线圈也正是因此而得名。此外，当电流经过零值而电弧熄灭之后，消弧线圈的存在还可以显著减小故障相电压的恢复速度，从而减小电弧重燃的可能性。于是，单相接地故障将自动消除，有时，中性点经消弧线圈接地的电力网又被称为补偿电力网，或谐振电力网。消弧线圈接地又被称为谐振接地。

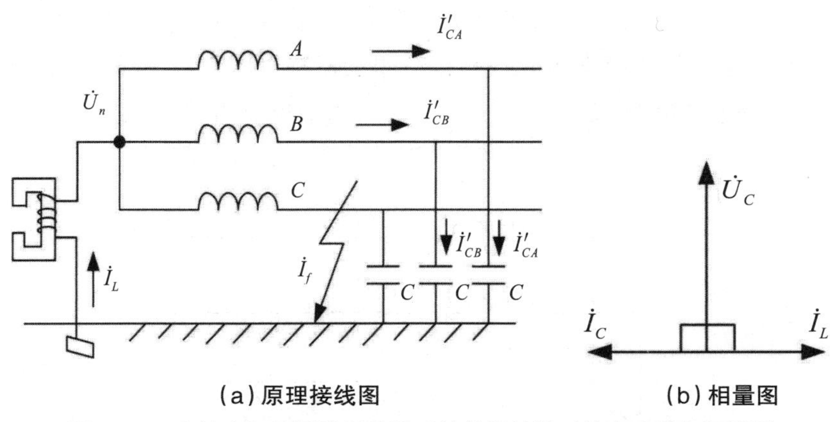

（a）原理接线图　　（b）相量图

图1–25　中性点经消弧线圈接地系统单相接地时的电路图和相量图

从图1–25可看出，若发生单相（C相）接地时，中性点电压$\dot{U}_n$变为$-\dot{U}_c$，消弧线圈$\dot{U}_n$在作用下产生电感电流$\dot{I}_L$，其电流值为：

$$\dot{I}_L=\frac{0-\dot{U}_n}{j\omega L}=\frac{\dot{U}_c}{j\omega L}$$

该电流与其他两相非故障相的容性电流同时流过接地点，此时的接地电流为：

$$\dot{I}_f=\dot{I}_L-\left(\dot{I}'_{CA}+\dot{I}'_{CB}\right)=\dot{I}_L+\dot{I}_C=j\left(3\omega C-\frac{1}{\omega L}\right)\dot{U}_C$$

若选择电感 L 使其满足 $3\omega C-1/\omega L=0$，则 $\dot{I}_f=0$，这种情况称为全补偿。这种补偿方式并不好，因为感抗等于容抗时，电网将发生谐振，影响系统安全运行。当 $\dot{I}_L<\dot{I}_C$ 时，称为欠补偿。这种补偿会由于运行方式的改变或部分线路退出运行后，电容电流减小而使网络接近或变为全补偿，故实际系统中也很少采用。当 $\dot{I}_L>\dot{I}_C$ 时，称为过补偿，过补偿不会出现上述问题，故在系统中得到了广泛的应用。但须注意，采用过补偿时，接地电流的残余量不能过大，否则将造成因残余电流过大而使电弧不能自行熄灭的问题。

近年来，在我国的许多电网中还广泛采用了自动跟踪调谐式消弧线圈成套装置，这是考虑到电网中的电容电流因网络运行方式的变化（如线路的投切）、气象条件的变化等原因而发生变化时，为了达到最佳的补偿效果，应当自动及时地相应改变消弧线圈的电感值（如调节匝数或调节磁路以改变电感，调节并联电容等）来实现自动跟踪补偿。这种装置的测量、调节、控制全部依靠自动装置来实现。从运行实践看，所取得的自动补偿线圈成套装置效果是很好的，可以认为这是今后的发展方向。

（三）中性点直接接地系统

中性点不接地系统在发生单相接地故障时，相间电压不变，依然对称，系统可继续运行 2 ~ 3h，所以供电可靠性高，但非故障相电压升高，显然不适于高压电网中。因而我国在 110kV 及以上系统中广泛采用中性点直接接地方式，如图 1–26 所示。

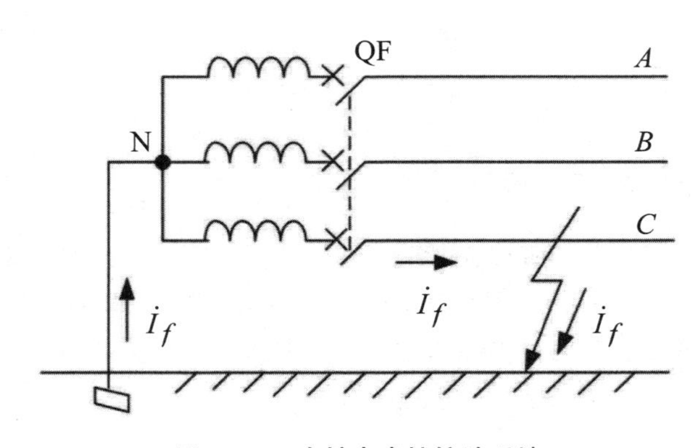

图 1–26　中性点直接接地系统

中性点直接接地方式是将变压器中性点与大地直接连接，强迫中性点保持零电位，正常运行时，中性点无电流流过。当发生单相接地故障时，中性点的电位仍保

持为零，非故障相的对地电压也基本不会变化，这样可对线路绝缘水平的要求降低，按相电压来设计绝缘，能显著降低绝缘造价。另外，线路上流过较大的单相接地短路电流 $\dot{I}_f$ 时，迅速启动线路继电保护装置断开故障部分，可有效防止产生间歇电弧过电压的可能。因而，采用中性点直接接地方式可以克服中性点不接地方式所存在的非故障相电压升高的缺点。

但是，中性点直接接地系统在发生单相接地时，会流过较大的单相接地短路电流。为了防止大的短路电流损坏设备，必须迅速切除接地相甚至三相，因而供电可靠性较低，为了弥补这个缺点，采取在线路上广泛地装设自动重合闸装置的办法，靠它来提高供电可靠性。

此外，在中性点直接接地系统中，单相接地电流将在导线周围造成单相磁场，从而对附近的通信线路和信号装置产生电磁干扰。为了避免这种干扰，应使输电线路远离通信线路，或在弱电线路上采用特殊的屏蔽装置。这些措施将在一定程度上使线路的造价增大。

第二章　输配电设备的工作原理

第一节　开关电器

一、开关电器中的电弧及灭弧

开关电器是利用导电的动、静触头接触或分开来接通或阻断电流。因此，触头作为中高压开关设备中的核心部件，起着开断、导通的作用，被广泛应用于各种开关电器中。

在开关电器触头接通或分离时，若触头间的电压大于10～20V、电流大于80～100mA，在断开的触头之间就伴随有电弧产生。

（一）电弧特征及对电力系统的危害

电弧是一种气体游离放电现象。弧柱能量集中、温度很高，呈亮度很强的白色光束状。其温度一般可达3000℃～5000℃，这样高的温度会造成周围区域的介质发生极其强烈的物理、化学变化。

电弧是导电体。断口间产生的电弧使得电路并没断开。电弧的质量很轻，容易变形，在外力作用下（如气体、液体的流动或电动力的作用）会移动、伸长或弯曲。如果电弧长久不熄灭，就会烧坏触头和触头附近的绝缘体，并延长短路时间，危害电力系统的安全运行。因此，切断电路时，应尽快熄灭电弧。

（二）电弧的产生过程

1. 自由电子的产生

在断路器触头分离时，一方面，因触头间接触压力不断下降，动、静触头间的接触面积不断减小，使接触电阻迅速增大，接触处的温度急剧升高，阴极触头表面就可能向外发射出电子，这种现象称为热电子发射；另一方面，触头开始分离时，因触头间的距离很小，即使触头间的电压很低，只有几百伏甚至几十伏，但电场强度却很大。如间隙距离为10^{-5}cm时，电场强度可达10^5～10^6V/cm。因上述两个原因，阴极触头表面就可能向外发射出电子，这种现象称为强电场发射，即热电子发射和

强电场发射提供自由电子。

2. 电弧的形成

由热电子发射和强电场发射从阴极触头表面逸出来的自由电子，在电场力的作用下向阳极触头做加速运动，并不断与断口间的中性质点碰撞。如果电场足够强，电子所受的电场力足够大，电子积累的能量足够多，则发生碰撞时就可能使中性质点发生游离，产生新的自由电子和正离子。新产生的电子又和原来的电子一起以极高的速度向阳极运行，当它们和其他中性质点碰撞时，又会产生碰撞游离。碰撞游离连续不断地发生，使触头间充满了电子和正离子，介质中带电质点大量增加，使触头间形成很大的电导。在外加电压下，大量电子向阳极运行形成电流，这就是所说的介质被击穿而产生的电弧，即碰撞游离形成电弧。

3. 电弧的维持

触头间形成电弧后，随着断口的增大，断口的强电场不再存在，随之碰撞游离也不再存在，电弧虽然熄灭了，但电弧仍然存在，其原因是电弧形成后会产生很大的热量，使介质温度急剧升高，在高温作用下中性质点因高温而产生强烈的热运动。它们之间不断碰撞的结果又发生游离，即热游离，使电弧维持和发展。

（三）电弧的游离与去游离

1. 电弧的游离

中性质点变为带电粒子的过程。电弧的形成过程即游离的过程。

2. 电弧的去游离

介质在因游离产生大量的带电粒子而形成电弧的同时，也会发生带电粒子消失的相反过程，称为去游离。如果带电粒子消失的速度比产生的速度快，电弧电流将减小而使电弧熄灭。去游离的方式有复合和扩散两种物理现象。

（1）复合

异性带电质点的电荷彼此中和成为中性质点的现象称为复合。电子与正离子的速度相差太大，故电子与正离子直接复合的概率小；通常是电子先附在原子上形成负离子，正、负离子电荷再中和而复合。

（2）扩散

弧柱中的带电质点因热运动而从弧柱内部逸出，进入周围介质的现象。

（四）交流电弧的特性与熄灭

1. 交流电流与交流电弧的自然熄灭与重燃

在交流电路中，电流的瞬时值不断地随时间变化，并且在从前半周到后半周的过程中，电流要过零一次。在电流过零前的几百微秒，因电流减小，输入弧隙的能量也减小，弧隙温度急剧下降，弧隙的游离程度下降，介质绝缘能力恢复，弧隙电阻增大。当电流过零时，电源停止向弧隙输入能量，电弧即熄灭。此时，因弧隙不断散出热量，温度继续下降，去游离作用进一步加强，使弧隙介质强度逐渐恢复（介质绝缘能力恢复，用U_{ds}表示）。同时，电源加在断口上的恢复电压（用U_{rec}表示）也在逐渐增加，当弧隙的介质强度的恢复速度$U_{ds}(t)$大于电源恢复电压的速度$U_{rex}(t)$时，电弧就会熄灭；反之，电弧会重燃，如图 2-1 所示。

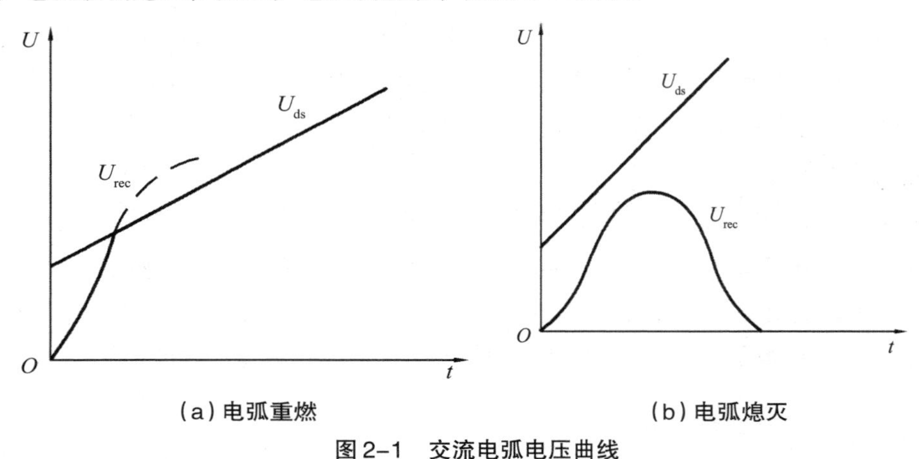

（a）电弧重燃　　（b）电弧熄灭

图 2-1　交流电弧电压曲线

2. 交流电弧熄灭

在电流过零后，人为采取有效措施加强弧隙的冷却，使弧隙介质强度恢复到不会被弧隙外施电压击穿的程度，则在过零后的后半周，电弧就不会重燃而最终熄灭。开关电器中的灭弧装置就是基于这一理论而产生的。加强弧隙的去游离使介质强度恢复速度加大或减小弧隙上的电压恢复速率，都可使电弧完全熄灭。

3. 现代开关电器中广泛采用的灭弧方法

现代开关电器中广泛采用的灭弧方法，归纳起来有以下 4 种：① 利用油或气体吹动电弧。② 断口上加装并联电阻，降低恢复电压的上升速度，同时分流有利于熄弧。③ 采用多断口灭弧：由于加在每个断口上的电压降低，使弧隙的恢复电压降低，因此，灭弧性能更好。④ 金属栅片灭弧装置：灭弧室内装有很多由钢板冲成的金属灭弧栅片，栅片为磁性材料。当触头间发生电弧后，因电弧电流产生的磁场与铁磁物质间产生的相互作用力，把电弧吸引到栅片内，将长弧分割成一串短弧，当电流过零时，每个短弧的阴极附近立即出现 150 ~ 250 V 的介质强度（这种现象称为近阴极效应：因为在电弧过零之前，弧隙间充满着电子和正离子，当电流过零后，弧隙的电极性发生改变，电子立即向新阳极运动，而比电子质量大一千多倍的正离子基本未动，在新阴极附近呈现正离子层，其导电性很低，显示出 150 ~ 250 V 的介质强度）。

二、高压断路器

(一) 高压断路器概述

1. 高压断路器功能

电路中，每条回路都安装有断路器；高压断路器是高压电器中最重要的设备，是一次电力系统中控制和保护电路的关键设备。

高压断路器具有完善的灭弧装置和高速的传动机构，能接通和断开正常运行高压电路中的负荷电流；能在保护的作用下自动切除短路电流。因此，它是发电厂和变电所中最重要的电气设备之一。

2. 断路器的分类

以灭弧介质和绝缘介质分类如下：

(1) 多油断路器

利用绝缘油作为断口间绝缘及灭弧介质。载流部分相间及相对地作绝缘介质。

(2) 少油断路器

绝缘油只作断口间绝缘及灭弧介质。载流部分相间及相对地间是借空气和陶器绝缘材料或有机绝缘材料来绝缘，灭弧方式多为横向吹动电弧。

(3) 空气断路器

空气断路器是利用压缩空气的吹动来熄灭电弧的。

(4) SF_6 断路器

用 SF_6 气体作断口之间绝缘和灭弧介质。载流部分相间及相对地间仍借助空气和陶瓷材料或有机绝缘材料来绝缘。国产户外 SF_6 断路器型号常用 LW 表示，户内用 LN 表示。

(5) 真空断路器

利用真空灭弧和绝缘介质，灭弧时间一般只有半个周波。国产户外真空断路器其型号常用 ZW 表示，户内用 ZN 表示。

压缩空气断路器我国已不生产，多油式断路器早年被少油断路器替代。我国 110kV 及以上电力系统广泛采用 SF_6 断路器，10 ~ 35kV 中压配电系统多采用真空断路器。

3. 高压断路器的基本技术参数

技术参数表示高压断路器的基本工作性能。

(1) 额定电压最高工作电压

额定电压是表征断路器绝缘强度的参数。指断路器长期工作的标准电压（对三相系统指线电压）。

电网在运行中允许电压有 ±5% 的波动，断路器必须适应电网电压的变化，为此断路器出厂时都以最高工作电压进行鉴定。例如，对 3 ~ 220 kV，断路器最高工作电压较额定电压高 15% 左右；对 330 kV 以上的电器设备，规定最高工作电压较额定电压高 10%。

（2）额定电流

表征开关的导电系统长期通过电流的能力的参数，由开关导体及绝缘材料的长期允许发热决定，即断路器允许连续长期通过的最大电流。

我国规定额定电流为 200A，400A，630A，（1000A），1250A，1600A，（1500A），2000A，3150A，4000A，5000A，6300A，8000A，10000A，12500A，16000A，20000A。

（3）额定开断电流

表征断路器开断能力的参数。在额定电压下，断路器能保证可靠开断的最大短路电流，称为额定开断电流，其单位用 kA。

我国规定额定开断电流为 1.6kA，3.15kA，6.3kA，8kA，10kA，12.5kA，16kA，20kA，25kA，31.5kA，40kA，50kA，63kA，80kA，100kA 等。

（4）动稳定电流

表征断路器通过短时电流能力的参数，它反映断路器承受短路电流电动力效应的能力。

（5）关合电流

关合电流是表征断路器关合电流能力的参数。当断路器关合有预伏故障线路时，在触头尚未接触前几毫米就会发生预击穿，随之出现短路电流，给断路器关合造成阻力，影响合闸速度，甚至出现触头弹跳、熔焊以致断路器爆炸等事故，这种情况比断路器开断短路电流更严重。关合电流在数值上与动稳定电流相等。

（6）热稳定电流和热稳定电流的持续时间

热稳定电流也是表征断路器通过短时电流能力的参数，但它反映断路器承受短路电流热效应的能力。热稳定电流是指断路器处于合闸状态下，在一定的持续时间内，允许通过电流的最大周期分量有效值，此时断路器不应因电流短时发热而损坏。国家标准规定，断路器的额定热稳定电流等于额定开断电流。一般额定热稳定电流的持续时间为 2s，需要大于 2s 时推荐 3s，经用户和制造厂协商，也可选用 1s 和 4s。

（7）合闸时间与分闸时间

分、合闸时间是表征断路器操作性能的参数。各种不同类型的断路器的分、合闸时间不同，但要求动作迅速。

① 合闸时间

合闸时间是指从断路器合闸线圈接通电流到主触头刚接触为止的这段时间。

② 断路器的分闸时间

它包括固有分闸时间和熄弧时间两部分。

③ 固有分闸时间

它是指断路器分闸线圈接通到触头分离这段时间。

④ 熄弧时间

它是指从触头分离到各相电弧熄灭这段时间，也称全分闸时间。

(8) 自动重合闸性能

表征断路器操作性能的参数。架空输电线路的短路故障，大多是临时性故障，当短路电流切断后，故障随之消失。为了提高供电的可靠性，故多装有自动重合闸装置。为了与自动重合闸装置配合，断路器的操作循环为：

$$分—\theta—合分—t—合分$$

式中：θ——断路器开断故障电路从电弧熄灭起到电路重新接通的时间，称为无电流间隔时间，一般为 0.3s 和 0.5s; t——强送电时间，一般为 180s。

4. 高压断路器的基本结构

(1) 电路通断元件

它是导电、熄弧系统。它由接线端子、导电杆、触头、灭弧室等组成。

(2) 操动机构

它为通断元件提供操作能量。它有电磁、弹簧、液压、气动等类型。

(3) 传动机构

它是给通断元件传递操作命令和操作力，由连杆、齿轮、拐臂、液压系统等元件组成。

(4) 绝缘支撑元件

它是支撑和固定通断元件，并确保其对地绝缘。

(5) 基座

它是整台开关的支撑和安装基础。

(二) SF_6 断路器

SF_6 气体电气性能好，断路器断口介质强度恢复电压较高。设备的操作维护和检修都很方便，检修周期长而且它的开断性能好，占地面积小。20 世纪 90 年代 SF_6 断路器被广泛应用，目前我国已成功生产和研制了 220、330、500kV 的 SF_6 断路器。

1. SF_6气体的性质

(1) 物理性质

常态下，纯净的 SF_6气体是无色、无味、无毒、不助燃的惰性气体。

SF_6气体容易液化，液化温度与压力有关，它在一个大气压下（0.1 MPa)，液化温度为－62℃；1.2MPa 压力下，液化温度为 0℃。单压式 SF_6断路器灭弧室气体压力为 0.3 ~ 0.6 MPa，SF_6断路器装有加热器，根据温度和压力确定投入时间，防止气体液化。

(2) SF_6气体的电气性质

SF_6气体分子呈正八面体结构，具有很强的捕捉自由电子成为负离子的能力。即 SF_6气体具有很强的负电性，当 SF_6断路器的电弧电流处于接近零值状态时，正、负离子容易复合而成为中性质点。因此，SF_6气体具有较强的灭弧能力。在相同气压下，绝缘耐压能力是空气的 2 ~ 3 倍，灭弧能力是空气的 100 倍。

SF_6气体优良的绝缘性能与灭弧性能使其应用于断路器并得到发展，目前 SF_6气体已被广泛用于高压电器设备中作为绝缘介质和灭弧介质，并且使这些电器的重量和体积减小。

(3) 化学性质

一般来说，SF_6化学性质非常稳定，在电气设备的允许运行温度范围内，SF_6气体与电气设备中常用的铜、钢、铝等金属材料均不起化学反应。

在电弧高温作用下，SF_6气体会被分解为低氟化合物，但在电弧过零值后，很快又再结合为 SF_6。因此，长期密封使用 SF_6气体做灭弧介质的断路器，虽经多次开断灭弧，SF_6气体也不会减少或变质。运行使用后的 SF_6气体会有少量残留分解物，电弧分解物的多少与 SF_6气体中所含水分有关，试验证明，SOF_2、SO_2F_2、SF_4、SF_2、HF 等具有一定的毒性，对人的呼吸器官有刺激并且有臭味产生。

因此，断路器中常用活性氧化物或活性炭合成沸石等吸附剂，以清除水分和电弧分解产物。

2. SF_6断路器的结构

国产户外 SF_6断路器的型号常用 LW 表示。SF_6断路器按总体结构，可分为落地罐式和支柱瓷套式两种。

(1) 落地罐式

① 优点

落地罐式断路器重心低，抗振性能好，特别容易与隔离开关、接地开关和电流互感器等组合成封闭式组合电器。

② 缺点

罐体耗用材料较多，用气量大，系列化较差，因此价格较高。

(2) 支柱瓷套式

瓷柱式 SF_6 断路器结构简单，运动部件少，系列性能好，但因它的重心高，抗振能力较差，使用场所受到一定限制。不过因瓷柱式断路器中 SF_6 气体的容积比罐式断路器小得多，用气量也少，从而降低了费用，瓷柱式断路器还是得到普遍使用。

3. SF_6 断路器的灭弧过程

(1) 压气式 SF_6 断路器开断过程

断路器的灭弧室为单压力压气式结构，即断路器内充有 0.3 ~ 0.6 MPa 的 SF_6 气体，它是依靠压气作用实现气吹来灭弧的。

当断路器合闸时，操作拉杆带动动触头系统向上移动，运动到一定位置时，静弧触头首先插入动弧触头中，即弧触头首先合闸，紧接着动触头的前端即主触头插入主触指中，直到完成合闸动作。因静止的活塞上装有逆止阀，故在压气缸快速向上移动的同时阀片打开，使灭弧室内 SF_6 气体迅速进入气缸内，合闸时的压力差非常小。

(2) 自能吹弧式 SF_6 断路器的开断过程

自能吹弧式 SF_6 断路器是在压气式基础上发展起来的，又称第三代 SF_6 断路器。它利用电弧能量建立灭弧所需的压力差，因此固定活塞的截面积比压气式小得多。它的出现不仅使断路器的结构简化而且相应的操动机构的操作功也可减小，有的甚至只有压气式断路器的 20%，使较高电压等级的断路器，如 220 kV 的断路器，可用弹簧操动机构。

自能吹弧式 SF_6 断路器的开断过程如图 2–2 所示。

该断路器在开断大电流时，靠电弧本身能量熄弧。在开断小电流时，通过小的压气活塞形成辅助气吹作用来协助开断小电流，以弥补储气室压力的不足。当开断大电流时，主触头分开后，动弧触头与静弧触头随分开并产生电弧。电弧能量加热储气室中的气体使其压力升高，建立灭弧所需的压力，储气室中的高压气体经绝缘喷口吹向电弧，使电弧在电流过量时熄灭，此时辅助储气室不起作用。随后阀门 11 打开，排出多余气体。当开断感性和容性小电流时，依靠压气活塞的压气作用使辅助储气室中的气体压力升高，当储气室的压力低于辅助储气室内的压力时，阀门 8 打开，让气体通过储气室经绝缘喷口吹向电弧，进行辅助气吹，以辅助熄灭电弧。

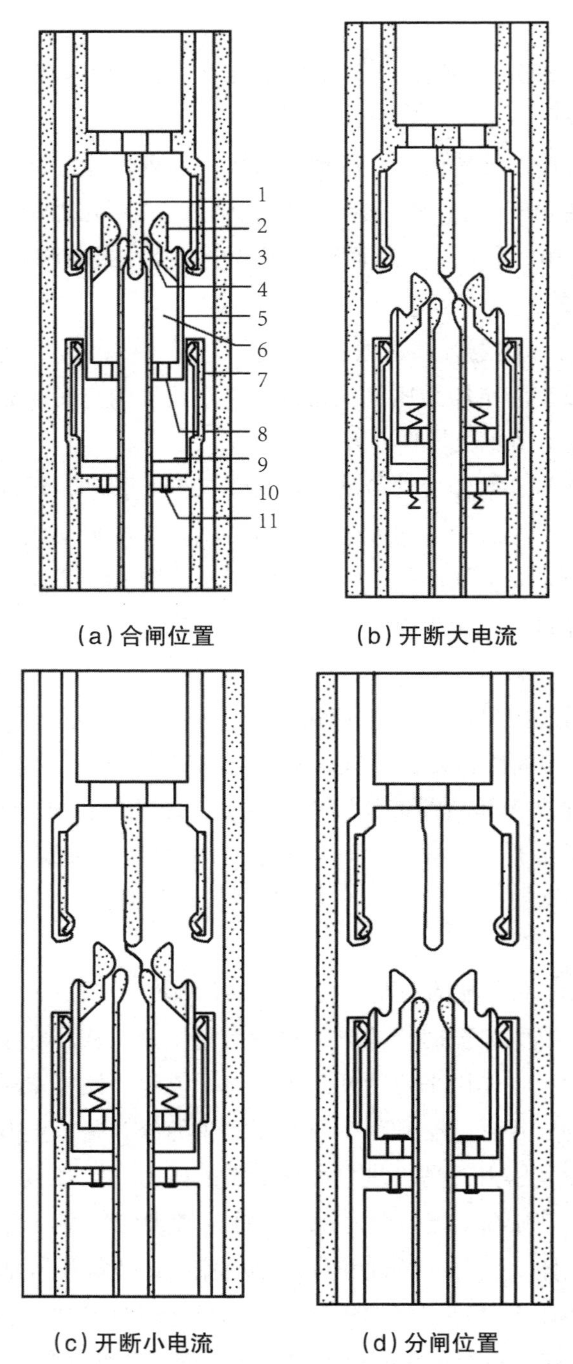

图 2-2　自能吹弧式 SF_6 断路器的开断示意图

1- 弧静触头；2- 绝缘喷口；3- 主静触头；4- 弧动触头；5- 主动触头；6- 储气室；7- 滑动触头；8- 阀门；9- 辅助储气室；10- 固定活塞；11-阀门

4. 影响 SF_6 断路器安全运行的因素

对运行中的 SF_6 断路器，应定期测量 SF_6 气体的含水量。当温度低于 0℃时，SF_6 气体的沿面放电电压几乎与干燥状态相同，这说明水分在绝缘子表面结霜不影响其沿面放电特性。当温度超过 0℃时，霜转化为水，其沿面放电电压则下降，下降程度与 SF_6 气体中水分含量多少有关。当温度上升超过露点之后，因凝结水开始蒸发，SF_6 气体中的沿面放电电压又升高，因此严格控制 SF_6 断路器内部的水分含量对运行安全至关重要，水分与酸性杂质掺和在一起，还会使阀门金属材料被腐蚀，导致机械操作失灵。

为保证 SF_6 断路器的安全运行，要求采用专用微水检测仪器定期监测断路器 SF_6 气体的水分含量。采用专用检漏仪器，检测 SF_6 气体泄漏情况，年漏气率应小于 1%。

为保证 SF_6 断路器可靠工作，还应装设绝缘气体的经常性检漏监测装置。这种经常性检漏监测装置，在规定的温度之下，当 SF_6 气体压力或密度的变化值超过允许变化范围时，其会自动发出报警信号，并装有闭锁装置，使断路器不能操作。

5. SF_6 断路器的特点

① 使用安全可靠，无火灾和爆炸的危险，不必担心材料的氧化和腐蚀。② 减小了电器的体积和质量，便于在工厂中装配，运输方便。③ 设备的操作、维护和检修都很方便，全封闭电器只需监视 SF_6 气压，电气触头检修周期长，载流部分不受大气的影响，可减少维护工作量。④ 无噪声和无线电干扰。⑤ 冷却特性好。⑥ 有利于电气设备的紧凑布置。

总之，由于 SF_6 气体的电气性能好，SF_6 断路器的断口电压较高，因此，在电压等级相同且开断电流和其他性能接近的情况下，SF_6 断路器串联断口数较少。例如，220 V 空气和少油断路器断口为 2 ~ 4 个，SF_6 断路器只有一个断口，开断能力超过 40 kA。

（三）真空断路器

1. 真空中的电弧

所谓的真空是相对而言的，指的是绝对压力低于 1 个大气压的气体稀薄的空间。由于真空中几乎没有什么气体分子可供游离导电，且弧隙中少量导电粒子很容易向周围真空扩散，因此，真空的绝缘强度比变压器油及在 1 个大气压下的 SF_6 或空气等绝缘强度高得多。在中压配电中，相同间隙下，真空介质比 7 个大气压的 SF_6 气体介质的承受击穿电压更高。目前，在我国 6 ~ 35 kV 中压配电系统中真空断路器得到广泛应用。

在真空中，由于气体的分子数量非常少，发生碰撞的机会很小，因此，碰撞游离不是真空间隙被击穿而产生电弧的主要因素。真空中的电弧是在触头分离时，触头电极蒸发出来的金属蒸气中形成的。当触头分离时，电极表面即使有微小的突起部分，也将会引起电场能量集中而发射电子，在极小的面积上，电流密度可达 105 ~ 106 A/mm^2，使金属发热、熔融，蒸发出来的金属蒸气发生电离而形成电弧。因此，真空中金属蒸气电弧的特性，主要取决于触头材料的性质及其表面情况。

电弧中的离子和粒子与周围高真空比较起来，形成局部的高压力和高密度，因而电弧中的离子和粒子迅速向周围扩散。当电弧电流到达零值时，因电流减少，故向电弧供给的能量减少，电极的温度随之降低。当触头间的粒子因扩散而消失的数量超过产生的数量时，电弧即不能维持而熄灭，燃弧时间一般在 0.01s 左右。

真空断路器弧隙绝缘恢复极快，它取决于粒子的扩散速度，但是它受到开断电流、磁场、触头面积及触头材料等的影响极大。

2. 真空灭弧室和断路器的结构

真空灭弧室是真空断路器的核心部分，外壳大多采用玻璃和陶瓷两种。在被密封抽成真空的玻璃或陶瓷容器内，装有静触头、动触头、电弧屏蔽罩、波纹管，构成了真空灭弧室。动、静触头连接导电杆，与大气连接，在不破坏真空的情况下，完成触头部分的开、合动作。

真空灭弧室的外壳作灭弧室的固定件并兼有绝缘作用。动触杆和动触头的密封靠金属波纹管实现，波纹管一般由不锈钢制成。在触头外面四周装有金属屏蔽罩，可防止因燃弧产生的金属蒸气附着在绝缘外壳的内壁而使绝缘强度降低，同时，它又是金属蒸气的有效凝聚面，能够提高开断性能。屏蔽罩使用的材料有 Ni、Cu、Fe、不锈钢等。

真空灭弧室的真空处理是通过专门的抽气方式进行的，真空度一般达到 $1.33 \times 10^{-7} \sim 1.33 \times 10^{-3}$Pa。

真空开关电器的应用主要决定于真空灭弧室的技术性能，目前世界上在中压等级的设备中，随着真空灭弧室技术的不断完善和改进，电极的形状、触头的材料、支撑的方式都有了很大的提高，真空开关在使用中占有相当大的优势。从整体形式看，陶瓷式真空灭弧室应用较多，尤其是开断电流在 20 kA 及以上的真空开关电器，具有更多的优势。

真空断路器触头的开距较小，当电压为 10 kV时，只有 12 ± 1mm。触头材料大体有两类：一类是铜基合金，如铜铋合金、铜碲硒合金等；另一类是粉末烧结的铜铬合金。触头结构形式目前多是螺旋式叶片触头和枕状触头，两者均属磁吹触头，即利用电弧电流本身产生的磁场驱使电弧运动，以熄灭电弧。弧头中部是一圆环状的接触面，接触面周围是由螺旋叶片构成的吹弧面，触头闭合时，只有接触面接触。

目前，这种螺旋式叶片触头的开断能力在 60 kA 以上。这种触头的缺点是当进一步增加开断电流时，触头直径和真空灭弧室直径将很大，造价很高。

3. 真空断路器的特点

真空断路器具有体积小、无噪声、无污染、寿命长，可以频繁操作，以及不需要经常检修等优点，因此特别适合配电系统使用。此外，真空断路器灭弧介质或绝缘介质不用油，没有火灾和爆炸的危险。触头部分为完全密封结构，不会因潮气、灰尘、有害气体等影响而降低其性能，工作可靠，通断性能稳定。灭弧室作为独立的元件，安装调试简单方便。因它开断能力强、开断时间短，故还可用作其他特殊用途的断路器。

(四) 操动机构

断路器在工作过程中的合、分闸动作是由操动系统来完成的。操动系统由相互联系的操动机构和传动机构组成。

根据正常操动合闸所直接利用的动能形式的不同，操动机构可分为电磁型、弹簧型、液压型、电动型、气动型等多种类型。它们均为自动操动机构。其中，电磁型和电动型需直接依靠合闸电源提供操动功率，液压型、弹簧型、气动型则只需间接利用电能，并经转换设备和储能装置用非电能形式操动合闸，故短时失去电源后可由储能装置提供操动功率，因而减少了对电源的依赖程度。

弹簧操动机构利用已储能的弹簧为动力使断路器工作。弹簧储能通常由电动机通过减速装置完成。对某些操作功不大的弹簧操动机构，为了简化结构、降低成本，也可用手力来储能。弹簧操动机构的优点是不需要大功率的直流电源；电动机功率小 (几百瓦到几千瓦)；交直流两用；机械寿命可达数万次。其缺点是结构比较复杂；零件数量多；加工要求高；随着机构操作功的增大，质量显著增加。弹簧操动机构一般只用于操作 126kV 及以下的断路器，弹簧储能为几百焦到几千焦。

液压操动机构的工作压力高，一般为 20 ~ 30 MPa。因此，在不大的结构尺寸下就可获得几吨或几十吨的操作力，而且控制比较方便，特别适宜用于 126 kV 以上的高压和超高压断路器。

三、隔离开关

隔离开关在结构上是一种没有灭弧装置的开关设备。它一般只用来关合和开断有电压无负荷的线路，而不能用于开断负荷电流和短路电流，需要与断路器配合使用，由断路器来完成带负荷线路的关合、开断任务。

(一) 隔离开关的用途与要求

1. 隔离开关用途

作为电力系统中使用最多的一种电器，隔离开关的主要用途如下：① 将停电的电气设备与带电电网隔离，以形成安全的电气设备检修断口，建立可靠的绝缘回路。② 配合断路器进行倒闸操作，如倒母线操作。③ 根据运行需要换接线路以及开断和关合一定长度线路的交流电流和一定容量的空载变压器的励磁电流。④ 分、合电压互感器、避雷器，以及正常运行时变压器中性点与接地装置的连接。

2. 对隔离开关的特殊要求

为了确保检修工作的安全以及倒闸操作的简单易行，隔离开关在结构上应满足以下要求：① 隔离开关在分闸状态时应有明显可见的断口，使运行人员能明确区分电器是否与电网断开，但在全封闭式配电装置中除外。② 隔离开关断点之间应有足够的绝缘距离。③ 具有足够的短路稳定性，包括动稳定和热稳定。④ 隔离开关应结构简单，动作可靠。⑤ 带有接地闸刀的隔离开关应有保证操作顺序的闭锁装置，以供安全检修和检修完成后恢复正常运行。

(二) 隔离开关的典型结构

按安装地点的不同，隔离开关可划分为户内、户外两种。户内隔离开关的型号常用 GN 表示，一般用于 35 kV 电压等级及以下的配电装置中；户外隔离开关则用 GW 代号表示，对于这类隔离开关，考虑到它的触头直接暴露于大气中，因此要能适应各种恶劣的气候条件。

按绝缘支柱的数目不同，隔离开关可分为单柱式、双柱式和三柱式 3 种；按刀闸的运行方式不同，隔离开关可分为水平旋转式、垂直旋转式、摆动式及插入式 4 种；按有无接地闸刀，它又可分为带接地刀闸和不带接地刀闸两种。

隔离开关的结构形式很多，这里仅介绍其中有代表性的典型结构。

1. 户内隔离开关

户内隔离开关有三极式和单极式两种，一般为刀闸隔离开关。它用于有电压无负载时切断或闭合 6 ~ 10kV 电压等级的电气线路。它一般由框架、绝缘子和闸刀三部分组成，单相或三相联动操作。

2. 户外隔离开关

户外隔离开关有单柱式、双柱式和三柱式 3 种。由于其工作条件比户内隔离开关差，容易受到外界气象变化的影响，因此，其绝缘强度和机械强度要求较高。

如图 2-3 所示为 GW5 系列户外隔离开关。每极两个绝缘柱带着导电闸刀反向

回转 90°，形成一个水平断口。两个支柱呈 V 形交角为 50°，安装在一个底座上，安装灵活方便。按接地方式可分为不接地、单刀接地和双刀接地。隔离开关与接地开关之间设有机械联锁。接线端通过软连接过渡，导电可靠，维修方便，触头元件用久后可更换新元件，保养容易。

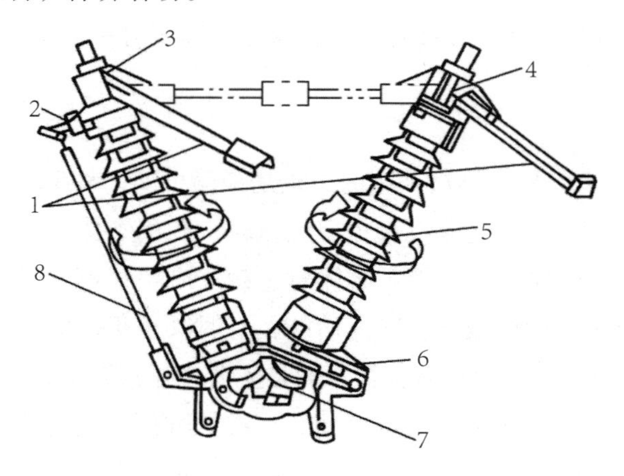

图 2-3　GW5-110D 型 V 形双柱式隔离开关

1- 主闸刀底座；2- 接地静触头；3- 出线座；4- 导电带；5- 绝缘子；6- 轴承座；7- 伞齿轮；8- 接地刀闸

GW4 系列隔离开关是双柱水平回转式结构。每极两个绝缘支柱带着导电闸刀反向回转 90°，形成一个水平断口。按接地方式可分为不接地、单刀接地和双刀接地。隔离开关与接地开关之间设有机械联锁。

GW7 系列户外交流高压隔离开关。它是三柱水平转动式三相交流 50 Hz 户外高压电器，用于额定电压 126 ~ 550 kV 的电力系统中，供有电压无负荷时分合电路之用。

每极由 3 个支柱绝缘子构成。两边的支柱是固定的，中间支柱是转动的；动闸刀装在中间支柱绝缘子上部，静触头分别装在两边支柱绝缘子上部，由操动机构带动中间支柱绝缘子转动进行分合闸操作。

GW17 系列户外隔离开关为双柱水平伸缩式结构。静触头悬挂在母线上，产品分闸后形成垂直的绝缘断口。在变电站中作母线隔离开关，具有占地面积小的优点，而且断口清晰可见，便于运行监视。隔离开关与接地开关之间设有机械联锁。

（三）防止隔离开关错误操作

防止隔离开关错误操作的要求如下：① 在隔离开关和断路器之间应装设机械联锁，通常采用连杆机构来保证在断路器处于合闸位置时，使隔离开关无法分闸。② 利用断路器操作机构上的辅助触点来控制电磁锁，使电磁锁能锁住隔离开关的操作把手，保证在断路器未断开之前，隔离开关的操作把手不能操作。③ 在隔离开关与断路器距离较远而采用机械联锁有困难时，可将隔离开关的机械联锁用钥匙存放在断路器处或在该断路器的控制开关操作把手上，只能在断路器分闸后，才能将钥匙取出打开与之相应的隔离开关，避免带负荷时拉刀闸。④ 在隔离开关操作机构处加装接地线的机械联锁装置，在接地线未拆除前，隔离开关无法进行合闸操作。

四、熔断器

熔断器（俗称保险）是最早被采用的，也是最简单的一种保护电器。它串联在电路中使用。电路中通过短路电流或过负荷电流时，利用熔体产生的热量使它自身熔断，切断电路，以达到保护的目的。熔体对过载反应是很不灵敏的，当电器设备发生轻度过载时，熔体将持续很长时间才熔断，有时甚至不熔断。因此，除在照明电路中外，熔断器一般不宜作为过载保护，而是主要用作短路保护。

熔断器因结构简单、质量轻、价格便宜、维护方便、使用灵活等特点，被广泛使用在 60 kV 及以下电压等级中小容量设备及对保护要求不高的线路中，作短路和过负荷保护。

（一）熔体的材料和特性

熔断器主要由金属熔体、连接熔体的触头装置和外壳组成。金属熔体是熔断器的主要元件，熔体的材料一般有铜（1080℃）、银（960℃）、锌（420℃）、铅（327℃）及铅锡合金（200℃）等。熔体在正常工作时，仅通过不大于熔体额定电流值的负载电流，其正常发热温度不会使熔体熔断。当过载电流或短路电流通过熔体时，熔体因电阻发热而熔化断开。

1. 低压熔断器熔体

铅锡合金及锌熔体的熔化温度较低，导电率小，熔体的截面积较大，熔断时产生的金属蒸气多，不易灭弧，因此，主要用于 1000 V 以下的低压熔断器中，且锌熔体不易氧化，保持特性较稳定。

2. 高压熔断器熔体

高压熔断器要求有较大的分断电流能力。由于铜和银的电阻率小，热传导率较大，因此，铜或银熔体的截面积较小，熔断时产生的金属蒸气也少，易于灭弧，但因铜、银熔点较高，熔体不易熔断，为了克服这个缺点，最简单的办法是在铜、银熔体的表面焊接小锡球或小铅球，当熔体发热到锡或铅的熔点时，锡或铅的小球先熔化然后渗入铜、银内部，形成合金，使其电阻加大，发热加剧，同时熔点降低，这种方法称为冶金效应法。

(二) 熔断器的典型结构和工作原理

熔断器的种类很多。按电压，可分为高压和低压熔断器；按装设地点，可分为户内式和户外式；按结构，可分为螺旋式、插片式和管式；按是否有限流作用，可分为限流式和无限流式熔断器，等等。

当电路发生短路故障后，短路电流达到最大值需要一定时间，若熔断器在短路电流达到最大值前就将电路切断，使被保护电气设备的损害大为减轻，这种熔断器称为限流熔断器。受这种熔断器保护的电气设备可不用校验动稳定和热稳定，但限流式高压熔断器不宜使用在电网工作电压低于熔断器额定电压的电网中。由于35 kV和10 kV用的熔断件的电阻和长度都有很大的差异，当把35 kV限流熔断器用于10 kV时，在熔断过程中会产生较大的过电压，甚至会击穿电压互感器。因此，10 kV电压互感器保护熔断器用RW10–35型限流熔断器代替是不合适的。

1. 典型高压熔断器

目前，在电力系统中使用最为广泛的高压熔断器如下：

(1) 户内高压熔断器（RN1，RN2）

RN1型适用于3 ~ 35 kV的电力线路和电气设备的保护；RN2专用于保护3 ~ 35 kV的电压互感器。

(2) 典型户外高压熔断器

①10kV 跌落式熔断器

跌落式熔断器及拉负荷跌落式熔断器是户外高压保护电器。它装置在配电变压器高压侧或配电线支干线路上，用作变压器和线路的短路、过载保护。拉负荷跌落式熔断器还具有分、合负荷电流的功能。跌落式熔断器由绝缘支架和熔丝管两部分组成，静触头安装在绝缘支架两端，动触头安装在熔丝管两端，熔丝管由内层的消弧管和外层的酚醛纸管或环氧玻璃布管组成。拉负荷跌落式熔断器增加了弹性辅助触头及灭弧罩，用以分、合负荷电流。

RW4型户外跌落式熔断器：熔断器在正常运行时，熔丝管借熔丝张紧后形成闭合位置。当系统发生故障时，故障电流使熔丝迅速熔断，并形成电弧，消弧管受电弧灼热，分解出大量的气体，使管内形成很高压力，并沿管道形成纵吹，电弧被迅速拉长而熄灭。熔丝熔断后，下部动触头失去张力而下翻，使锁紧机构释放熔线管，熔丝管跌落，形成明显的开断位置。

RW10–10F拉负荷跌落式熔断器：该类熔断器具有分、合负荷的功能，在需要拉负荷的时候，用绝缘杆拉开动触头，此时，主动、静触头分离，辅助触头仍然接触，继续用绝缘杆拉动触头，辅助触头也分离，在辅助触头之间产生电弧，电弧在灭弧罩狭缝中被拉长，同时灭弧罩产生气体，在电流过零时将电弧熄灭。

②35kV 限流熔断器

常见的型号有 RW9–35、RW10–35、RXWO–35 系列户外高压限流熔断器。熔断器由熔体管、瓷套、紧固法兰、棒形支柱绝缘子及接线端帽等组成。熔体管采用含氧化硅较高的原料作灭弧介质，应用小直径的金属线作熔丝。当过载电流或短路电流通过熔体管时，熔丝立即熔断，电弧发生在几条并联的窄缝中，电弧中的金属蒸气渗入石英砂中，被强烈去游离，迅速把电弧熄灭。因此，这种熔断器性能好，开断容量大，常用作电压互感器的保护。

2. 低压熔断器

低压熔断器可分为密封式（RM 型）及填料式（RTO 型、RSO 型）、快速式（RS 型）、螺旋式（RL 型）、瓷插式（RC 型）。

（1）RM 型

RM 型常用有 RM1、RM3、RM10 型（见图 2–4）。它们均为无填料封闭管式熔断器，在纤维管 1 的两端装着外壁有螺纹的金属管夹 2，上面旋有黄铜帽盖 3，熔体 5 多数采用铅锡、铅、锌和铝金属材料，熔体采用宽窄相间的形状，短路电流会先使窄部同时熔化，形成数段电弧，同时残留的宽部受重力作用而下落，将电弧拉长变细，易于熄灭。熔体规格有 15 ~ 600 A 这 6 个等级，各级都可以配入多种容量规范的熔体（但不能大于熔管的额定值）。RM1 型、RM10 型结构相似，都属于限流类。

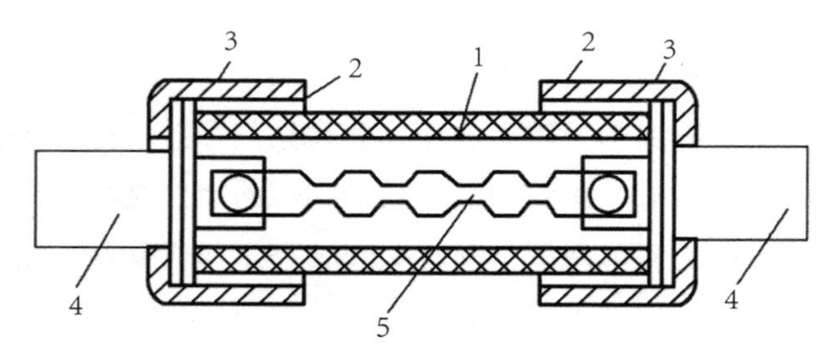

图 2–4　RM10 型熔断器的结构

1– 纤维管；2– 金属管夹；3– 帽盖；4– 插刀；5– 熔体

（2）RT 型

RT 型常用为 RTO 型。它是有填料封闭管式熔断器，熔管由绝缘瓷制成，内填石英砂，以加速灭弧。熔体采用紫铜片，冲压成网状多根并联形式，上面焊锡桥，并有熔断信号装置，便于检查。熔断器规格有 100 ~ 1000 A 这 5 个等级，各级熔断器均可配多种容量的熔体（不能超过它的额定值），属于快速型熔断器。

（3）RS 型

RS 型常用有 RS0 型，RS3 型。它也是快速型熔断器，结构和 RTO 型类似。熔

断器规格有 10 ~ 350 A 这 10 种，等级较多，不便于选择。

（4）RL 型

RL 型常用有 RL1 型、RL2 型、RLS 型。它们是一种螺旋管式熔断器。熔断管由瓷质制成，内填石英砂，并有熔断信号装置，便于检查。RL1 型有 15 ~ 200 A 这 4 种规格；RL2 型有 25 ~ 100 A 这 3 种规格，各级均可配用多种容量级的熔体管芯，它属于快速型熔断器，体积小，装拆方便，操作安全。

（5）RC 型

RC 型常用为 RC1 型。它是插入式熔断器，由瓷质制成，插座与熔管合为一体，结构简单，拆装方便，熔体配用材料同 RM 型。具有 10 ~ 200 A 这 6 种规格可供选用。

（6）R1 型

R1 型是一种封闭管式熔断器。熔管以胶木或塑料压制而成，规格只有 10 A 这 1 种，内可装配 0.5 ~ 10A 这 9 种容量等级的熔体。这是一种专为保护二次线系统用的熔断器。

（三）熔断器的技术特性

熔断器的工作性能，可用以下参数和特性表征：

1. 熔断器的额定参数

（1）额定电压

额定电压是指熔断器长期能够承受的正常工作电压。熔断器额定电压与电网电压相符，限流熔断器一般不宜降低电压使用，以避免熔断体截断电流时，产生的过电压超过电网允许的 2.5 倍工作电压。

（2）额定电流

额定电流是指熔断器壳体部分和载流部分允许通过的长期最大工作电流。熔断件熔断管的额定电流应大于或等于熔体的额定电流；熔断件的额定电流应为负载长期工作电流的 1.25 倍。

（3）熔体的额定电流

熔体的额定电流是指熔体允许长期通过而不熔化的最大电流。熔体的额定电流可与熔断器的额定电流不同。同一熔断器可装入不同额定电流的熔体，但熔体的最大额定电流不应超过熔断器的额定电流。

（4）极限分断能力

低压熔断器所能断开的最大电流表示。若熔断器断开的电流大于极限分断电流值，熔断器将被烧坏，或引起相间短路。高压熔断器则用额定开断电流表示。熔断器的额定开断电流主要取决于熔断器的灭弧装置。

2. 短路保护的选择性

熔断器主要用在配电线路中，作为线路或电气设备的短路保护。由于熔体安秒特性分散性较大，因此，在串联使用的熔断器中必须保证一定的熔化时间差。如图 2–5 所示，主回路用 20A 熔体，分支回路用 5A 熔体。当 A 点发生短路时，其短路电流为 200 A，此时熔体 1 的熔化时间为 0.35s，熔体 2 的熔化时间为 0.025s，显然熔体 2 先断，保证了有选择性地切除故障。如果熔体 1 的额定电流为 30A，熔体 2 的额定电流为 20A，若 A 点短路电流为 800A，则熔体 1 的熔化时间为 0.04s，熔体 2 为 0.026s，两者相差 0.014s，若再考虑安秒特性的分散性以及燃弧时间的影响，在 A 点出现故障时，有可能出现熔体 1 与熔体 2 同时熔断，这一情况通常称为保护选择性不好。因此，当熔断器串联使用时，熔体的额定电流等级不能相差太近。一般情况下，如果熔体为同一材料时，上一级熔体的额定电流应为下一级熔体额定电流的 2 ~ 4 倍。

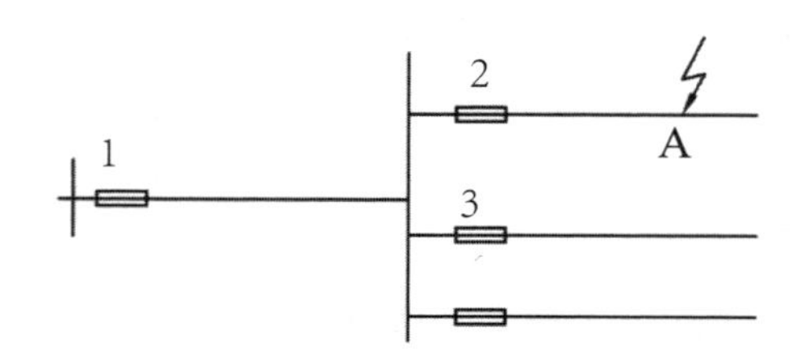

图 2–5　配电线路中熔断器的配置

五、高压负荷开关

高压负荷开关具有简单的灭弧装置，能通断一定的负荷电流和过负荷电流；但是不能用它来断开短路电流，因此必须借助熔断器来切断短路电流，故负荷开关常与熔断器一起使用。高压负荷开关大多还具有隔离高压电源，保证其后的电气设备和线路安全检修的功能，因为它断开后通常有明显的断开间隙，与高压隔离开关一样，故这种负荷开关有“功率隔离开关”之称。

高压负荷开关按灭弧介质及作用原理，可分为压气式、油浸式、固体产气式、真空式、压缩空气式及 SF_6 式；按用途，可分为通用负荷开关和专用负荷开关；按安装地点，可分为户内型 FN 和户外型 FW，其中 F 表示负荷开关，W 表示户外式，N 表示户内式，数字为设计序号。有些负荷开关具有隔离间隙，当它断开后可视为隔离开关。

如 FN3–10（R）型压气式户内负荷开关的外形，其额定电压为 10 kV，若型号中有 R，表示带有高压熔断器。FN3–10 型负荷开关，在框架上装有 3 只绝缘子，3 个绝缘气缸，开关合闸时，灭弧动触头通过气缸的喷口插入气缸内，弧触头接通电路后，闸刀才和静触头接触，成为通过电流的主电路，主电路与灭弧电路并联。开关

分闸时，主电路先断开，主触头不会产生电弧。

在绝缘气缸内有压气活塞，它与闸刀（动触头）联动。操动机构使闸刀开断的同时，活塞也被驱动压气。在弧触头离开喷嘴时产生足量的压缩空气；电弧与喷口接触，喷口也产生一定的气体。这两种气流强烈吹弧，使电弧迅速熄灭。

FN3–10R 型负荷开关所带的高压熔断器可装在下部或上部，型号为 FN3-10RS。高压熔断器可装在负荷开关的电源侧或在负荷侧。若高压熔断器装在电源侧，高压熔断器能对负荷开关本身起到保护作用，但是更换熔断体要带电操作。高压熔断器装在负荷侧时，不能保护负荷开关，但更换熔断体可在负荷开关断开后无电时进行。

如 FZW32–12 型户外高压真空负荷开关，其额定电压为 12 kV，型号中 Z 表示真空灭弧式。其基本组件有真空灭弧室、分闸弹簧、隔离刀组件、绝缘拉杆、框架及过中弹簧机构。

六、自动重合器与自动分断器

（一）自动重合器

自动重合器是一种具有保护、检测、控制功能的自动化设备，具有不同时限的安秒曲线和多次重合闸功能，是一种集断路器、继电保护、操动机构于一体的机电一体化新型开关电器。

1. 自动重合器控制装置

重合器控制装置是集保护、测量、控制、监测、通信、远动等功能于一体，具有集成度高、配置灵活、界面友好等特点。它广泛应用于城网和农网中，对高压架空线路上的柱上开关、分段开关、联络开关等设备进行控制操作，实现配电网故障定位、故障隔离和自动快速恢复非故障区域供电。

2. 自动重合器的特性及应用

（1）特性

自动重合器是一种能够检测故障电流，在给定时间内断开故障电流并能进行给定次数重合的一种有“自具”能力的控制开关。“自具”即本身具有故障电流检测和操作顺序控制与执行的能力，无须附加继电保护装置和另外的操作电源，也不需要与外界通信。

① 瞬时性故障

现有的自动重合器通常可进行 3 次或 4 次重合。如果重合成功，自动重合器则自动中止后续动作，并经一段延时后恢复到预先的整定状态，为下一次故障做好准备。

② 永久性故障

如果故障是永久性的，则自动重合器经过预先的重合次数后，就不再进行重合，即闭锁于开断状态，从而将故障线段与供电电源隔离开来。

③ 特性

自动重合器在开断性能上与普通断路器相似，但与普通断路器相比有多次重合闸的功能。在保护控制特性方面，则比断路器的“智能”高得多，能自主完成故障检测、判断电流性质、执行开合功能；并能记忆动作次数、恢复初始状态、完成合闸闭锁等。

(2) 应用

自动重合器适合于户外柱上安装，既可在变电所内安装，也可在配电线路上安装。一般断路器因操作电源和控制装置限制，故只能在变电站使用。

自动重合器用于中压配电网的以下场合：① 变电所内，配电线路的出口；主变压器的出口。② 配电线路的中部，将长线路分段，避免因线路末端故障造成全线停电。③ 配电线路的重要分支线入口，避免因分支线故障造成主线路停电。

3. 自动重合器的分类

(1) 按相别分类

它有作用于单相电路或三相电路的自动重合器。

(2) 按灭弧介质分类

它有 SF_6 和真空介质的自动重合器。其区别在于灭弧能力的强弱。

(3) 按控制方式分类

它有液压控制式、电子控制式和液压电子混合控制式 3 种。

液压控制式的优点是不受电磁的干扰，缺点是受温度的影响较大，特性较难调整。电子控制式的优点是控制灵活，特性较容易调整，具有较高的灵敏度，必须具备多套硬件设备。

(4) 按安装方式分类

它有柱上式、地面式和底下式 3 种。

(二) 自动分段器

1. 自动分段器的特性及应用

自动分段器是配电网中用来隔离线路区段的自动开关设备。它与电源侧前一级开关（重合器或断路器或熔断器）相配合，在无电压或无电流的情况下自动分闸。

当发生永久性故障时，自动分段器在预定次数的分合操作后闭锁于分闸状态，从而达到隔离故障线路区段的目的。若自动分段器未完成预定次数的分合操作，故障就被其他设备切除了，分段器将保持在闭合状态，并经一段延时后恢复到预先整定状态，为下一次故障做好准备。

其主体一般由户外带隔离开关的真空负荷开关组成，可用来开断、关合负荷电流、环网中的环流、空载变压器的感受性电流，电容器组（或电缆线路）的容性电流，还可关合短路电流和承受短路电流造成的电动力效应和电热效应。

自动分段器可开断负荷电流和关合短路电流，但不能开断短路电流，因此不能单独作为主保护开关使用。

自动分段器一般装设在 10 kV 配电分支线路上，与重合器配合使用，可将永久性故障的分支线及时地从配电网中分离出去，以保证正常线路继续运行，方便巡线工查找故障点和迅速排除故障。

2. 自动分段器的分类

自动分段器的分类如下：① 按相别分类，有单相、三相；② 按灭弧介质分类，有油、SF_6 和真空介质；③ 按控制方式分类，有液压控制式、电子控制式；④ 按动作原理分类，有跌落式分段器、重合分段器、组合式分段器；⑤ 按判断故障方式分类，有电压 – 时间式分段器（又称自动配电开关）、过电流脉冲计数式分段器。

（三）电压 – 时间型“重合器 + 分段器”举例

电压法是检测开关两侧的电压，根据电压信号来决定开关是否投入或闭锁。

如图 2–6 所示为利用分段器和重合器实现的环网供电方案。各开关的功能要求如下：

QB1、QB2 变电站出线断路器或重合器，要求至少有两次重合闸功能。

QS0 ~ QS4 柱上分段器，能关合故障电流。操作电源取自电压互感器，合闸动作由故障诊断器控制，线路失电时分段。QS1 ~ QS4 为分段模式，QS0 为联络模式，其功能设置如下：

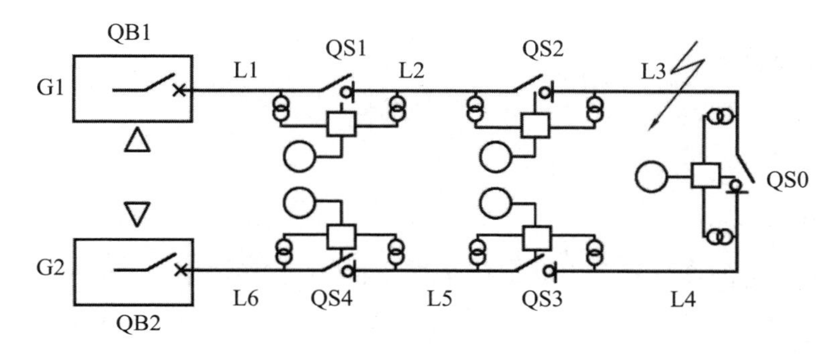

图 2–6　电压 – 时间型“重合器 + 分段器”方案

G1、G2– 电源；QB1、QB2– 出线断路器或重合器；QS0、QS4– 分段器；○ – 三遥终端；□ – 故障诊断终端；△ – 故障段位指示器；–ↀ– – 电压互感器

1. QS1 ~ QS4

① 分段开关得电后延时 X 时间内（7s）合闸。若 X 时间内重新失电压，则分段开关闭锁于分闸；若 X 时间内检测到故障电压，则分段开关闭锁于分闸。

② 分段开关合闸后 Y 时间内（5s）检测故障，若 Y 时间内分段开关再次失电压，则分断开关分闸于闭锁。

2. QS0

① 任意一侧失压后，延时 XL 时间（25s）关合，分段开关合闸后 Y 时间内（5s）检测故障，若 Y 时间内分段开关再次失去电压，则分段开关分闸闭锁。若 XL 时间内检测到故障电压，则闭锁于分断状态；若 XL 时间内检测到两侧有电，则终止 XL 延时，开关不关合，直接启动 Y 延时。

②Y 延时为故障检测时间。若 Y 时间内再次失电压，则开关分断闭锁。

时间配合要求如下：XL 时间＞（继电保护时间 +QB 固有分闸时间 +X 时间 × 每回线路分段器个数），且 X 时间＞ Y 时间＞（继电保护时间 +QB 固有分闸时间）。

以情况较为复杂的 L_3 段永久故障为例，开关动作序列如下：QB1 跳闸→ QS1、QS2 失压分闸，QS0 开始 XL 延时合闸→ QB1 重合→ 7 s 后 QS1 合闸并完成 5 s 的故障检测时间→ QS2 得电 7s 后合闸到故障段，并启动 Y 延时，检测故障；QS0 在 XL 时间内重新得电，终止 XL 延时，启动 Y 延时→ QB1 保护跳闸，QS1、QS2 失电分断→ QS2 在 Y 时间内检测到二次失电电压或故障电压，闭锁；QS0 在 XL 时间内检测到故障电压或在 Y 时间内检测二次失电压，闭锁→ QB1 再次重合闸，7 s 后 QS1 投入，恢复 L1 和 L2 段的供电。

同样，若 L_2 段发生故障，则 QB1 第一次重合后，因故障仍然存在而再次跳闸，QS1 因检测到二次失电而分断闭锁，QS2 因检测到故障电压而闭锁。QB1 再次重合之后恢复对 L_1 的供电；QS0 在 XL 时间之后合闸，恢复 L_3 的供电。

七、低压开关

（一）低压刀开关

1. 功能

一种最普通的低压开关电器适用于交流 50 Hz、额定电压 380 V，直流 440 V、额定电流 1500A 及以下的配电系统中，做不频繁手动接通和分断电路或作隔离电源以保证安全检修之用。

2. 分类

刀开关的种类很多：按其灭弧结构，可分为不带灭弧罩和带灭弧罩两种。不带

灭弧罩的刀开关只能无负荷操作，起“隔离开关”的作用；带灭弧罩的刀开关能通断一定的负荷电流。按极数，可分为单极、双极和三极；按操作方式，可分为手柄直接操作和杠杆传动操作；按用途，可分为单头刀开关和双头刀开关。单头刀开关的刀闸是单向通断；而双头刀开关的刀闸为双向通断，可用于切换操作，即用于两种以上电源或负载的转换和通断。

3. 刀熔开关

刀熔开关（熔断器式刀开关）是一种由低压刀开关和低压熔断器组合而成的低压电器，通常是把刀开关的闸刀换成熔断器的熔管。它具有刀开关和熔断器的双重功能，因为其结构紧凑简化，又能对线路实行控制和保护的双重功能，被广泛应用于低压配电网络中。

（二）低压负荷开关

1. 功能

低压负荷开关具有带灭弧罩的刀开关和熔断器的双重功能，既可带负荷操作，也能进行短路保护，但一般不能频繁操作，短路熔断后需重新更换熔体才能恢复正常供电。

2. 分类

低压负荷开关根据结构的不同有开启式负荷开关（HK 系列）和封闭式负荷开关（HH 系列）。

3. 应用

封闭式负荷开关是将刀开关和熔断器的串联组合安装在金属盒（过去常用铸铁，现用钢板）内，故又称“铁壳开关”。一般用于粉尘多、不需要频繁操作的场合，作为电源开关和小型电动机直接启动的开关，兼作短路保护用。而开启式负荷开关是采用瓷质胶盖，可用于照明和电热电路中作不频繁通断电路和短路保护用。

（三）低压断路器

1. 功能

低压断路器（QF），俗称低压自动开关、自动空气开关或空气开关等，它是低压供配电系统中最主要的电器元件。它不仅能带负荷通断电路，而且能在短路、过负荷、欠压或失压的情况下自动跳闸，断开故障电路。

2. 原理

低压断路器的原理结构示意图如图 2–7 所示。图 2–7 中，主触头用于通断主电路，它由带弹簧的跳钩控制通断动作，而跳钩由锁扣锁住或释放。当线路出现短路故障时，其过流脱扣器动作，将锁扣顶开，从而释放跳钩使主触头断开。同理，如果线路出现过负荷或失压情况，通过热脱扣器或失压脱扣器的动作，也使主触头断开。如果按下按钮6或7，使失压脱扣器或者分励脱扣器动作，则可实现开关的远距离跳闸。

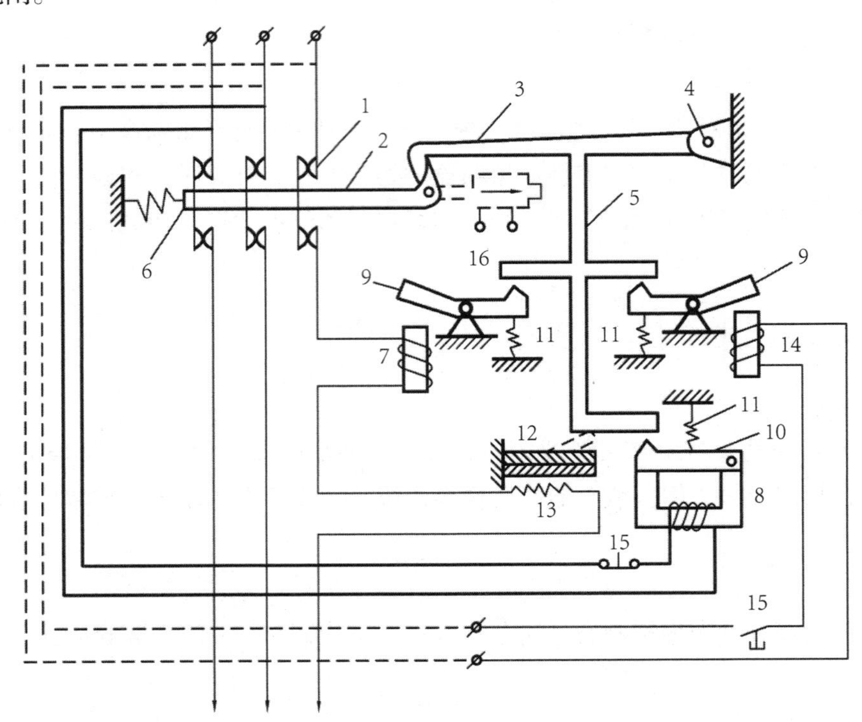

图2-7　三极式低压断路器原理

1- 触头；2- 锁键；3- 搭钩（代表自由脱扣机构）；4- 转轴；5- 杠杆；6- 弹簧；7- 过流脱扣器；8- 欠压脱扣器；9、10- 衔铁；11- 弹簧；12- 热脱扣器双金属片；13- 加热电阻丝；14- 分励脱扣器（远距离切除）；15- 按钮；16- 合闸电磁铁（DW 型可装，DZ型无）

3. 分类

低压断路器的种类很多。

(1) 按用途分类

它有配电用、电动机用、照明用和漏电保护用等。按极数可分为单极、双极、三极和四极断路器，小型断路器可经拼装由几个单极的组合成多极的。配电用断路器按结构可分为塑料外壳式（装置式）和框架式（万能式）。

(2) 按保护性能分类

它有非选择型、选择型和智能型。非选择型断路器一般为瞬时动作，只作短路保护用；也有长延时动作，只作过负荷保护用。选择型断路器有两段保护和三段保护两种动作特性组合。两段保护有瞬时和长延时的两段组合或瞬时和短延时的两段

组合两种。

4. 塑料外壳式低压断路器

塑料外壳式低压断路器又称装置式自动开关，其所有机构及导电部分都装在塑料壳内，仅在塑料壳正面中央有外露的操作手柄供手动操作用。目前，常用的塑料外壳式低压断路器主要有 DZ20、DZ15、DZX10 系列，以及引进国外技术生产的 H 系列、S 系列、3VL 系列、T0 和 TG 系列等。

塑料外壳式低压断路器的保护方案少（主要保护方案有热脱扣器保护和过电流脱扣器保护两种）、操作方法少（手柄操作和电动操作），其电流容量和断流容量较小，但分断速度较快（断路时间一般不大于 0.02 s），结构紧凑，体积小，质量轻，操作简便，封闭式外壳的安全性好，因此，被广泛用作容量较小的配电支线的负荷端开关、不频繁启动的电动机开关、照明控制开关和漏电保护开关等。

5. 框架式低压断路器

框架式低压断路器又称万能式低压断路器，它装在金属或塑料的框架上。它主要有 DW15、DW18、DW40、DW48、CB11、DW914 等系列，以及引进国外技术生产的 ME 系列、AH 系列等。其中，DW40、CB11 系列采用智能型脱扣器，可实现微机保护。

框架式低压断路器的保护方案和操作方式较多，既有手柄操作，又有杠杆操作、电磁操作和电动操作等，而且框架式低压断路器的安装地点也很灵活，既可装在配电装置中，又可安在墙上或支架上。另外，相对于塑料外壳式低压断路器，框架式低压断路器的电流容量和断流能力较大，不过，其分断速度较慢（断路时间一般大于 0.02 s）。框架式低压断路器主要用于配电变压器低压侧的总开关、低压母线的分段开关和低压出线的主开关。

（四）接触器与磁力启动器

1. 接触器

接触器是用来远距离接通或断开低压电路负荷电流的开关，被广泛使用在频繁启动及控制电动机的回路中，但不宜用于具有导电性的灰尘多、腐蚀性强或有爆炸性气体的环境中。

接触器的原理结构和原理接线如图 2–8 所示。当操作开关 10 接通电磁铁吸持线圈 7 的电源时，电磁铁产生电磁力吸引衔铁 6 使动触点 2 动作，使动、静触点闭合。打开操作开关 10 之后，电磁铁吸持线圈断电衔铁在返回弹簧 5 作用下返回，使动、静触点断开。接触器的灭弧罩是用陶土材料作外罩的金属灭弧栅，利用将电弧分为多个串联的短弧原理实现灭弧。接触器辅助触点 4 是为了满足自动控制与信号回路的需要而设置的。

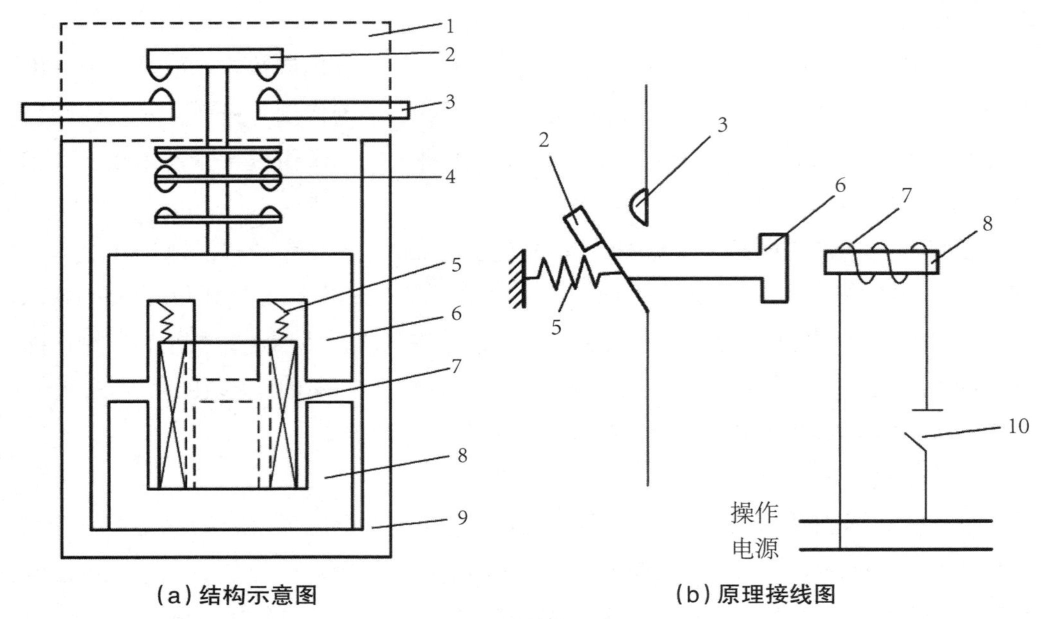

图 2-8 接触器示意图

1- 灭弧罩；2- 动触点；3- 静触点；4- 辅助触点；5- 弹簧；6- 衔铁；7- 吸持线；8- 铁芯；9- 底座；10- 操作开关

2. 磁力启动器与热继电器

磁力启动器是由交流接触器、热继电器和按钮开关等组合而成的电器，又称低压电磁开关。磁力启动器主要用于远距离控制异步电动机，并具有过负荷和低电压保护功能，但不能起短路保护作用，必须与熔断器配合使用。

磁力启动器控制电动机的原理接线如图 2-9 所示。磁力启动器的控制电源为交流电源。接通电源开关 Q 之后，手动按下启动按钮 S1，接通交流接触器吸持线圈 1 的电源，电磁铁吸引衔铁 2 带动接触器主触头闭合，接通电动机电源；在主触点闭合的同时辅助触点 3 闭合，使吸持线圈在启动按钮返回后由辅助触点 3 继续接通电源，使电动机保持运行；如果需要电动机停止工作，应手动按下停止按钮 S2，切断吸持线圈电源，接触器的主触头随之断开，切断电动机电源。

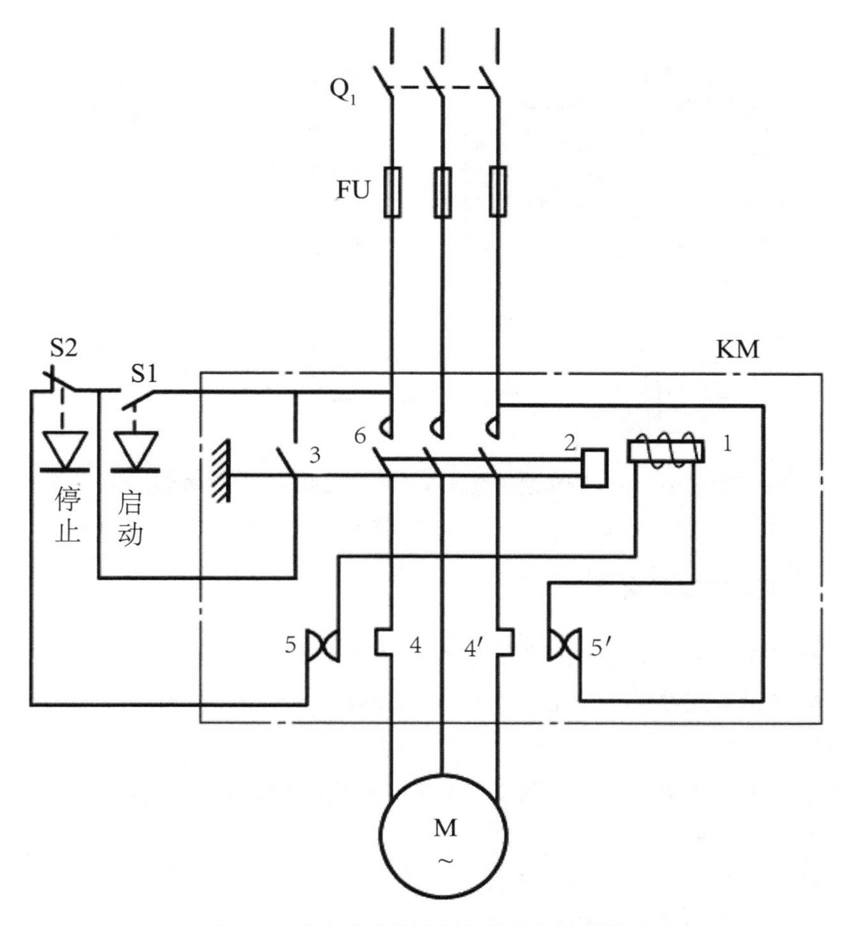

图 2–9　磁力启动器控制电动机的原理接线

此外，当电动机过负荷时，热继电器的热元件 4（4′），将使其控制触点 5（5′）断开，切断吸持线圈电源，接触器的主触头随之断开，切断电动机电源。

热继电器是一种过负荷保护用的继电器。目前，我国广泛使用 JR 系列双金属片式热继电器。该继电器的双金属片由线膨胀系数小的被动层和线膨胀系数大的主动层两种金属合金材料结合而成。热继电器的工作原理是当双金属片受热后，由于两层材料的线膨胀系数不同，因此产生定向弯曲变形而带动了继电器触点断开。

如图 2–10 所示为 JR1 型热继电器及双金属片结构示意图，热元件 1 串联接入电动机电路中。双金属片 2 不通过电动机主电路的电流，它被热元件间接加热。电动机运行正常时，发热元件温度不高，双金属片不会使热继电器动作。电动机发生过负荷后，热元件温度升高后，并使双金属片因过热膨胀而产生向上弯曲变形。扣板 3 因失去双金属片的支撑，在弹簧 4 作用下沿逆时针方向转动，扣板的下端经绝缘拉板 5 带动热继电器触点 6 断开。

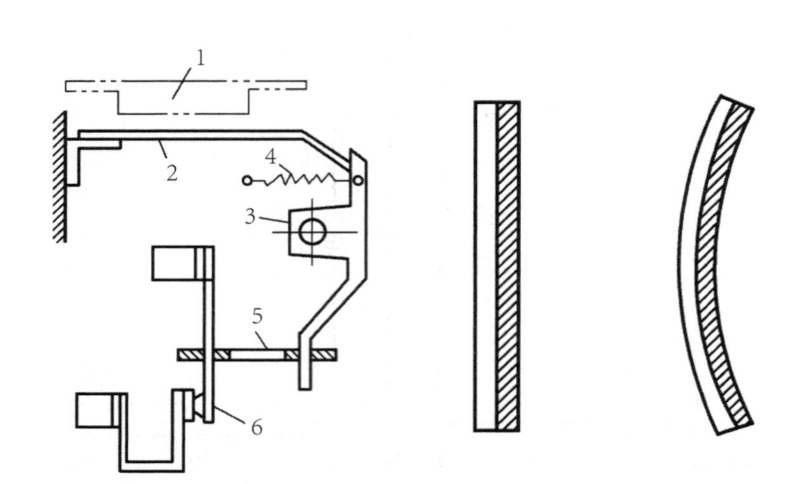

图 2-10 JR1 型热继电器原理示意图及双金属片结构示意图

1- 热元件；2- 双金属片；3- 扣板；4- 弹簧；5- 拉板；6- 热继电器触点

八、常用漏电保护装置

漏电保护装置又称漏电保护器，是漏电电流动作保护器的简称，它的主要作用是防止因电气设备或线路漏电而引起火灾、爆炸等事故，并对有致命危险的人身触电事故进行保护。

由于漏电电流大多小于过电流保护装置（如低压断路器）的动作电流，因此当因线路绝缘损坏等造成漏电时，过电流保护装置不会动作，从而无法及时断开故障回路，以保护人身和设备的安全。尤其是目前随着国家经济的不断发展，人民生活水平日益提高，家庭用电量不断增大，过去用户配电箱采用的熔断器保护已不能满足用电安全的要求，因此，对 TN–C（三相四线制）和 TN–S（三相五线制）系统，必须考虑装设漏电保护装置。

漏电保护装置种类繁多，按照装置动作启动信号的不同，一般可分为电压型和电流型两大类。

（一）电压型漏电保护装置工作原理

电压型漏电保护装置以被保护设备外壳对地电压作为动作参数，其电气原理图如图 2–11 所示。当被保护设备外壳出现异常对地电压时，装置能自动切断电源。适用于中性点接地与不接地系统，可单独使用，也可与保护接地和保护接零同时使用。在图 2–11(a) 中，电压继电器 KV 的动作电压为 20 ~ 40V，接于电动机外壳与地之间。正常电压时，电动机外壳与地等电位，加于电压继电器 KV 上的电压为 0，电压继电器 KV 的辅助触点闭合，按下启动按钮 S1 可接通电动机的控制回路。当电机的绝缘损坏，外壳出现不正常的电压时，电压继电器 KV 动作，通过辅助触点切断控制回路，使接触器 Q 失磁，断开主电路而达到保证安全的目的。S1、S2 分别为启动、停止按钮；SE 为试验按钮，R 为限流电阻，可检查漏电保护器动作正确与否。

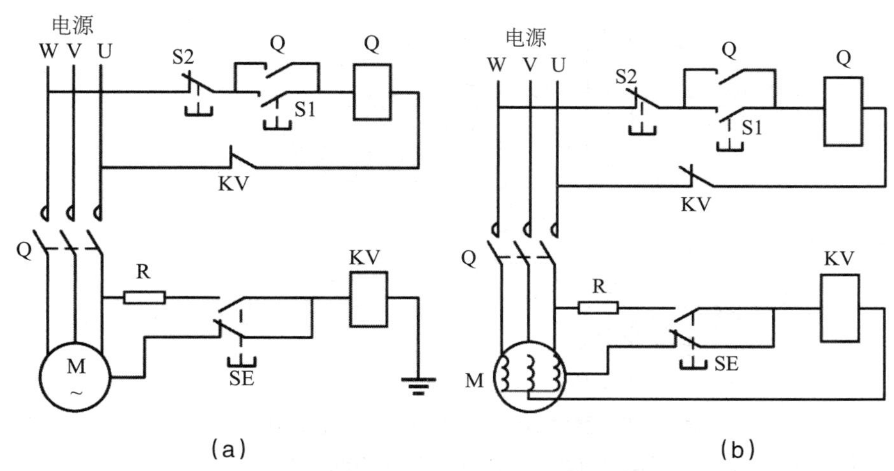

图 2–11　电压型漏电保护装置接线

S1、S2– 启动、停止按钮；SE– 试验按钮；KV– 电压继电器；Q– 接触器；R– 限流电阻

必须注意的是，电压继电器 KV 的线圈的接地体必须远离被保护设备的接地处 20 m 之外，即将 KV 接在电气“地”电位处，否则装置将失灵。为了缩短 KV 的接地线，也可采用将 KV 线圈接地的一端接于人工中性点或接于电机星形接线的中性点上，如图 2–11(b) 所示。

(二) 电流型漏电保护装置工作原理

电流型漏电保护装置的动作信号是零序电流，漏电保护器是在漏电电流达到或超过其规定的动作电流值时能自动断开电路的一种开关电器。按零序电流的取得方式，可分为有电流互感器和无电流互感器两种。

1. 有电流互感器电流型漏电保护装置

这种装置与电压型漏电保护装置的不同之处在于，它是由中间执行元件接收电网发生接地故障时所产生的零序电流信号，去断开被保护设备的控制回路，切除故障部分。按中间执行元件的结构不同，可分为灵敏继电器型、电磁型和电子式 3 种。

典型的灵敏继电器型漏电保护装置接线如图 2–12 所示。装置的中心元件是零序电流互感器 TA、灵敏电流继电器 KA，它们通过中间继电器 KM 接入被保护设备的控制电路。正常运行时，三相电流对称平衡，TA 输出零序电流为 0。当被保护电路内发生接地故障时，系统内出现零序电流，TA 二次侧输出的零序电流达到 KA 的动作值时，KA 励磁动作，接通中间继电器 KM 线圈回路，触点 KM 断开，使接触

器 Q 失磁，主电路断开切除故障。

电磁型和电子式漏电保护装置的中间执行元件分别是电磁继电器和晶体管放大器，零序电流通过它们去切除故障，达到保护的目的。

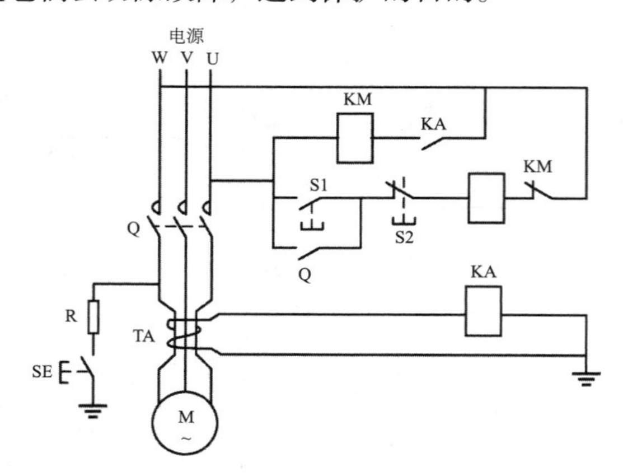

图 2-12　灵敏继电器型漏电保护装置接线

S1、S2- 启动停止按钮；KV- 灵敏电流继电器；KM- 中间继电器；Q- 接触器；SE- 试验按钮；R- 限流电阻；TA- 零序电流互感器

2. 无电流互感器电流型漏电保护装置

灵敏电流继电器 KA 的线圈并联在击穿保险器 JCB 的两端，其常闭触点接于电流的控制回路中，如图 2-13 所示。正常时 KA 躲开三相负荷电流不对称所造成的不平衡电流而不动作；当设备漏电或有人发生接地触电时，零序电流增大，KA 迅速动作，常闭触点 KA 断开，使接触器 Q（或开关）绕组失电而断开主电路。

这种保护装置结构简单，成本低廉，但它只适用于中性点不接地系统，适用于线路，不适用于设备。而我国低压系统一般采用中性点直接接地，故其使用范围受到限制。

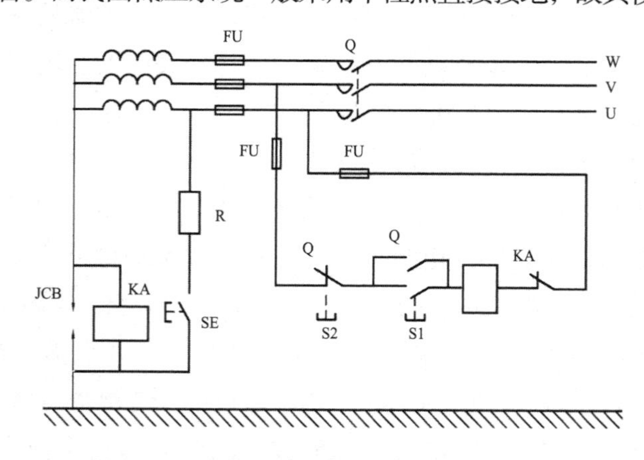

图 2-13　无电流互感器型漏电保护装置接线

(三) 漏电保护器的类型

按其保护功能和结构的不同，可分为以下 4 种：

1. 漏电开关

它是由零序电流互感器、漏电脱扣器和主回路开关组装在一起，同时具有漏电保护和通断电路的功能。其特点是在检测到触电或漏电故障时，能直接断开主回路。

2. 漏电断路器

它是由塑料外壳断路器和带零序电流互感器的漏电脱扣器组成的，除了具有一般断路器的功能外，还能在线路或设备出现漏电故障或人身触电事故时，迅速自动断开电路，以保护人身和设备的安全。漏电断路器可分为单相小电流家用型和工业用型两类。常见的型号有 DZ15L、DZ47L、DZL29 和 LDB 型等系列，适用于低压线路中线路和设备的漏电和触电保护。

3. 漏电继电器

它是由零序电流互感器和继电器组成的，只有检测和判断漏电电流的功能，但不能直接断开主回路。

4. 漏电保护插座

漏电保护插座由漏电断路器和插座组成。这种插座具有漏电保护功能，但电流容量和动作电流都较小，一般用于可携带式用电设备和家用电器等的电源插座。

第二节　限流电器与互感器

一、互感器

互感器可分为电压互感器（TV）和电流互感器（TA）两类。它们的基本原理与变压器相似，但又有其特殊性。互感器是一种特殊变压器。

一般来说，互感器有以下 4 个方面的作用：① 将一次回路高电压和大电流变为二次回路标准的低电压 100V 或 $\frac{100}{\sqrt{3}}$ V 和标准的小电流 5A 或 1A。② 使二次设备（仪表、继电器、控制电缆等）的制造标准化，则二次设备的绝缘水平能按低电压设计，结构轻巧，价格便宜，便于集中管理，可实现远方控制和测量。③ 使低电压的二次系统与高电压的一次系统实施电气隔离，且互感器二次侧接地，保证了人身和设备的安全。④ 取得零序电流、电压分量供反应接地故障的继电保护装置使用。

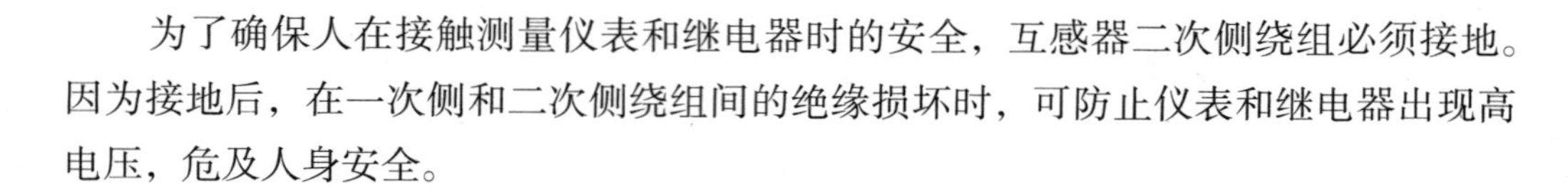

为了确保人在接触测量仪表和继电器时的安全，互感器二次侧绕组必须接地。因为接地后，在一次侧和二次侧绕组间的绝缘损坏时，可防止仪表和继电器出现高电压，危及人身安全。

（一）电流互感器

1. 电流互感器基本原理

电流互感器就是利用变压器一次、二次侧绕组的电流大小与其匝数成反比的原理制作而成，如图 2–14 所示。

电流互感器一次侧额定电流 I_{1N} 与二次侧额定电流 I_{2N} 之比，称为变流比，用 k_i 表示，则

$$k_i = \frac{I_{1N}}{I_{2N}}$$

根据磁势平衡原理，忽略励磁电流时，则

$$k_i \approx \frac{N_2}{N_1}$$

式中：N_1 ——一次侧绕组匝数；

N_2 ——二次侧绕组匝数，　远大于 N_1；

k_i ——匝数比。

电流互感器与变压器比较，其工作状态有以下特点：

① 电流互感器一次侧绕组串接在一次侧电路内，其电流由一次侧负荷电流决定，而不是由二次侧电流决定。由于电流互感器一次侧绕组匝数少，阻抗小，因此，串接在一次侧电路中对一次侧电路的电流没有影响。而变压器的一次侧电流是随二次侧电流变化的。

② 电流互感器二次侧绕组串接的仪表和继电器电流线圈的阻抗很小，因此在正常运行时，相当于二次侧短路的变压器。

③ 由于二次侧负荷阻抗很小，因此，在一定范围内二次侧负荷的变化，对一次侧电流影响很小，可认为一次侧电流与二次侧负荷的变化无关。

④ 电流互感器运行时不允许二次侧绕组开路。这是因为在正常运行时，二次侧负荷产生的二次侧磁势 $\dot{I}_2 N_2$，对一次侧磁势 $\dot{I}_1 N_1$ 有去磁作用，因此励磁磁势 $\dot{I}_0 N_1$ 及铁芯中的合成磁通和 Φ_0 很小，在二次侧绕组中感应的电势不超过几十伏。当二次侧开路时，二次侧电流 $\dot{I}_2 = 0$，二次侧的去磁磁势也为零，而一次侧磁势不变，全部用于激磁，励磁磁势 $\dot{I}_0 N_1 = \dot{I}_1 N_1$，合成磁通很大，使铁芯出现高度饱和，此时磁

通 Φ 的波形接通平顶波，磁通曲线过零时的$\dfrac{d\Phi}{dt}$很大，因此二次侧绕组将感应几千伏的电势e_2，危及工作人员的安全，威胁仪表和继电器以及连接电缆的绝缘。磁路的严重饱和还会使铁芯严重发热，若不能及时发现和处理，会使电磁式电流互感器烧毁和电缆着火；铁芯磁饱和还将在铁芯中产生剩磁，影响互感器的特性。

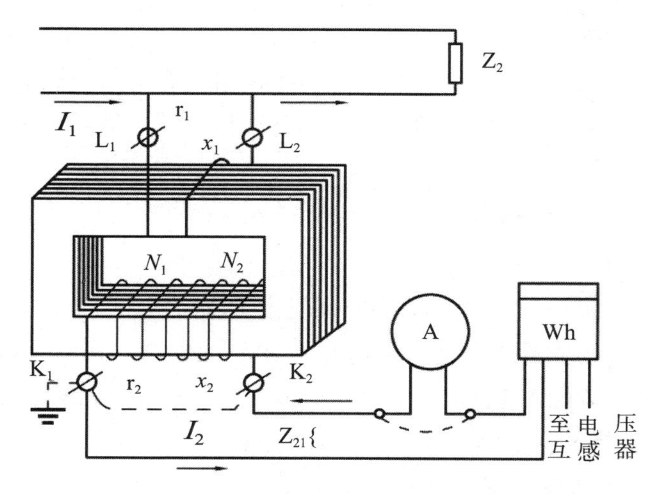

图 2–14　电流互感器原理接线

为了防止二次侧绕组开路，规定在二次侧回路中不准装熔断器，二次侧绕组必须接地。

2. 电流互感误差

电流互感器的等值电路如图 2–15 所示。从图 2–15 可知，由于励磁电流I_0的影响，使一次侧电流$\dot{I}_1$与$-I_2'$在数值上和相位上都有差异，因此测量结果有误差。

误差可分为电流误差和角误差。

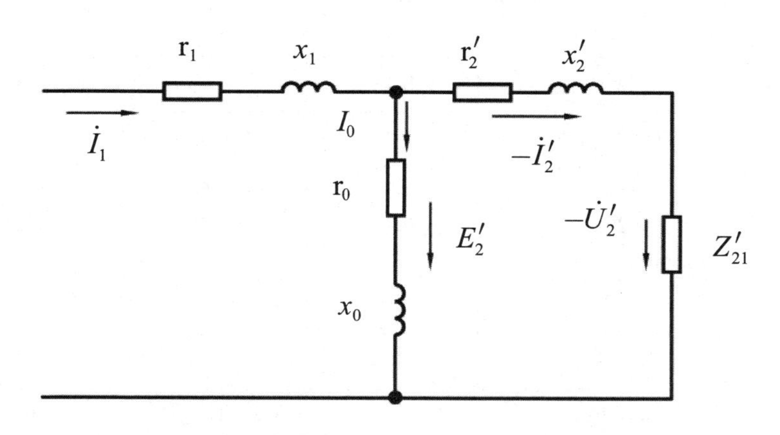

图 2–15　电流互感器等值电路

（1）电流误差（比差）

电流误差的定义为：电流互感器测出的电流 $K_N I_2$ 和实际电流 I_1 之差，对实际电流 I_1 的百分比表示，即

$$\Delta I\ \% = \frac{K_N I_2 - I_1}{I_1} \times 100\ \%$$

（2）角误差（角差）

角误差的定义为：旋转 180° 后二次侧电流相量 $-\dot{I}_2$，与一侧电流相量 $\dot{I}_1$ 的夹角用 δ_i 表示。规定二次电流负相量超前于一次电流相量时，角误差 δ 为正；反之，角误差 δ 为负。

3. 电流互感器的主要基本技术参数

（1）额定电流比

额定电流比是额定一次电流和额定二次电流的比值。

一般规定电流互感器的额定一次电流为 10A、12.5A、15A、20A、25A、30A、40A、50A、60A、70A 以及它们的十进位数或小数。有下标线者为优先值，额定二次电流标准规定值为 5A 或 1A。如 75/5A、75/1A。

（2）电流互感器的准确级

电流互感器根据测量时误差的大小而划分为不同的准确级，我国电流互感器准确级和误差限值如表 2–1 所示。准确级是指在规定的二级负荷变化范围内，一次电流为额定值时的最大电流误差。

表 2–1　电流互感器准确级和误差限值

准确级次	一次电流为额定电流的百分数 /%	误差限值		二次负荷变化范围
		电流误差 / ± %	相位差 / ±（′）	
0.2	10	0.5	20	
	20	0.35	15	
	100 ~ 200	0.2	10	
0.5	10 20 100 ~ 120	1 0.75 0.5	60 45 30	（0.25 ~ 1）S_{N2}
1	10 20 100 ~ 120	2 1.5 1	120 90 60	
3	50 ~ 120	3	不规定	（0.5 ~ 1）S_{N2}

电流互感的电流误差，能引起各种仪表和继电器产生测量误差，而角误差只对功率型测量仪表和继电器以及反应相位的继电保护装置有影响。

不同准确级的电流互感器用于不同的范围。变电站的盘式仪表，可使用0.5～1级的电流互感器。但是，发电机、调相机、变压器、厂用电和引出线的计费用电度表必须使用0.2级的电流互感器，3级的电流互感器用于一般测量和某些继电保护。

保护用电流互感器与测量用的工作条件有很大不同，测量用电流互感器是工作在回路正常状态下，测量负荷电流。保护用电流互感器则是在回路发生故障，通过较正常值大几倍甚至几十倍的电流情况下工作。因此，测量用的互感器其准确度与保护用的互感器准确度的要求并不一样。

保护用电流互感器有一个很重要参数：复合误差$\varepsilon\%$。复合误差的定义为一次电流的瞬时值i_1与二次电流瞬时值i_2乘以额定变比之差的有效值。通常为一次电流的百分数，即

$$\varepsilon\%=\frac{100}{I_1}\sqrt{\frac{1}{T}\int_0^T\left(i_1-k_i i_2\right)^2\mathrm{d}t}$$

复合误差的要求主要是限制二次电流中的谐波分量，以利于继电保护定值。保护用电流互感器的准确级是以该准确级的额定准确限值一次电流下的最大允许复合误差的百分数来标称，其后缀以字母“P”（IEC标准）表示。

保护用电流互感器按用途可分为稳态保护用（P）和暂态保护用（TP）两类。稳态保护用电流互感器的准确级常用的有5P和10P，代表在额定频率及额定负荷（功率因数为0.8，滞后）时，电流误差分别为±1%和±3%；在额定准确极限一次电流下的复合误差分别为5%和10%。可见，5P级比10P级保护性能要好。在实际工作中，常将额定准确限值系数跟在准确级标称后标出，如5P20，后面20是指保证复合误差不超过规定值时的一次电流倍数，这个倍数叫准确限值系数，一般取5、10、15、20、30。准确限值系数定义为额定准确值一次电流与额定一次电流之比。其值大小表示电流互感器抗稳态饱和能力。

(3) 电流互感器的额定容量

电流互感器的额定容量S_{N2}系指电流互感器在额定二次电流I_{2N}和额定二次阻抗Z_{2N}下运行时，二次绕组输出的容量$S_{2N}=I_{2N}^2Z_{2N}$。由于电流互感器的额定二次电流为标准值（5A或1 A），因此，为了便于计算，有的厂家常提供电流互感器的Z_{2N}值。

因电流互感器的误差和二次负荷有关，故同一台电流互感器使用在不同准确级时，会有不同的额定容量。

4. 电流互感器的结构原理

电流互感器按一次侧绕组的匝数，可分为单匝式和多匝式两种。

单匝式电流互感器由实心圆柱或管形截面的载流导体，或直接利用载流母线作为一次侧绕组，使一次侧绕组穿过绕有二次侧绕组的环形铁芯构成。这种电流互感器的主要优点是结构简单，尺寸较小，价格便宜；主要缺点是被测电流很小时，因一次侧磁动势较小，故测量的准确度很低。通常当一次侧电流超过 600 ~ 1000 A 时都被制成单匝式。

多匝式电流互感器的一次侧绕组是多匝穿过铁芯，铁芯上绕有二次侧绕组。这种电流互感器优点是由于一次侧绕组匝数较多，因此即使额定一次电流很小，也能获得较高的准确度。其缺点是当过电压加于电流互感器或当大的短路电流通过时，一次侧绕组的匝间可能承受很高的电压。

如有两个铁芯的多匝式电流互感器，每个铁芯都有单独的二次侧绕组，一次侧绕组为两个铁芯共用。两个铁芯中每个二次侧绕组的负荷变化时，一次侧电流并不改变，故不会影响另一个铁芯的二次侧绕组工作。因此，多铁芯的电流互感器各个铁芯可制成不同的准确度级，供不同要求的二次回路使用。

5. 电流互感器的类型

(1) 分类

电流互感器的种类很多。根据安装地点，可分为户内式和户外式；根据安装方式，可分为穿墙式、支持式和套管式；根据绝缘结构，可分为干式、浇注式和油浸式；根据原边绕组的结构形式，可分为单匝式和多匝式等等。

(2) 电流互感器的结构实例

① 浇注式

广泛用于 10 ~ 20 kV 级电流互感器。一次绕组为单匝式或母线型时，铁芯为圆环形，二次绕组均匀绕在铁芯上，一次绕组和二次绕组均浇注成一整体。一次绕组为多匝时，铁芯多为叠积式，先将一次、二次绕组浇注成一体，然后再叠装铁芯。

LQJ–10 常用于 10 kV 高压开关柜中的户内线圈式环氧树脂浇注绝缘加强型电流互感器，有两个铁芯和两个分别为 0.5 级和 3 级的二次绕组。LMZJ1–0.5 是广泛用于低压配电屏和其他低压电路中的户内母线式环氧树脂浇注绝缘加大容量的电流互感器。

② 支柱绝缘电流互感器

SF_6 电流互感器有两种结构形式：一种是与 SF_6 组合电器（GIS）配套使用的；另一种是可独立使用的，通常称为独立式 SF_6 电流互感器，这种互感器多做成倒立式结构，如图 2–16 所示。

SF_6 气体的绝缘性能与其压力有关。这种互感器中气体压力一般选择 0.3 ~ 0.35 MPa，因此，要求其壳体和瓷套都能承受较高的压力。

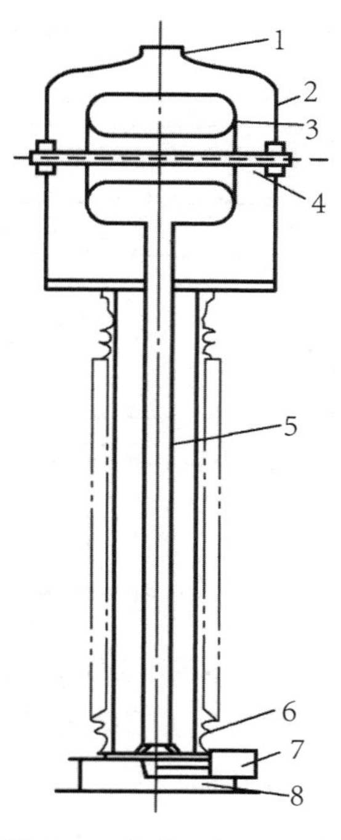

图 2-16　倒置式 SF_6 气体绝缘电流互感器结构及外形

1- 防爆片；2- 外壳；3- 铁芯外壳；4- 次导管；5- 引线导管；6- 硅橡胶复合绝缘套管；7- 接线盒；8- 底座

6. 电流互感器的使用问题

综上所述，电流互感器使用时除应满足一次电流、额定电压、二次负荷容量等的要求外，还应注意以下 5 个问题：

① 二次绕组不允许开路。

② 电流互感器二次侧应有一点可靠接地，以防止一、二次绕组间绝缘击穿时危及人身及二次设备安全。

③ 接线时，应注意极性的正确性。

④ 为确保安全，测量与保护不要共用一个二次绕组。

⑤ 运行中，一次负荷电流 I_1 应接近 I_{1N}，二次侧负荷的阻抗及功率因数限制在相应的范围内，保证其准确度级不下降。

(二) 电压互感器（电磁式）

1. 电磁式电压互感器的工作原理

电磁式电压互感器是利用变压器电压与匝数成正比的原理制作而成的，如图 2-17 所示。

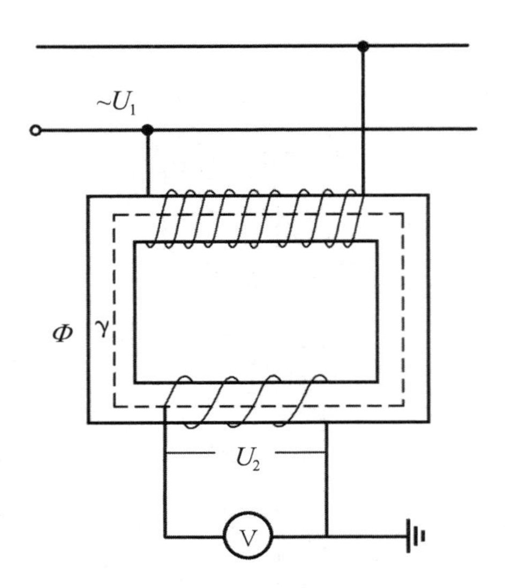

图 2-17　电磁式电压互感器原理示意图

电压互感器的一次侧绕组和二次侧绕组的额定电压比，称为电压互感器的额定变压比，用 K_u 表示，并近似等于匝数之比，即

$$K_u = U_{1e} / U_{2e} \approx N_1 / N_2 \approx K_N$$

（1）电压互感器与变压器比较，其工作状态有以下特点：

电压互感器一次侧绕组是并接在一次侧电路中，二次侧绕组向并联的测量仪表和继电器的电压线圈供电，N_1 远远大于 N_2，其容量较小，通常只有几十伏安或几百伏安。

二次侧所接仪表或继电器的电压线圈阻抗很大，接近开路。

由于二次阻抗很大，且二次负荷恒定不变，因此，电压互感器的二次侧负荷不致影响一次电压，同时二次电压接近于二次电势，并随一次电压的变动而变动。

（2）运行中，二次回路不允许短路，否则在二次侧将产生很大的短路电流，烧坏互感器。电压互感器二次回路都装有熔断器。电压等级 35kV 及以下的电压互感器一次回路也装有熔断器。

2. 电磁式电压互感器的基本技术参数

（1）额定变比

额定变比是额定一次电压与额定二次电压之比。

额定一次电压应为国家标准的额定线电压。对接在三相系统相与地间的单相电压互感器，其额定一次电压为相电压。

额定二次电压标准电压为 100 V。供三相系统中相与地之间用的单相互感器，其额定一次电压为 $100 / \sqrt{3}$。

（2）额定容量

因为电压互感器的误差与二次侧负荷的大小有关，因此，电压互感器对应于每一准确度级都规定有相应的额定容量，即二次侧负荷超过某准确度级的额定容量时，准确度级便下降。规定最高准确级时对应的额定容量为电压互感器的额定容量。例如，JDZ-10 型电压互感器，0.5 级时为 80 kA，1 级时为 120 VA，3 级时为 300 VA，最大容量为 500 VA，则其额定容量为 80 VA。电压互感器的最大容量是按发热条件规定的长期允许最大容量，只有在供给信号灯、分闸线圈、电压互感器的误差不影响仪表和继电器正常工作时，才允许将电压互感器用于最大容量下。

3. 电磁式电压互感器的结构特点及实例

（1）结构特点

电压互感器的结构与变压器有很多相同之处，如绕组、铁芯结构等都是变压器中最简单的结构形式，这里不再多叙。

（2）分类

电磁式电压互感器根据绝缘方式、绕组数量以及安装位置、方式等因素可分为多种类型。一般主要有浇注式、油浸式和串级式。

内配电装置多采用环氧树脂浇注绝缘成型的干式电压互感器；6 ~ 35 kV 户外多采用硅橡胶绝缘的干式电压互感器，它们具有干式电器的一般优点，一般为单相结构，二次绕组根据需要可以是一组，也可以是两组，目前已得到广泛应用。110 kV 及以上户外配电装置多采用电容式电压互感器。

（3）举例

① 浇注式电压互感器

浇注式电压互感器结构紧凑、维护简单，适用于 3 ~ 35 kV 的户内产品。随着户外用树脂的发展，也将逐渐在大于 35 kV 户外产品上采用。这种结构的一次绕组和二次绕组，以及一次绕组出线端的两个套管均浇注成一个整体，然后再装配铁芯，这是一种常用的半浇注式（铁芯外露式）结构。

② 油浸式

它们的铁芯和绕组浸在充有变压器油的油箱内，一次、二次绕组的引线通过固定在箱盖上的瓷套管引出，用于户内配电装置。

4. 电磁式电压互感器使用时的注意事项

根据电磁式互感器（PT）的工作原理，电磁式 PT 在使用过程中除应满足额定电压、变比、容量、准确等级等要求外，还应注意以下 4 点：

① 运行中的电压互感器在任何情况下，二次绕组不允许短路。一旦出现短路，由于阻抗仅为电磁式 PT 本身的漏阻抗，电流将会大大增加，烧坏设备。因此，电

磁式 PT 二次侧可装保险或空气小开关，作为短路保护。

② 电磁式电压互感器的二次侧必须有一端接地，以防止其一次、二次绝缘击穿时，一次侧高压窜入二次侧危及人身及设备安全。

③ 电压互感器在连接时，应注意一次、二次极性。

④ 在运行中，二次侧负荷容量增大，电流 $\dot{I}_2$ 增大时，误差也增大，二次侧负荷功率因数 $\cos\varphi_2$ 过大或过小，除影响电压误差外，还会使角误差增大。

二、限流电器

（一）电抗器的类型及用途

限流电器的作用是增加电路的短路阻抗，从而达到限制短路电流的作用。常用的限流电器有限流电抗器和分裂电抗器。

电抗器也叫电感器，一个导体通电时就会在其所占据的一定空间范围为产生磁场，所以所有能载流的电导体都有一般意义上的感性。然而通电导体的电感较小，所产生的磁场不强，因此实际的电抗器是导线绕成螺线管形式，称空心电抗器；有时为了让这只螺线管具有更大的电感，便在螺线管中插入铁芯，称铁芯电抗器。电抗分为感抗和容抗，比较科学的归类是将感抗器（电感器）和容抗器（电容器）统称为电抗器，然而由于过去先有了电感器，并且被称为电抗器，所以现在人们所说的电容器就是容抗器，而电抗器专指电感器。

电抗器的分类：① 按结构及冷却介质可分为空心式、铁芯式、干式、油浸式等电抗器。如干式空心电抗器、干式铁芯电抗器、油浸铁芯电抗器、油浸空心电抗器、夹持式干式空心电抗器、绕包式干式空心电抗器、水泥电抗器等。② 按接法可分为并联电抗器和串联电抗器。③ 按功能可分为限流电抗器和补偿电抗器。④ 按用途可分为限流电抗器、滤波电抗器、平波电抗器、功率因数补偿电抗器、串联电抗器、平衡电抗器、接地电抗器、消弧线圈、进线电抗器、出线电抗器、饱和电抗器、自饱和电抗器、可变电抗器（可调电抗器、可控电抗器）、辄流电抗器、串联谐振电抗器、并联谐振电抗器等。

电力系统中所采取的电抗器，常见的有串联电抗器和并联电抗器。串联电抗器主要用来限制短路电流，也有在滤波器中与电容器串联或并联用来限制电网中的高次谐波。220kV、110kV、35kV、10kV 电网中的电抗器是用来吸收电缆线路的充电容性无功的。可以通过调整并联电抗器的数量来调整运行电压。超高压并联电抗器有改善电力系统无功功率有关运行状况的多种功能，主要包括：① 轻空载或轻负荷线路上的电容效应，以降低工频暂态过电压。② 改善长输电线路上的电压分布。

③ 使轻负荷时线路中的无功功率尽可能就地平衡，防止无功功率不合理流动，同时也减轻了线路上的功率损失。④ 在大机组与系统并列时降低高压母线上工频稳态电压，便于发电机同期并列。⑤ 防止发电机带长线路可能出现的自励磁谐振现象。⑥ 当采用电抗器中性点经小电抗接地装置时，还可用小电抗器补偿线路相间及相地电容，以加速潜供电流自动熄灭，便于采用。

电抗器的接线分串联和并联两种方式。串联电抗器通常起限流作用，并联电抗器经常用于无功补偿。

（二）并联电抗器

1. 并联电抗器的作用

中压并联电抗器一般并联接于大型发电厂或 110 ~ 500 kV 变电站的 6 ~ 63kV 母线上，用来吸收电缆线路的充电容性无功，通过调整并联电抗器的数量，向电网提供可阶梯调节的感性无功，补偿电网剩余的容性无功，调整运行电压，保证电压稳定在允许范围内。

超高电压并联电抗器一般并联于 330 kV 及以上的超高压线路上，主要作用如下：① 降低工频过电压。装设并联电抗器吸收线路的充电率，防止超高压线路空载或轻负荷运行时，线路的充电率造成线路末端电压升高。② 降低操作电压。装设并联电抗器可限制由于突然甩负荷或接地故障引起的过电压，避免危机系统的绝缘。③ 避免发电机带长线出现的自励磁谐振现象。④ 有利于单相自动重合闸。并联电抗器与中性点小电抗配合，有利于超高压长距离输电线路单相重合闸过程中故障相的消弧，从而提高单相重合闸的成功率。

2. 并联电抗器的结构

1. 空芯式电抗器

空芯式电抗器没有铁芯，只有线圈，磁路为非导磁体，因而磁阻很大，电感值很小，且为常数。空芯电抗器的结构形式多种多样，用混凝土将绕好的电抗线圈浇装成一个牢固整体的被称为水泥电抗器，用绝缘压板和螺杆将线绕好的线圈拉紧的被称为夹持式空芯电抗器，将线圈用玻璃丝包绕成牢固整体的被称为绕包式空芯电抗器。空芯电抗器通常是干式的，也有油浸式结构的。

2. 芯式电抗器

铁芯电抗器的主要结构是由铁芯和线圈组成的。由于铁磁介质的磁导率极高，而且它的磁化曲线是非线性的，所以用在铁芯电抗器中的铁芯必须带有气隙。带气隙的铁芯，器磁阻主要取决于气隙的尺寸。由于气隙的磁化特性基本上是线性的，所以铁芯电抗器的电感值将不取决于外在电压或电流，而取决于自身线圈匝数以及线圈和铁芯气隙的尺寸。对于相同的线圈，铁芯式电抗器的电抗值比空心式的大。当磁密较高时，铁芯会饱和，而导致铁芯电抗器的电抗值变小。

芯柱由铁芯饼和气隙垫块组成。铁芯饼为辐射型叠片结构，铁芯饼与铁轭由压紧装置通过非磁性材料制成的螺杆拉紧，形成一个整体。铁芯采用了强有力的压紧和减震措施，整体性能好，震动及噪声小，损耗低，无局部过热。油箱为钟罩式结构，便于用户维护和检修。

3. 干式半芯电抗器

绕组选用小截面圆导线多股平行绕制，涡流损耗和漏磁损耗明显减少，绝缘强度高，散热性好，机械强度高，耐受短时间电流的冲击能力强，能满足热稳定性的要求。线圈中放入了由高导磁材料做成的芯柱，磁路中磁导率大大增加，与空芯电抗器相比较，在同等容量下，线圈直径、导线用量大大减少，损耗大幅度降低。

铁芯结构为多层绕组并联的筒性结构，铁芯柱经整体真空环氧浇注成型后密实且整体性很好，运行时振动极小，噪声很低。采用机械强度高的铝质的星形接线架，涡流损耗小，可以满足对线圈分数匝的要求。所有的导线引出全部焊接在星形接线臂上，不用螺钉连接，提高了运行的可靠性。干式半芯电抗器在超高压远距离输电系统中，连接于变压器的3次线圈上。用于补偿线路的电容性充电电流，限制系统电压升高和操作过电压，保证线路可靠运行。

（三）限流电抗器

1. 限流电抗器的作用

在电力系统中，限流电抗器主要作用是当电力系统发生短路故障时，利用其电感特性，限制系统中的短路电流，降低短路电流对系统的冲击，同时降低断路器选择的额定开断容量，节省投资费用。限流电抗器串联在系统母线上，用来限制系统的故障短路电流，使短路电流降低到其后设备的允许值。

2. 限流电抗器的分类

（1）线路电抗器。串接在线路或电缆馈线上，使出线能选用轻型断路器以及减小馈线电缆的截面。

（2）母线电抗器。串接在发电机电压母线的分段处或主变压器的低压侧，用来限制厂内、外短路时的短路电流，又称为母线分段电抗器。当线路上或一段母线上发生短路时，它能限制另一段母线提供的短路电流。

（3）变压器回路电抗器。安装在变压器回路中，用于限制短路电流，以便变压器回路能选用轻型断路器。

3. 限流电抗器的结构类型

(1) 混凝土柱式限流电抗器

主要由绕组、水泥支柱及支柱绝缘子构成。没有铁芯，绕组采用空芯电感线圈，由纱包纸绝缘的多芯铝线在同一平面上绕成螺线形的饼式线圈叠在一起构成。在沿线圈周围位置均匀对称的地方设有水泥支架，固定线圈。

(2) 分裂电抗器

分裂电抗器在结构上和普通的电抗器没有大的区别，只是在电抗线圈的中间有一个抽头，用来连接电源，两端头接负荷侧或厂用母线、电流相等。

正常运行时，由于两分支里电流方向相反，使两分支的电抗减小，因而电压损失减小。当一分支的负荷电流相对于短路电流来说很小，可以忽略其作用，则流过短路电流的分支电抗增大，压降增大，使母线的残余电压较高。

这种电抗器的优点是正常运行时，分裂电抗器每个分段的电抗相当于普通电抗器的 1/4，使负荷电流造成的电压损失较普通电抗器小。另外，当分裂电抗器的分支端短路时，分裂电抗器每个分段电抗正常运行值增大 4 倍，故限制短路的作用比正常运行值大，有限制短路电流的作用。缺点是当两个分支负荷不相等或者负荷变化过大时，将引起分段电压偏差增大，使分段电压波动较大，造成用户电动机工作不稳定，甚至分段出现过电压。

(3) 干式空芯限流电抗器

绕组采用多根并联小导线多股并行绕制。匝间绝缘度高，损耗低；采用环氧树脂浸透的玻璃纤维包封，整体高温固化，整体性强、质量轻、噪声低、机械强度高，可承受大短路电流的冲击；线圈层间有通风道，对流自然冷却性能好，由于电流均匀分布在各层，动、热稳定性高；电抗器外表面涂以特殊的抗紫外线老化的耐气候树脂涂列料，能承受户外恶劣的气候条件，可在室内、户外使用。

(四) 串联电抗器

串联电抗器与并联电容补偿装置或交流滤波装置 (也属补偿装置) 回路中的电容器串联。并联电容器组通常连接成星形；串联电抗器可以连接在线端，也可以连接在中性点端。

作用有以下几点：① 降低电容器组的涌流倍数和涌流频率。便于选择配套设备和保护电容器。② 可吸收接近调谐波的高次谐波，降低母线上该谐波电压值，减少系统电压波形畸变。③ 与电容器的容抗处于某次谐波全调谐或过调谐状态下，可以限制高于该次的谐波电流流入电容器组，保护电容器组。④ 在并联电容器组内部短路时，减少系统提供的短路电流，在外部短路时，可减少电容器组对短路电流的助增作用。⑤减少健全电容器组向故障电容器组的放电电流值。⑥电容器组的断路器在分闸过程中，如果发生重击穿，串联电抗器能减少涌流倍数和频率，并能降低操作过电压。

第三节　导体、绝缘子与交流输电补偿器

一、导体

（一）载流导体的发热和电动力

当电力系统中发生短路故障时，电气设备要流过很大的短路电流，在短路故障被切除前的短时间内，电气设备和载流导体要承受短路电流产生的发热和电动力的作用。为了防止电气设备和载流导体被短路电流的热效应和电动力效应损坏，必须对短路电流的电动力和发热进行计算。

1. 长期负荷电流发热

电气设备由正常工作电流引起的发热称为长期发热，发热温度不得超过一定的限值，称为长期发热最高允许温度。

我国生产的各种电气设备，除熔断器、消弧线圈和避雷器外，其基准环境温度为40℃，导体正常最高允许温度（长期发热）一般不超过70℃；在有太阳辐射（日照）影响时，钢芯铝绞线及管形导体，可不超过+80℃；当导体接触面处有镀（搪）锡的可靠覆盖层时，可提高到+85℃。短时最高允许温度（通过短路电流时），对硬铝和铝锰合金可取200℃，硬铜可取300℃。聚氯乙烯绝缘电缆为70℃，聚乙烯绝缘电缆为70℃，交联聚乙烯绝缘电缆为90℃。

当实际环境温度为θ_0，通过载流导体的负荷电流为I_{fh}，稳定温度θ_f的计算为

$$\theta_f=\left(\theta_y+\theta_0\right)\left(\frac{I_{fh}}{I_y}\right)^2$$

式中：θ_y——长期最高允许温度，℃；

I_y——按θ_0时校正后的长期允许电流，A;

I_{fh}——导体长期通过的负荷电流，A。

2. 短路电流的热效应

短时发热的特点是绝热过程：短路电流大而且持续时间短，导体产生的巨大热

量来不及向周围介质散布，因而导体产生的全部热量都用来使导体温度迅速升高。根据导体短时发热的特点，在时间 dt 内，列出热平衡方程式后经推导，得

$$A_d = \frac{1}{S^2} Q_{o_K} + A_f$$

A_d 和 A_f 是仅与导体材料的参数及温度有关，为了简化 A_d 和 A_f 的计算，已按各种材料的平均参数，作出 $\theta = f(A)$ 的曲线（见图 2-18）$Q_K = \int_a^k i^5{}_K dt$ 。t_K 为短路电流存在的时间；i_K 为短路期间的全电流瞬时值；Q_K 与短路电流发出的热量成比例，称为短路电流热效应。

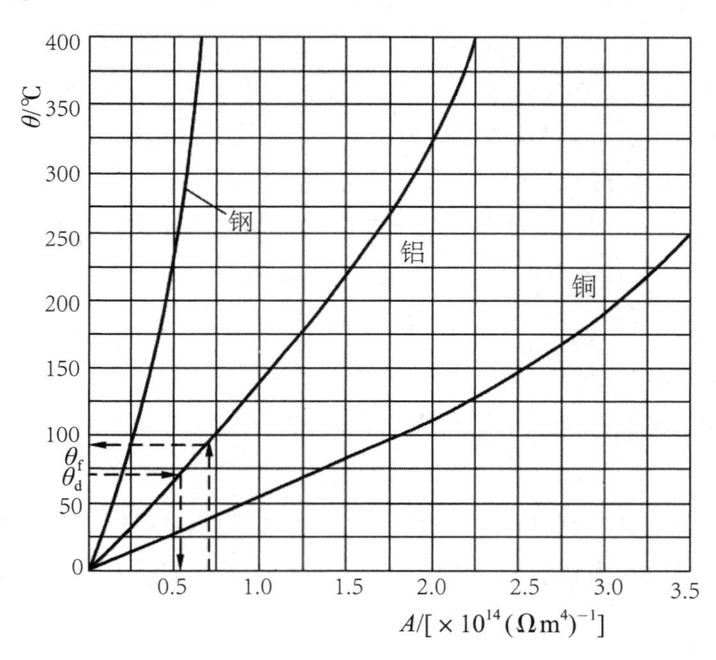

图 2-18 $\theta = f(A)$ 曲线

当已知导体温度 θ 时，可方便地查出与之对应的 A_θ；反过来，由 A_θ 也可方便地查出导体温度 θ 。

根据 $\theta = f(A)$ 曲线，计算最高温度 θ_d 的步骤如下：

① 求出导体正常工作时的温度 θ_f。θ_f 与 θ_0 和电流 I 有关；

② 由 θ_f 和导体材料曲线，查得 A_f；

③ 计算短路电流热效应 Q_K；

④ 由 A_f 、Q_K 得到 A_d；

⑤ 最后查 $\theta = f(A)$ 曲线，由 $A_d \Rightarrow \theta_d$ 。

检查是否超过导体短时最高允许温度。

（二）电气设备和载流导体选择的一般条件

在选择中压配电设备时，应保证中压配电设备在正常工作条件下能可靠工作，在短路故障时不被损坏，即按长期工作条件选择参数，按环境条件选择结构类型，按短路情况进行校验。

1. 按正常工作条件选择电器

（1）根据额定电压选择

电器的额定电压是在其铭牌上所标出的线电压值。此外，电器还有一个技术参数为最大工作电压，即电器在长期运行中所能承受的最高电压值。一般电器的最大工作电压比其额定电压高 10% ~ 15%。例如，额定电压为 110kV 及以上的断路器、隔离开关、互感器的最大工作电压比其额定电压高 10%；又如，额定电压为 3 ~ 35 kV 的断路器、隔离开关、支持绝缘子的最高工作电压比其额定电压高 5%。在选择电器时，必须保证电器实际承受的最高电压不超过其最大工作电压，否则会造成电器因绝缘击穿而损坏。为此，根据额定电压选择电器时应满足以下条件：电器的额定电压 U_{N} 不小于电器装设地点电网的额定电压 U_{NC}，即

$$U_{\mathrm{N}} \geqslant U_{\mathrm{NC}}$$

（2）根据额定电流选择

电器的额定电流 I_N 应不小于安装设备回路的最大工作电流 $I_{\max}$，即

$$I_N \geqslant I_{\max}$$

不同工作回路的最大工作电流计算方法如下：同步发电机、调相机、三相电力变压器最大工作电流为其额定电流值的 1.05 倍；电动机的最大工作电流为其额定电流值。

2. 热稳定和动稳定

短路电流通过电器时，会引起电器温度升高，并产生巨大的电动力。当通过电器的短路电流越大、时间越长，电器所受到的影响越严重。校验电器和载流导体的热稳定和动稳定时，应考虑各种短路的最严重情况。

（1）动稳定

动稳定是指电器通过短路电流时，其导体、绝缘和机械部分不因短路电流的电动力效应引起损坏，而能继续工作的性能。电器的动稳定电流 i_p 是指电器根据动稳定的要求所允许通过的最大短路电流。为保证电器的动稳定，在选择电器时应满足电器的动稳定电流 i_p（产品目录中给出的极限通过电流峰值）不小于通过电器的最大三相冲击短路电流 $i_{sh}^{(3)}$ 的条件，即

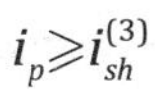

$$i_p \geq i_{sh}^{(3)}$$

(2) 热稳定

热稳定是指电器通过短路电流时，电器的导体和绝缘部分不因短路电流的热效应使其温度超过它的短路时最高允许温度，而造成损坏的性能。

载流导体的短时（最长持续时间不超过 5 秒）最高允许温度为：铝及铝锰合金为 200℃；铜为 300℃；聚氯乙烯绝缘电缆为 160℃，聚乙烯绝缘电缆为 130℃，交联聚乙烯电缆为 250℃。对高压电气设备，一般不直接给出设备的最高允许温度限值，只给出有关热稳定的参数。

(3) 按电器工作的特殊要求校验

根据各种电器的用途、工作特点等进行特殊项目的校验。例如，高压断路器应校验其断路能力，互感器应校验准确度，绝缘子应校验其端子的允许机械负荷等。

二、绝缘子

(一) 绝缘子的定义及作用

绝缘子俗称绝缘瓷瓶。绝缘子用以悬吊和支持接触悬挂并使带电体与接地体间保持电气绝缘。

绝缘子是接触网中应用非常广泛的重要部件之一。它用来保持接触悬挂对地（或接地体）的绝缘以及接触悬挂之间的绝缘，同时又起机械连接的作用，承受着很大的机械负荷。绝缘子的性能好坏，对接触网能否正常地工作有很大的影响。它被广泛地应用在水电站和变电所的配电装置、变压器、各种电器以及输电线路中。

(二) 绝缘子的分类及特点

1. 绝缘子的构造

绝缘子一般为瓷质，即在瓷土中加入石英和长石烧制而成，表面涂有一层光滑的釉质。

由于绝缘子承受接触悬挂的负载且经常受拉伸、压缩、弯曲、扭转、振动等机械力，故在制造时其机械破坏负荷均应留有裕度，一般安全系数按 2.0 ~ 2.5 选取。

2. 绝缘子的分类

按安装地点可分为户内式和户外式两种。户外式绝缘子由于它的工作环境条件要求，应有较大的伞裙，用以增长沿面放电距离。并且能够阻断水流，保证绝缘子在恶劣的雨、雾等气候条件下能够进行可靠的工作。在有严重的灰尘或有害绝缘气体存在的环境中，应选用具有特殊结构的防污型绝缘子。户内式绝缘子表面无伞裙结构，故只适用于室内电气装置中。

接触网常用的绝缘子从形状上分为悬式绝缘子、棒式绝缘子、针式绝缘子和柱式绝缘子四大类。从材质上分为瓷绝缘子、钢化玻璃绝缘子及硅橡胶绝缘子等。下面从形状分类分别进行介绍：

(1) 悬式绝缘子

在接触网上，悬式绝缘子用量最多，其主要用于承受拉力的悬吊部位，如线索下锚处、软横跨上、电分段等处。使用时一般由 3 个或 4 个悬式绝缘子连接在一起形成悬式绝缘子串，在污染严重地区可加设 1 个绝缘子或改用防污型绝缘子。悬式绝缘子按其材质可分为瓷质、钢化玻璃、硅橡胶等几种。

目前所用的绝缘子多数是瓷质的。瓷质绝缘子由瓷土加入石英砂和长石烧制而成，表面涂一层光滑的釉质，以防水分渗入体内。绝缘子的材质要求质地紧密而均匀，在任何断面上都不应有裂纹和气孔。由于绝缘子要承受机械负荷，故钢连接件与瓷体之间是用高标号 (525#) 水泥浇筑在一起的，以保证足够的机械强度。

悬式绝缘子按其钢连接件的形状可分为耳环悬式绝缘子和杵头悬式绝缘子，按其抗污能力又可分为普通型和防污型。普通型适用于一般地区和轻污区，在污染严重地区采用防污型，接触悬挂主绝缘都采用防污型，附加悬挂或用于接地跳线的副绝缘可采用普通型。

(2) 棒式绝缘子

瓷质棒式绝缘子按其使用场所及安装方式分为腕臂支撑用和隧道悬挂、定位用两类；按其抗污能力分为普通型和防污型；按绝缘方式分为单绝缘方式和双重绝缘方式两种。

棒式绝缘子一般用于承受压力和弯矩的部位，如用在腕臂、隧道定位和隧道悬挂等地方。近年来腕臂不管受拉或受压都采用水平腕臂加棒式绝缘子形式，为防止受拉脱落，棒式绝缘子与水平腕臂连接处多用螺栓固定，也可在铁帽压板上做一小柱，以防脱落。

3. 绝缘子的特点

高压绝缘子一般是用电工瓷制成的绝缘体，电工瓷的特点是结构紧密均匀、不吸水、绝缘性能稳定、机械强度高。绝缘子也有采用钢化玻璃制成的，具有质量轻、尺寸小、机电强度高、价格低廉、制造工艺简单等优点。

一般高压绝缘子应能可靠地在超过其额定电压 15% 的电压下安全运行。绝缘子的机械强度用抗弯破坏荷重表示。抗弯破坏荷重，对支柱绝缘子而言是将绝缘子底端法兰盘固定，在绝缘子顶帽的平面施加与绝缘子轴线相垂直方向上的机械负荷，

在该机械负荷作用下使绝缘子被破坏。

(三) 绝缘子的电气性能

绝缘子在接触网中不仅起着绝缘作用，而且承受着一定的机械负荷，特别是在下锚处所用的绝缘子，承担着下锚线索的全部张力，所以对绝缘子的电气性能和机械性能都有严格的要求。

绝缘子的电气性能用干闪电压、湿闪电压和击穿电压来表示。

1. 绝缘子的干闪电压

干闪电压是指绝缘子表面在清洁和干燥状态时，施工电压使其表面达到闪络时的最低电压。干闪电压主要对室内绝缘子有意义。

2. 绝缘子的湿闪电压

湿闪电压是指雨水的降落方向与绝缘子表面呈45° 时，施加电压使其表面闪络的最低电压。

绝缘子发生闪络时，只是沿瓷体表面放电，而瓷体本身未受损害，闪络消失后绝缘性能仍能恢复。但发生闪络后会使其绝缘性能有所下降，容易再次发生闪络。

3. 绝缘子的击穿电压

击穿电压是指绝缘子瓷体被击穿损害而失去绝缘作用的最低电压，是表示了绝缘子满足一定防雷要求的电气性能指标。

绝缘子的干闪、湿闪和击穿电压的数值决定于工作电压。工作电压越高，则各数值的要求就越高，绝缘子的击穿电压至少比干闪电压高1.5倍。

绝缘子的电气性能不是一成不变的，随着使用时间的增长，其绝缘强度逐渐下降，这种现象称为绝缘子的老化。所以，绝缘子在使用中每年至少应进行一次绝缘子电压分布测量，以检查其绝缘性能是否正常。

绝缘子不但要能承受规定要求的机械负荷，还应有一定的安全系数，一般安全系数规定为2.5~3。这样即使在负荷剧烈变化下或接触悬挂在振动和摆动时，绝缘子偶然承受较大的负荷也不致被破坏。

(四) 绝缘子的防污

绝缘子表面污秽的主要原因有环境污染；货物装载运行中煤、炭、化学粉尘；内燃电力混合牵引时内燃机排放的烟尘；列车闸瓦磨损产生的金属屑等。解决污闪问题的主要措施为采用防污绝缘子。

（五）绝缘子的运行与维护

1. 绝缘子的使用与检查

绝缘子连接件不允许机械加工和热加工处理。绝缘子在安装使用前应严格检查，当发现绝缘子瓷体与连接件间的水泥浇注物有辐射状裂纹及瓷体表面破损面积超过时，应禁止使用该绝缘子。

为了保证绝缘子性能可靠，应对每个绝缘子按具体情况进行定期或不定期的清扫和检查。

为了将绝缘子固定在支架上和将载流导体固定在绝缘子之上，绝缘子的瓷质绝缘体两端还要牢固地安装金属配件。金属配件与瓷制绝缘体之间多用水泥胶合剂黏合在一起。瓷制绝缘体表面涂有白色或棕色的硬质瓷釉，用以提高其绝缘性能和防水性能。运行中的绝缘子表面瓷釉遭到损坏之后，应尽快处理或更换绝缘子。绝缘子的金属附近与瓷制绝缘体胶合处黏合剂的外露表面应涂有防潮剂，以阻止水分浸入黏合剂中去。金属附件表面需镀锌处理，以防金属锈蚀。

2. 绝缘子使用注意事项

（1）绝缘子的瓷体易碎，所以在运输和安装使用中应防止瓷体与瓷体或瓷体与其他物体发生碰撞，造成绝缘子损坏。

（2）绝缘子的金属连接部件不允许机械加工或进行热加工处理（如切削、电焊焊接等），不应锤击与绝缘子直接连接的部件。

（3）绝缘子在安装使用前应严格进行下列检查：① 铁件镀锌良好，与瓷件结合紧密不松动。② 绝缘子瓷件与金属连接间浇筑的水泥不得有辐射状裂纹。③ 瓷釉表面光滑，无裂纹、气泡、斑点和烧痕等缺陷，瓷釉剥落面积不得超过 $300mm^2$。

（4）为让使用中的绝缘子保持良好的电气性能，应对绝缘子按具体使用情况进行定期和不定期的检查和清除表面的污尘。

三、交流输电补偿器

根据接入电网的方式和功能的不同，交流输电系统中的补偿器分为并联无功补偿器和串联电抗补偿器。电容器和电抗器是补偿器中的电抗元件，前者为容抗，后者为感抗。将其并联于电路中，电容器发出无功，电抗器吸收无功；将其串联于输电线中，电容器减小感抗，电抗器增加感抗。不能连续改变电抗值的补偿称为固定补偿，可连续改变电抗值的补偿称为可控补偿。目前电力系统中使用的并联无功补偿器主要有电容器、电抗器和静止无功补偿器，串联电抗补偿器主要有电容器和可控串联补偿器。

（一）并联补偿电容器与电抗器

由于结构简单、价格低廉、运行可靠、管理方便，并联电容器与电抗器大量应用于无功补偿。电容器主要用于 60 kV 及以下的电网中补偿电网与负荷的无功消耗，电抗器主要用于额定电压为 500 kV 及以上的电网中吸收输电线的剩余无功。目的在于维持电压水平和减小输电损耗。

设并联点的电压为U，电容器的电抗为$-jX_c$，电抗器的电抗为jX_c，则电容器和电抗器发出的无功功率为：

$$Q_c = \pm \frac{U^2}{X_C}$$

式中：电容器取正号，电抗器取负号。

电容器的缺点是当电网电压降低时发出的无功补偿也急剧下降，对电力系统的电压稳定性不利。

为了减小元件短路对电网的影响，目前电容器大多采用星形接线。为了运行调节方便，变电站中将接入母线的电容器分成几组，每组用一台断路器投切，户外常用 SF_6 断路器，户内常用真空断路器，以适应较为频繁的操作。

并联电容器投入电网的合闸瞬间，由于电压不能突变而相当于短路状态，因此出现很大的合闸涌流，需要采取限制合闸涌流的措施。

串联电抗器的电容器的合闸涌流的最大值的近似算式为：

$$i_{y\max} = \sqrt{2} I_e \left(1 + \sqrt{\frac{X_C}{X_L'}}\right)$$

式中：$i_{y\max}$——电容器的合闸涌流的最大值；

I_e——电容器的额定电流；

X_L'——电网感抗与串联电抗之和$X' = X_{L0} + X_L$，X_{L0}为电网感抗。

合闸涌流频率的算式为：

$$f_y = f_1 \sqrt{\frac{X_C}{X_L'}}$$

式中：f_y——合闸涌流频率；

f_1——电压基波频率。

定义串联电抗器的电抗率为K，电抗百分率为$K\%$，算式为：

$$\left.\begin{aligned}K &= \frac{X_L}{X_C} \\ K\,\% &= \frac{X_L}{X_C}\times 100\end{aligned}\right\}$$

当有高次谐波电流注入电容器的接入点时，有串联电抗器的电容器支路可能因为对该频率谐振而成为滤波器。谐振频率的算式为：

$$f_0 = f_1\sqrt{\frac{X_C}{X_L}}$$

由于谐波源是恒流源，在谐波电流很大的情况下，大部分谐波电流注入串联谐振的电容器支路，可能使包括电容器在内的该支路的元件过载，导致过热、降低断路器的断流能力等诸多危害。因此应对电容器的接入点的谐波电流进行测量，在选择串联电抗器的电抗率时应同时注意不使该支路的元件过载，当谐波电流较大时，应避免对最大谐波电流分量的频率谐振。

超高压与特高压线路运行电压很高且单位长度的电容量较大，因此会产生很大的无功功率。例如，500 kV 输电线 100 km 产生的无功功率大于 100 Mvar。在轻载状态下，由于输电线电感吸收的无功功率随电流的平方减小，输电线将有很大的剩余无功功率注入电网，引起线路及近区电网电压升高。采用并联电抗器主要作用为：① 吸收超高压输电线在轻载下产生的剩余无功功率，防止线路及近区电网电压过度升高。为了降低造价，此种用途的并联电抗器通常装于变电站的低压母线上，由于额定电压较低，被称为低抗。例如我国 500 kV 变电站的并联电容器与电抗器通常装在 35 kV 母线上。② 吸收超高压输电线一端断开时产生的剩余无功功率，防止断开端电压的过度升高。显然，此种用途的并联电抗器应直接装在线路断路器的外侧，由于额定电压较高，被称为高抗。

转子未给励磁电流的发电机带上空载长线时可能依靠发电机的剩磁和长线的电容建立起很高的电压，称为自励。在线路上装设高抗可防止自励的发生。

定义并联高抗的补偿度为：

$$K_L = \frac{Q_L}{Q_C}$$

式中：K_L ——并联高抗的补偿度；

Q_L ——并联高抗的额定容量；

Q_C ——线路在额定电压下的电容功率。一般取 $K_L = 40\,\%$ 。

(二) 可控串联电容器

在交流输电系统中利用串联电容器的容抗，补偿输电线的部分感抗，使得输电线两端的电气距离缩短，达到减少功率输送引起的电压降和功角差，从而提高线路输送容量，提高电力系统运行稳定性水平。

定义串联补偿器的容抗与原线路感抗的比值为串联补偿度，简称串补度，表达式为：

$$K_C = \frac{X_C}{X_{LL}}$$

式中：K_C ——串补度；

X_C ——串联补偿器的容抗；

X_{LL} ——原线路感抗。为防止补偿后的线路对次同步频率谐振，一般限制正常状态下的串补度不超过40%。

输电线的串联电容补偿分为固定串联电容补偿和可控串联电容补偿（Thyristor Controlled Series Capacitor，TCSC）两种。

第三章　高压直流与特高压交流输电技术

第一节　高压直流输电技术

电力技术的发展是从直流电开始的，早期的直流输电是直接从直流电源送往直流负荷，不需要经过换流。而随着三相交流发电机、感应电动机和变压器的迅速发展，发电和用电领域很快被交流电所取代。但是直流输电有着交流输电所不具有的优点，如远距离大容量输电、不同电力系统联网等。当今，作为高压交流输电技术的有力补充，高压直流输电技术已在全世界得到越来越多的应用。

一、直流输电概述

(一) 直流输电的基本原理

直流输电是将发电厂发出的交流电经过升压后，由换流设备（整流器）变换成直流，通过直流线路送到受电端，再经过换流设备（逆变器）变换成交流，供给受电端的交流系统。

换流器由一个或多个换流桥串联或并联组成，目前用于直流输电系统的换流桥均采用三相桥式换流电路，每个桥具有6个桥臂。由于桥臂具有可控的单向导通能力，所以又称为阀或阀臂。

(二) 高压直流输电系统的分类

直流输电的系统结构可分为两端直流输电系统和多端直流输电系统两类。两端直流输电系统只有一个整流站和一个逆变站，它与交流系统只有两个连接端口，是结构最简单的直流输电系统。多端直流输电系统具有三个或三个以上的换流站，它与交流系统有三个或三个以上的连接端口。目前世界上运行的直流输电工程大多为两端直流系统，只有少数工程为多端系统。

1. 单极系统接线方式

单极系统接线方式是用一根架空导线或电缆线，以大地或海水作为返回线路组

成的直流输电系统。这种方式由于正常运行时电流需流经大地或海水，因此要注意接地电极的材料、埋设方法和对地下埋设物的腐蚀以及对地下通信线路、航海罗盘的影响等问题，通常用正极接地的方式较多。

单极两线制方式（或称同极方式），是将返回线路用一根导线代替的单极线路方式。单极两线单点接地是将导线任一根在一侧换流站进行单点接地。这种方式的优点是避免了电流从地中或海水中流过，又把某一导线的电位钳位到零。其缺点是当负荷电流流过导线时，要在导线上产生不小的电压降，所以仍要考虑适当的绝缘强度。这种方式大多用于无法采用大地或海水作为回路以及作为双极方式的过渡方案。

2. 双极系统接线方式

双极系统接线方式有两根不同极性（正极、负极）的导线，可具有大地回路或中性线回路。当其中一根导线线路故障时，另一根以大地作为回路可带 50% 的负荷，可作为分期建设的直流工程初期的一种接线方式。

现将双极式直流输电系统接线方式分述如下：

（1）双极两线中性点两端接地方式

这种方式将整流站和逆变站的中性点均接地，双极对地电压分别为 +v 和 -v。正常运行时，接地点之间没有电流流过。实际上，由于两侧变压器的阻抗和换流器控制角度的不平衡，总有不平衡电流以大地作为回路流过。当一线路故障切除后，可以利用健全极和大地作为回路，维持单极运行方式。

（2）双极中性点单端接地方式

这种运行方式在整流侧或逆变侧中性点单端接地，正常运行时和上述方式相同。但当一线故障时，就不可继续运行。

（3）双极中性线方式

将双极两端的中性点用导线连接起来，就构成了双极中性线方式。这种方法在整流侧或逆变侧任一端接地，当一极发生故障时，能用健全极继续输送功率，同时避免了利用大地或海水作为回路的缺点。这种方式由于增加了一根导线，在经济上增加了一定的投资。

（4）“背靠背”换流方式

没有直流输电线路，而将整流站和逆变站建在一起的直流系统称为“背靠背”换流站，两套换流站一套运行于整流，另一套运行于逆变。两套换流站设备的直流侧经平波电抗器直接相连，交流侧分别连接到两个交流电力系统中，从而完成这两个交流系统间的耦合，可以实现相互之间的电力交换，取得联网效益。这种方式适用于不同额定频率或者相同额定频率非同步运行的交流系统之间的互联。因为没有直流输电线路，所以直流系统可选用较低的额定电压。这样整个直流系统的绝缘费用可降低，有色金属的消耗量和电能损耗较少。目前世界各国已修建和准备投建的“背靠背”直流工程较多，其主要用途是系统增容时限制短路容量，从而不致更换大量的电气设备，而且无功功率调节比远距离直流输电更为有利。这是因为无功调节中要降低直流电压，在远距离直流输电中将引起线路损耗的增加，而“背靠背”直流系统则不存在此问题。

3. 多端直流输电系统

由三个或三个以上换流站及其连接的高压直流线路所构成的直流输电系统即为多端直流输电系统。多端直流输电系统可以实现各换流站交流端所连接的交流电力系统之间的功率输送或电力交换。多端直流系统中的换流站可以作为整流运行也可以作为逆变运行，但整流运行的总功率与逆变运行的总功率必须相等，即多端系统的输入和输出功率必须平衡。多端系统换流站之间的连接方式可以是并联或串联方式，连接换流站的直流线路可以是分支形或闭环形。此系统适用于直流输电主干线送端的多电源汇集系统和受端的多个负荷点的分配系统，以及从直流输电线路中分支接出来以供沿线难于由交流电力系统供电的小负荷，可补充增强交流电力系统的网架。

（三）直流输电的优缺点及适用场合

1. 优点

根据高压直流输电的特点，在可比条件下与高压交流输电相比较时，直流输电具有下列优点：

（1）从经济方面考虑，直流输电有如下优点

输送相同功率时，线路造价低。对于架空输电线路，交流输电线路用三根导线；而直流输电线路一般用两根，采用大地或海水作回路时只要一根，能节省大量的线路建设费用。对于电缆，由于直流电缆绝缘介质的强度远高于交流电缆的强度，如通常的油浸纸电缆，直流的允许工作电压约为交流的3倍，由此可见，直流电缆的投资少得多。

年电能损失小。直流架空输电线只用两根，导线电阻损耗比交流输电小；没有感抗和容抗的无功损耗；没有集肤效应，导线的截面利用充分。另外，直流架空线路的“空间电荷效应”使其电晕损耗和无线电干扰都比交流线路小。

所以，直流架空输电线路在线路建设初期投资和年运行费用上均较交流输电线路经济。

（2）从技术方面考虑，直流输电有如下优点

不存在系统稳定问题，可实现电网的非同期互联；而交流电力系统中所有的同

步发电机都需保持同步运行。由于交流系统具有电抗，输送的功率有一定的极限，当系统受到某种扰动时，有可能使线路上的输送功率超过它的界限，这时送端的发电机和受端的发电机有可能因失去同步而造成系统的解列。

限制短路电流。如用交流输电线路连接两个交流系统，短路容量增大，甚至需要更换断路器或增设限流装置。然而用直流输电线路连接两个交流系统时，直流系统的"定电流控制"功能将快速把短路电流限制在额定电流附近，短路容量不会因互联而增大。

调节快速，运行可靠。直流输电通过晶闸管换流器能快速调整有功功率，实现"潮流翻转"(功率流动方向的改变)，在正常时能保证稳定输出；在事故情况下，可实现健全系统对故障系统的紧急支援，也能实现对振荡阻尼和次同步振荡的抑制。在交直流线路并列运行时，如果交流线路发生短路，可短暂增大直流输送功率以减少发电机转子加速，提高系统的可靠性。如果采用双极线路，当一极故障，另一极仍可以大地或海水作为回路，继续输送一半的功率，这也提高了运行的可靠性。

没有电容充电电流。直流线路稳态时无电容电流，沿线电压分布平稳，无空载、轻载时交流长线路受端及中部发生电压异常升高的现象，也不需要并联电抗补偿。

节省线路走廊。按500kV电压等级考虑，一条直流输电线路的走廊约为40m，一条交流线路走廊约为50m，而前者输送容量约为后者2倍，即直流传输效率约为交流传输效率的2倍。

2. 缺点

下列因素限制了直流输电的应用范围：

(1) 换流装置较昂贵

这是限制直流输电应用的最主要原因。在输送相同容量时，直流线路单位长度的造价比交流低；而直流输电两端换流设备造价却比交流变电站贵很多。这就引起了所谓的"等价距离"问题，即如果当输电距离增加到一定值时，采用直流输电线路所节省的费用，刚好可以抵偿换流站所增加的费用(交直流输电的线路和两端设备的总费用相等)，这个距离就称为交流、直流输电线路的等价距离。

通常情况下，当输电距离大于等价距离时，采用直流输电比采用交流输电经济；反之，则采用交流输电比较经济。目前，国际上规定架空线路的等价距离约为500～700km，电缆线路约为20～40km。随着换流装置价格的不断下降，等价距离必然也将不断地下降。当然，输电系统采用交流或直流是由诸多因素决定的，等价距离不是唯一的因素。工程实际上的等价距离是在一定的范围内变化的(交流±5%、直流 ±10%)。

(2) 换流装置消耗无功功率多

一般每端换流站消耗无功功率约为输送功率的 40% ~ 60%，需要无功补偿。

(3) 产生谐波影响

换流器在交流和直流侧都产生谐波电压和谐波电流，使电容器和发电机过热、换流器的控制不稳定，对通信系统产生干扰。

(4) 其他缺点

① 换流装置几乎没有过载能力，对直流系统的运行会产生不利的影响。② 以大地作为回路的直流系统，运行时会对沿途的金属构件和管道产生腐蚀作用；以海水作为回路时，会对航海导航仪表产生影响。③ 直流线路的积污速度快、污闪电压低，污秽问题较交流线路严重，因此较难运行维护。④ 不能用变压器来改变电压等级。⑤ 直流输电主要用于长距离大容量输电、交流系统之间异步互联和海底电缆送电等，而且只能两点一线直通传输电能，电源不能中途落点，不利于沿线地区的用电。

3. 适用场合

根据以上优缺点，直流输电适用于以下场合：① 远距离大功率输电。② 海底电缆送电。③ 不同频率或同频率非周期运行的交流系统之间的联络。④ 用地下电缆向大城市供电。⑤ 交流系统互联或配电网增容时，作为限制短路电流的措施之一。⑥ 配合新能源的输电。

二、高压直流输电系统构成

(一) 换流站

换流站是直流输电系统中实现交、直流变换的电力工程设施。换流站一侧接于交流系统，另一侧接到直流电网，它是直流输电系统中最重要的环节。站内装设有换流器、换流变压器、平波电抗器、换流站交流滤波装置、换流站直流滤波装置和直流输电系统控制装置等交、直流变换设备和必要的辅助设备与设施。换流站中主要电气设备包括以下几种：① 换流器。换流器分整流器和逆变器，分别用来完成交流—直流和直流—交流转换。② 换流变压器。向换流器提供交流功率或从换流器接受功率的变压器。③ 交流断路器。将直流侧空载的换流装置投入交流电力系统或从其中切除；当换流站主要设备发生故障时，在直流电流的旁路形成后，可用它将换流站从交流系统中切除。④ 直流电抗器。其又称为平波电抗器，主要作用是抑制直流过电流的上升速度，并用于直流线路的滤波，同时对于沿直流线路向换流站入侵的过电压也将起到缓冲作用。⑤ 阻尼器。并联于换流器阀的阻尼器，主要用来阻尼阀关断时引起的振荡，抑制过电压，线路阻尼器用于阻尼线路在异常运行情况下发生的振荡。⑥ 滤波器。其主要作用是对交流侧和直流侧进行滤波。装于交流侧的称为交流滤波器，装于直流侧的称为直流滤波器。交流滤波器除了对交流侧进行滤波外，还可为换流站提供一部分无功功率。⑦ 无功补偿装置。换流器在运行时需要消耗无功功率，除了滤波器提供部分无功功率外，其余则由安装在换流站内的无功补偿装置（包括电力电容器、同步调相机和静止补偿器）提供。逆变站的无功补偿装置，一般还应供给部分受端交流系统负载所需要的无功功率。另外，无功补偿装置可兼作电压调节之用，静止补偿器和装有快速励磁调节器的同步调相机也有助于提高直流输电系统的电压稳定性。⑧ 过电压保护器。其作用是保护站内设备（特别是换流器）免受雷击和操作过电压之害。在有直流电压的接点必须装设直流避雷器。⑨ 电压互感器和电流互感器。对交流系统采用交流电压互感器和电流互感器；对直流侧需采用直流电压互感器和直流电流互感器。⑩ 接地电极。其主要作用是连接大地（或海水）回路、固定换流站直流侧的对地电位。⑪ 调节装置。根据系统的运行情况，自动控制换流器的触发相位，调节直流线路的电压、电流和功率。⑫ 继电保护装置。检测换流站内设备（特别是换流器）和直流线路的故障，并发出故障处理的指令。⑬ 高频阻塞装置。抑制换流器在换相过程中所引起的无线电干扰。

换流器与换流变压器组合成换流单元，是实现直流电和交流电相互转换的基本单元；直流电抗器和滤波器是分别作为交直流换流系统中抑制过电压、过电流和抑制谐波的主要设备，保证了换流站的平稳运行，而辅助设备以及辅助电路保证了换流站的安全运行。

1. 换流单元

（1）换流器

直流输电所用的换流器通常采用由 12 个（或 6 个）换流阀组成的 12 脉动换流器（或 6 脉动换流器）。换流阀是直流输电为实现换流所用的三相桥式换流器中的桥臂，是电力电子元件串联组成的桥臂主电路及其合装在同一个箱体中的相应辅助部分的总称。直流输电所采用的换流阀有汞弧阀和晶闸管阀（也称可控阀）两种。

汞弧阀是一种具有汞弧阴极的真空离子器件，通过汞蒸气的电离来实现单向导电。由于汞弧阀在运行中会产生逆弧、熄弧等故障，阳极与阴极的温度有不同的要求以及安装、维护比较复杂等原因，目前已不再采用。

晶闸管阀由许多规格相同的晶闸管元件串联而成，作为电网换相换流器。目前的直流输电工程绝大多数均采用这种电网换相换流器，所采用的晶闸管有电触发晶闸管（ETT）和光直接触发晶闸管（LTT）两种。直流输电所用的换流阀大多采用空气绝缘、水冷却、户内式结构。

晶闸管阀的特点是不会发生逆弧，可靠性高；无须预热与复杂的温度控制和真空技术；维修简便；电子器件价格与常规电工器件比较有相对降低的趋势；由于晶闸管阀是由众多的晶闸管元件串联而成，阀的额定电压选择有很大的自由度；省去采用汞弧阀所需的旁通阀，也延长了换流变压器的使用年限。与汞弧阀相比，晶闸管阀还具有不需要真空装置、装配室等辅助设施，甚至可以装设于户外。目前在直流输电工程中，汞弧阀已被晶闸管阀所替代。

晶闸管的特性主要取决于所采用的晶闸管元件的特性，晶闸管的芯片直径现已达到 100mm 以上，有效面积达 $60cm^2$ 以上，能承受的电压和电流分别达 6kV 和 4kA 以上。

晶闸管阀按绝缘方式分为空气绝缘阀和油浸式绝缘阀两类：按冷却方式分为风冷、油冷和水冷；按安装地点分为户内式和户外式。一般空气绝缘阀为户内型，油浸绝缘阀为户外型，各有其优缺点。为了缩小阀的体积，使整个换流站更加紧凑，目前已开发了新型的 SF_6 绝缘氟里昂冷却阀。

晶闸管阀是由数十个至上百个晶闸管元件串并联组成，其元件的额定值和它的串并联数，是阀设计的基本参数。在阀的设计中，通常用电压设计系数（VDC）和电流设计系数（CDF）作为选择晶闸管串并联数的依据。其和 CW 的表示式为：

VDC ＝元件的额定电压 / 元件串联数 / 阀的额定电压

CDF ＝元件的额定电流 × 元件串联数 ×3/ 阀的额定电流

在晶闸管元件的选择中，*VDC* 和 *CDF* 一般取值在 3 ~ 4 的范围内。

显然，采用额定值大的元件，可以减少元件的串并联数，也可相应地减小和简化阀的控制、均压等组件，从而降低阀的造价。

(2) 换流变压器

连接换流桥和交流系统之间的电力变压器叫换流变压器，其为换流桥提供一个中性点不接地的三相换相电压，它和普通电力变压器在结构上基本相同。换流变压器在直流输电系统中的作用有：① 传送电力。② 把交流系统的电压变换到换流器所需的换相电压。③ 利用变压器绕组的不同接法，为 12 脉动换流器提供两组幅值相等、相位相差 30° （基波电角度）的三相对称的换相电压。④ 将直流部分与交流系统相互绝缘隔离，以免交流系统中性点接地和直流系统中性点的接地造成短路故障。⑤ 换流变压器的漏抗可起到限制故障电流的作用。⑥ 对沿着交流线路侵入换流站的冲击过电压波起缓冲抑制的作用。

由于换流变压器的运行特性与换流阀通断而造成的非线性密切相关，它在短路电抗、绝缘、谐波、直流偏磁、有载调压等方面与普通电力变压器有不同的特点和需求。

短路电抗。当换流器的阀臂发生绝缘破坏事故时，造成换流变压器的桥侧短路，

而换流器的换相过程实际上就是换流器二相短路过程。为了防止过大的短路电流通过当时正导通着的健全阀而损坏它的元件，所以换流变压器应具有足够大的漏电抗来限制短路电流。但换流变压器的漏电抗也不宜选择得过大，否则换流器在运行中消耗的无功功率将增加，还需要加大无功补偿设备的容量。此外直流电压中换相压降也将过大，因此换流变压器短路电抗的选择要兼顾到这两方面，一般取值为 15% ~ 20%。

绝缘。换流变压器阀侧绕组和套管是在交流和直流电压同时作用下工作的，当直流电压极性迅速变化时，会使油绝缘受到很大的电应力。为解决这个问题，要使用电阻率较低的绝缘纸。为避免在雨天直流电压作用由于不均匀湿闪而造成的闪络故障，作为阀侧绕组外绝缘的套管均需伸入阀厅。

谐波。换流变压器漏磁的谐波分量会使变压器的杂散损耗增大，有时可能使某些金属部件和油箱产生局部过热现象。因此，在有较强漏磁通过的部件要用非磁性材料或采用磁屏蔽措施。

直流偏磁。如果换流器触发相所用的时间间隔不相等，则交流相电流的正负半波不同，它的平均值将不等于零。也就是说相电流中存在着直流分量，这一直流分量流过换流变压器桥侧绕组时，将产生直流磁化现象（也称直流偏磁）。当铁芯周期性饱和，发出低频的噪声，它的频率只有正常励磁情况下的变压器噪声频率的一半式，可以把这种低频噪声作为换流变压器发生直流磁化的征兆。与此同时，变压器的损耗和温升也将增加。因而，换流变压器铁芯正常运行的磁通密度要设计略小一些。

有载调压。换流变压器应具有较多的有载调压分接开关，利用分接开关可使直流输电系统经常运行在最佳状态，换流器触发角运行在适当的范围内，以兼顾到运行的安全性和经济性。分接开关调压范围一般为 ± 15%，每档调节量为 1% ~ 3%，以达到分接开关调节和换流桥触发控制联合工作，做到既无调节死区，又可避免频繁往返动作。

2. 直流电抗器

直流电抗器也称平波电抗器，一般串接在每个极换流器的直流输出端与直流线路之间，主要起抑制直流线路电流和电压脉动的作用。其结构按绝缘和冷却方式的不同，有油浸式和干式两种；按磁路结构不同有空芯式和铁芯式两种。空芯电抗器的电感值基本是线性的，而铁芯电抗器则有较大的非线性度，在小电流时电感值较大，可减少直流电流间断的可能性。

直流电抗器的主要作用：① 限制直流系统发生事故时直流电流的上升率，以避免事故的扩大。② 抑制直流侧脉波的谐波分量，减小对临近高频通道的干扰。③ 防止直流低负荷时直流电流间断以及引起过电压现象的出现。④ 对于沿直流线路向换流站入侵的过电压起缓冲的作用。

为了达到上述目的，直流电抗器的电感量越大越好。但是直流电感太大，运行时又容易产生过电压，同时电磁惯性太大，也会对自动控制响应迟钝。一般在已建的直流工程中，直流电抗器的电感值为0.4～1.5H。

直流电抗器的设置和接线方式有多种：① 一般方式是将直流电抗器串接在一个极中，处于高电位。②T 接法是将直流电抗器分为两半，中间接有直流滤波器，以增强抑制谐波和高频阻塞的作用，两个电抗器都设置在高电位。③ 将电感分为一大一小的两部分，分别串接设置在极上和换流器中性点部位的引出线上，并分别处于高电位、低电位，高压侧的电感数值较小，低压侧数值较大，既降低成本，又减小了高压侧线圈的匝间电容，增强了其高频阻塞的效果。④ 在直流输电线路是电缆线路的情况下，全部电感可设置在中性点部位。

3. 滤波器

由于换流装置交流侧的电压和电流的波形不完全是正弦波，直流侧的电压和电流也不是平滑恒定的直流，即它们都含有多种谐波分量。也就是说换流装置是一个谐波源，它将在交流侧和直流侧产生谐波电压和谐波电流。一个脉波数为 p 的换流器，在它的直流侧产生的谐波次数为 $n=kp$，在它的交流侧产生的谐波次数为 $n=kp\pm1$，其中 k 是任意正整数。大多数高压直流系统的换流器，其脉波数为 6 和 12，产生的大量谐波会使交流电网中的发电机和电容器由于谐波的附加损耗而过热，对通信设备产生干扰，使换流器的检测不稳定，还有可能引起电网中发生局部的谐振过电压。

目前，减少换流器谐波的主要方法是采用增加脉波数和装设滤波器两种。但是对于高压直流系统中的换流器，普遍认为增加脉波数到 12 以上时，将使换流站接线复杂，投资增加。所以目前在换流器的交流侧几乎都采用滤波器以限制交流谐波。而滤波器中的电容器也同时可提供换流器所需的部分无功功率。在换流器的直流侧，总是用相当大电感的串联直流电抗器来限制直流电压和电流中的谐波。对于与直流电缆相连接的换流器，它的直流侧除直流电抗器外，一般不需要装设另外的滤波装置；而对于架空线路，则需装设直流滤波器。

滤波器的分类可按其用途分为交流滤波器和直流滤波器；按连接方式可分为串联滤波器和并联滤波器；按阻抗特性分为单调谐滤波器、双调谐滤波器和高通滤波器。并联滤波器与串联滤波器相比，滤波效果较好，并联滤波器的一端接地，通过的电流只是由它所滤除的谐波电流和一个比主电路中小得多的基波电流，绝缘要求也低；在交流情况下，并联滤波器除滤波外，其中的电容器还可同时向换流器提供无功功率。因此，高压直流系统中一般都采用并联滤波器。

（1）交流滤波器

安装在换流站交流侧用来吸收换流器交流侧谐波电压、电流的装置称为交流滤波器。交流滤波器是换流站的重要设备之一，其投资占换流站总投资的5%～15%，而其中的电容器又是滤波器投资的主要部分。换流站交流滤波装置一般是由若干个单独用于吸收某些特定次数谐波的三相滤波器组并联而成，三相滤波器组内三个相同的滤波器各自接成星形。每个滤波器在一个或两个谐波频率的指定变化范围内或高频带下呈现低阻抗，使换流站交流侧对应于这些频率范围或高频带的谐波电流绝大部分流入滤波器，从而减少注入交流系统的谐波，达到降低谐波的要求。目前广泛使用的交流滤波器有单调谐滤波器、双调谐滤波器和两阶高通滤波器三种：① 单调谐滤波器。这种滤波器是由电阻及、电感 L 和电容 C 等元件串联组成的滤波电路，它在某一低次谐波（或接近低次谐波）频率下的阻抗最小。② 双调谐滤波器。这种滤波器对两种低次谐波同时具有很低的阻抗，即可同时抑制两种特征谐波，它实际上相当于两个单调谐滤波器，且具有两条相并联的支路。③ 两阶高通滤波器。这种滤波器是在一个很宽的频带范围内（如17次及以上的各次谐波频率）呈一个很低的阻抗。其对于单桥6脉波的直流系统，交流侧通常接有5次、7次、11次和13次4个单调谐波器支路和一个高通滤波器支路。

对于双桥12脉波的直流系统，正常时的谐波只有（12±1）次，所以对单调谐支路只需配置11次和13次以及高通滤波器即可。

（2）直流滤波器

虽然平波电抗器能够起到限制直流谐波的作用，但是对于架空线路，通常还需装设直流滤波器。直流滤波器定义为安装在换流站直流侧，与平波电抗器配合用以疏导和抑制直流侧谐波电压、电流的装置。直流滤波装置的形式与交流滤波装置基本相同，通常采用谐振于低次特征谐波频率的单调谐滤波器、高通滤波器及其组合。它与交流滤波装置主要不同点在于交流滤波装置中有较大的直流电流，而直流滤波装置中无直流电流。一般在平波电抗器不满足谐波抑制的要求时，则需装设直流滤波器，在“背靠背”直流耦合系统中和采用直流电缆电路时，无须设置直流滤波器。直流侧谐波的次数为 $n=kp$，当 $p=6$ 时，n 为6、12、18等。

4. 辅助设备以及辅助电路

（1）站用电系统

换流站的站用电系统与交流变电站站用电系统基本相同，一般有380/220V三相交流和220V或110V直流。直流一般由蓄电池提供，但可靠性要求和抗干扰要求都比变电站的要高。

换流站对站用电的可靠性要求包括三点：① 换流阀控制、调节、远动及触发脉冲装置必须不间断地连续工作，不允许站用电的瞬间中断。② 对一些特殊设备，例如，有些直流电压互感器、直流电流互感器以及采用交流助磁的交流供电电源，也必须采用连续可靠的供电系统。③ 对于换流阀冷却系统的各种用电装置，如风机、水泵等，一般允许采用交流双电源自动投入备用电源的供电系统。

对于换流阀的控制、调节、远动（包括通信通道）及触发脉冲均为弱电系统，为确保其稳定可靠地工作，在供电系统上必须严格采取防干扰的措施，如采用与外界屏蔽的独立电源供电。

(2) 换流阀冷却系统

换流阀的冷却介质有空气、水、油及氟利昂冷却介质等。为了保证冷却介质高度的可利用率，冷却装置必须按直流极数或更小的单元来划分，同时冷却回路中的各种设备必须有足够的备用台数与容量。当今世界上采用空气冷却和水冷却换流阀的较多，随着单阀容量的增大，水冷却换流阀有增多的趋势。

(3) 换流阀的辅助电源

用单相变压器把汞孤阀所需要的辅助电力变换到阀电位。由于它既向负偏压供电，又向励弧器电弧供电，因此必须高度可靠，特别是在交流故障情况下更应如此。随着交流故障而出现的电压下降，必须在规定的时间限度以内不引起汞孤阀的误操作。晶闸管阀的一个很大的优点是不需要辅助电力供阀，所以不会发生上述的问题。

(4) 操作及保护回路

无论是手动操作还是自动操作，目的都是企图改变工作状态，同时希望新状态能不受任何环境的影响而一直保持到发布下一操作指令为止。为避免发生虚假的状态变化而取消这种操作的情况（例如，由整流运行方式变成逆变运行方式，或由关断变成导通），换流器要靠换向继电器来保持所给的命令。

直流输电终端站中的保护、操作、测量和控制回路的公用设备，通常要比其他装置中的公用设备多，这就要求保护回路的中间连接部件有更严格的可靠性。电压测量中只装一只共用电阻器，测量电流用的直流互感器也不是双联的，与交流互感器不一样。

(5) 接地网

换流站中各种设备的保护接地方式基本与交流变电站的相同。但对工作接地有特殊要求。换流站的工作接地可分为直流输电接地、电极接地和电位接地。电位接地是否可与换流站总接地网相连，需要核算直流接地短路电流通过换流变压器中性点时是否会引起换流变压器的磁偏，必要时可与总接地网分开，或在换流变压器中性点接地回路中串接电阻与换流站的直流电位接地一般是引出独立的接地极，以分散接地短路电流，然后再与换流站总接地网相连。

（6）通信

换流站之间信息交换非常重要，要求供给辅助电力，这种设备在很大程度上要双重配备，配备的程度要依据载波通道本身双重配备的性质而定。如果通信出了故障，则两侧应具备记忆功能，一边保持住瞬间控制状态；另一边改用一种临时而不太灵活的控制方法，这种方法能在短期内取代通信通道的作用。

（二）直流输电线路

直流输电线路是直流输电系统的重要组成部分。直流输电之所以在经济上具有竞争力，是因为直流输电线路的经济指标优于交流输电线路。

就基本结构而言，直流输电线路可分为架空线路、电缆线路、架空—电缆混合线路三种类型，它们分别用于不同的场合。另外，以大地或海水作为廉价和低损耗的回流电路，也已得到广泛的应用。

1. 直流架空线路

按构成方式的不同，直流架空线路可分为三种基本类型：

（1）单极线路。只有一极导线，一般以大地（海水）作为回流电路。

（2）同极线路。具有两根同极性导线，同时也利用大地（海水）作为回流电流。

（3）双极线路。具有两根不同极性的导线，有些采用大地（海水）回流，也有一些采用金属回流。当两极导线中的电流相等时，回流电路中就没有电流；如果一极导线发生故障，另一极导线仍可利用回流电路继续运行。

2. 直流电缆线路

在许多场合必须采用电缆线路，成为选用直流输电的决定性因素。由于特殊原因（例如，需要跨越水域、难以解决架空线路走廊用地问题等）而不得不采用电缆来送电时，往往需要采用直流输电。

目前实际使用的高压直流电缆有下列几种：黏性浸渍绝缘电缆、充油电缆、充气电缆和挤压塑料电缆。一般额定电压在250kV及以下者均采用价格比较便宜的黏性浸渍绝缘电缆；超过250kV时，大多采用充油电缆。

3. 大地回路

直流输电的回路电路有两种基本类型，即金属回路和大地（海水）回路。利用大地作为回流电路具有下列好处：① 和同样长度的金属回路相比，大地回路具有较小的电阻和较小的损耗。② 采用大地回路，就可以根据输送容量的逐步增大而进行分期建设。第一期可以先按一极导线加大地回路的方式作单极运行，第二期再建设另一极导线，使之成为双极线路。③ 在双极线路中，当一极导线或一组换流器停止工作时，仍可利用另一极导线和大地回路输送一半或更多的电力。

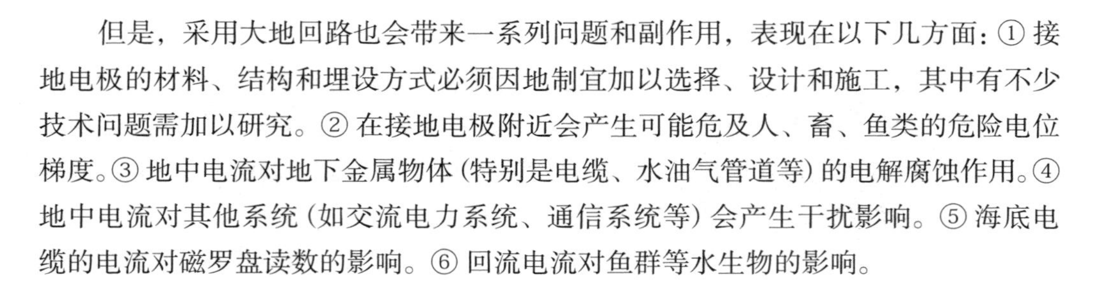
但是，采用大地回路也会带来一系列问题和副作用，表现在以下几方面：① 接地电极的材料、结构和埋设方式必须因地制宜加以选择、设计和施工，其中有不少技术问题需加以研究。② 在接地电极附近会产生可能危及人、畜、鱼类的危险电位梯度。③ 地中电流对地下金属物体（特别是电缆、水油气管道等）的电解腐蚀作用。④ 地中电流对其他系统（如交流电力系统、通信系统等）会产生干扰影响。⑤ 海底电缆的电流对磁罗盘读数的影响。⑥ 回流电流对鱼群等水生物的影响。

三、直流输电系统的控制和运行特征

（一）直流输电系统的控制框架

直流输电的一个重要优点就是通过各种控制和调节元件对直流系统实现多种快速的调节。直流输电系统在稳态正常运行方式下的运行参数主要是两端的直流电压、直流电流和输送功率。在运行中，各种因素的变化（如负荷的变化、电压的波动以及各种扰动）都会使上述运行参数发生变化。总控制是高压直流输电控制系统的一部分，它的主要作用是对直流系统的每一个换流站提供该站控制系统所需的输入指令，使直流输电系统按设计要求运行（如实现功率、频率或电流的控制）。

站控制是构成一个完整的整流站或逆变站的控制、监视和保护系统的公共部分，它对换流站内每一个极（正极、负极）提供互相协调的被调量指令，如电流或功率指令等。极控制是使换流站内每一个极的各个换流器单元（又称换流桥）的控制系统互相协调，使提供的被调量输出只产生最小的谐波量。桥控制用于控制构成换流器的每个阀的触发相位。所有设计的直流输电系统的各种运行控制特性，最终是通过桥控制来实现的。因此，桥控制是构成直流输电控制系统的重要单元，通常包括以下几种：① 脉冲相位控制装置：用来产生触发换流阀的控制脉冲。② 换流桥监视装置：用来测量、记录和显示与换流桥有关的重要电气量、机械量和热量的参数。③ 换流桥保护装置：用来保护换流桥有关部件，以防止由于异常工况或事故而造成损害。z④ 换流桥程序控制装置：用来使换流桥的相位控制装置、监视和保护装置的工作协调起来，并且能够在运行工况发生变化时，对换流桥进行有关的程序控制。

（二）直流输电系统的控制方式

直流输电系统基本的控制方式有定电流控制、定电压控制、定越前角 β 控制、定熄弧角 γ 控制和定延迟角 α 控制等。

1. 定电流控制

定电流控制是将换流器直流电流维持在整定值的控制方式。其作用是保持电流

恒定，防止故障电流过大或避免因直流电流过小而发生间断。

2. 定电压控制

定电压控制的基本原理与定电流控制相似，只是反馈信号改变为直流电压。在这种控制系统的作用下，是以维持直流电压等于整定值为目标。

3. 定触发角控制

定触发角控制又分为两种情况：对于整流器而言，为定延迟角控制（定 α 角控制）；而对逆变器而言，为定越前角控制（定 β 角控制）。

4. 定熄弧角 γ 控制

在实际应用中，逆变器的控制方式并不是以 β，而是以熄弧角 γ 作为控制对象。所以定熄弧角 γ 控制是逆变器最常用的控制方式，由于 $\beta=\gamma+\mu$，所以控制了 γ 也就等于控制了 β。

5. 功率控制和频率控制

由于直流输电线路需要按计划输送一定的功率，如果直流输电只设计定电流控制，那么在两侧交流系统电压波动不大时，基本上能满足定功率输送的要求；如果两侧交流系统电压波动较大时，则必须装设定功率控制来满足要求。

（三）高压直流输电运行方式

直流输电工程的运行方式是指在运行中可供运行人员进行选择的稳态运行的状态。运行方式与工程的直流侧接线方式、直流功率输送方向、直流电压输出方式以及直流输电系统的控制方式有关。直流输电工程的运行方式是灵活多样的，运行人员可利用这一特点，根据工程的具体情况以及两端的交流系统的需要，合理地选择运行方式，可有效地提高运行的可靠性和经济性。

1. 运行接线方式

对于双极两端中性点接地的直流输电工程，当一极停运后，可供选择的单极接线方式有以下三种。三种接线方式的运行性能和对设备的要求不同。

（1）单极大地回线方式

要求非故障极两端换流站的设备和直流输电极线完好，两端接地极系统完好；两端换流站的故障极或直流线路的故障极可退出工作，进行检修。运行电流的大小和运行时间的长短受单极过负荷能力和接地极设计条件的限制。这种运行方式的线路损耗，比双极方式一个极的损耗略大，其直流回路电阻增加了两端接地极引线和接地极的电阻。

（2）单极金属回线方式

除要求非故障极两端换流站的设备及直流输电极线完好外，还要求故障极的直

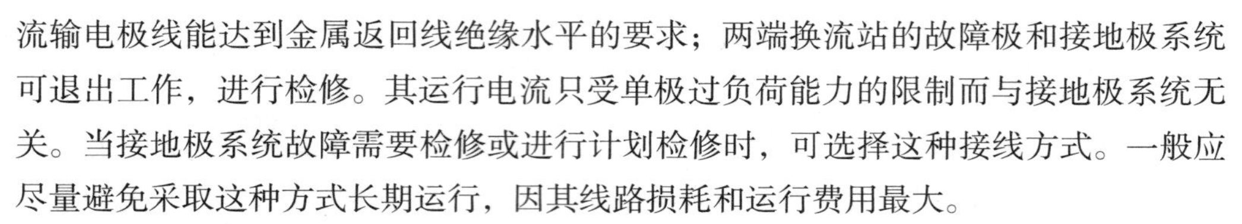

流输电极线能达到金属返回线绝缘水平的要求；两端换流站的故障极和接地极系统可退出工作，进行检修。其运行电流只受单极过负荷能力的限制而与接地极系统无关。当接地极系统故障需要检修或进行计划检修时，可选择这种接线方式。一般应尽量避免采取这种方式长期运行，因其线路损耗和运行费用最大。

(3) 单极双导线并联大地回线方式

要求非故障极两端换流站的设备完好，两极直流输电线路均完好，两端接地极系统完好；两端换流站的故障极可退出工作，进行检修。因此，这种接线方式只有当两端换流站只有一个极设备故障，而其余的直流输电系统设备均完好时，才有选择的可能性。其运行电流的大小和运行时间的长短受单极过负荷能力和接地极设计条件的限制。这种接线方式是此类工程单极运行时最经济的接线方式。其线路损耗约为双极运行时一个极损耗的 1/2，其直流回路的电阻略大于单极电阻的 1/2。

双极两端中性点接地的直流输电工程，当一极故障停运而转为单极运行时，有时需要进行单极大地回线和金属回线方式的相互转换。为了减少直流输电工程停运对两端的交流系统的影响，提高运行的可靠性和可用率，这种接线方式的相互转换，可通过大地回线转换开关（GRTS）和金属回线转换断路器（MRTB)，在直流输电不停运的状况下带负荷切换。

2. 全压与降压运行方式

直流输电工程的直流电压，在运行中可以选择全压运行方式 (额定直流电压方式) 或降压运行方式。降压运行方式是直流输电工程在恶劣的气候条件或严重污秽的情况下，为了降低输电线路的故障率，提高输电的可靠性和可用率，而采用的一种正常运行方式。由于直流输电工程的直流电压可以通过控制系统 (改变触发角 α) 以及换流变压器的抽头调节快速方便地进行控制，使降压运行很容易实现。降压幅值太小，则起不到降压后提高可靠性和可用率的作用；降压幅度太大，则导致直流输电在大触发角下运行，将使直流输电的运行条件变坏，同时也将使换流站的造价升高。根据多年的运行经验，通常降到额定直流电压的 70% ~ 80% 为宜，此时的触发角 α 为 40° ~ 50° 。

在运行中对全压方式和降压方式的选择原则是能全压运行时则不选择降压运行。因为在输送同样功率的条件下，直流电压的降低会使直流电流按比例相应的增加，将使输电系统的损耗和运行费用升高。因此，为了使直流输电工程在最经济的状态下运行，其直流电压应尽可能地高。另外，在降压方式下，直流输电系统的最大输送功率将降低。直流输送功率是直流电压和直流电流的乘积。当工程设计为降压方式的额定电流与全压方式相同时，降压方式的额定功率降低的幅度与直流电压降低的幅度相同。如果降压方式要求相应地降低直流额定电流，直流输送功率则降低得更多。例如，降压方式的直流电压选择为额定直流电压的70%，而额定直流电流不变，则降压方式的额定输送功率为全压方式的70%。如果在直流电压降低到70%的情况下，还要求直流电流也相应地降低到其额定值的70%，则此时的直流输送功率仅为全压方式的49%，即输送功率将降低一半。再者，在降压方式下换流器的触发角α增大，这将使换流站的主要设备（换流阀、换流变压器、平波电抗器、交流和直流滤波器等）的运行条件变坏。如果长时间在降压方式下大电流运行，换流站主要设备的寿命将会受到影响。

3. 功率正送与功率反送方式

直流输电工程也具有双向送电的功能，它可以正向送电，也可以反向送电。在工程设计时确定某一方向为正向送电，另一方向则为反向送电。正在运行的直流输电工程进行功率输送方向的改变称为潮流反转。利用控制系统可以方便地进行潮流反转。直流输电工程的潮流反转有手动潮流反转和自动潮流反转、正常潮流反转和紧急潮流反转。通常紧急潮流反转均是由控制系统自动地进行，而正常潮流反转可以手动进行也可以自动进行。

由于换流阀的单向导电性，直流回路中的电流方向是不能改变的。因此直流输电的潮流反转不是通过改变电流方向，而是通过改变电压极性来实现。例如，对于双极直流输电工程，假定正向送电时极1为正极性，极2为负极性；而在反向送电时，则极1为负极性，极2为正极性。对于单极直流输电工程，如正向送电时为正极性，反向送电时则为负极性。

潮流反转需要改变两端换流站的运行工况，将运行于整流状态的整流站变为逆变运行，而运行于逆变状态的逆变站变为整流运行。因此，对于具有潮流反转功能的直流输电工程，要求两端换流站的控制保护系统既能满足整流运行的要求，又能满足逆变运行的要求，从而增加了换流站控制保护系统的复杂性。为了满足功率反送时的要求，有时需要扩大换流变压器的抽头调节范围以及修改整流站的无功功率配置。

（1）正常潮流反转

在正常运行时，当两端的交流系统的电源或负荷发生变化时，要求直流输电进行潮流反转。这种类型的潮流反转通常由运行人员进行操作，也可以在设定的条件下自动进行。为了减小潮流反转对两端的交流系统的冲击，一般反转速度较慢，可以在几秒钟或更长的时间内完成。必要时也可以在反转前将输送功率逐步降低到其最小值，反转后再将输送功率逐步升高。

（2）紧急潮流反转

当交流系统发生故障，需要直流输电工程进行紧急功率支援时，则要求紧急潮流反转。此时，反转的速度越快则对系统的支援性能越好。直流输电的潮流反转是直流电压极性的反转。在直流电压一定的情况下，潮流反转需要的时间主要取决于直流线路的等值电容，即直流电压由额定值降到零以及由零又升到其反向额定值，在线路电容上的放电时间和充电时间对于架空线路来说通常在几个周期内即可完成(数百毫秒)。对于直流电缆线路，为了防止当电压极性反转较快时对电缆绝缘产生的损伤，反转速度需要受到限制。

4. 双极对称与不对称运行方式

双极对称运行方式是指双极直流输电工程在运行中两个极的直流电压和直流电流均相等的运行方式，此时两极的输送功率也相等。双极直流输电工程在运行中两个极的直流电压或直流电流不相等时，均为双极不对称运行方式。

(1) 双极对称运行方式

双极对称运行方式有双极全压对称运行方式和双极降压对称运行方式。前者双极的电压均为额定直流电压，而后者双极均降压运行。全压运行比降压运行输电系统的损耗小，换流器的触发角 α 小，换流站设备的运行条件好，直流输电系统的运行性能也好。因此能全压运行时，则不选择降压运行方式。双极对称运行方式两极的直流电流相等，接地极中的电流通常小于额定直流电流的 1%，其运行条件好，长期在此条件下运行，可延长接地极的寿命。因此，双极直流输电工程在正常情况下均选择双极全压对称运行方式。这种运行方式可充分利用工程的设计能力，直流输电系统设备的运行条件好，系统损耗小，运行费用小，可靠性高。只有当一极输电线路或换流站一极的设备有问题，需要降低直流电压或直流电流运行时，才会选择双极不对称运行方式。

(2) 双极不对称运行方式

双极不对称运行方式有双极电压不对称方式、双极电流不对称方式及双极电压和电流均不对称方式。

双极电压不对称方式是指一极全压运行，另一极降压运行。在电压不对称的运行方式下，最好能保持两极的直流电流相等，这样可使接地极中的电流最小。此时由于两极的电压不等，其输送功率也不相等。当降压运行不要求降低额定直流电流时，其输送功率将按降压的比例相应降低。如果在一极降压运行之前，其直流电流低于额定直流电流，则由一极降压引起的输送功率的降低，可用加大直流电流的办法来补偿，但最多只能补偿到直流电流的最大值。

双极直流输电工程在运行中如某一极的冷却系统有问题，需要降低直流电流运行时，可考虑选择双极电流不对称运行方式。电流降低的幅度视冷却系统的具体情况而定。此时，接地极中的电流为两极电流之差值，电流降低的幅度越大，则接地

极中的电流也越大。因此电流降低的幅度以及运行时间的长短，还需要考虑接地极的设计条件。

当需要单极降压和降电流时，则形成双极电压和电流均不对称的运行方式。

第二节　特高压交流输电技术

一、特高压交流输电概述

(一) 特高压电网介绍

1. 特高压电网的发展历史

输电电压一般分为高压、超高压和特高压。国际上，高压（HV）通常指 35～220kV 的电压；超高压（EHV）通常指 330kV 及以上、1000kV 以下的电压；特高压（UHV）指 1000kV 及以上的电压。高压直流（HVDC）通常指的是 ±600kV 及以下的直流输电电压；±600kV 以上的电压称为特高压直流（UHVDC）。就我国目前绝大多数电网来说，高压指的是 110kV 和 220kV 电网；超高压指的是 330kV、500kV 和 750kV 电网；特高压指的是 1000kV 及以上交流电压和 ±800kV 及以上直流电压。特高压电网指的是以 1000kV 输电网为骨干网架，超高压输电网和高压输电网以及特高压直流输电、高压直流输电和配电网构成的分层、分区、结构清晰的现代化大电网。

电网经历了从中压电网、高压电网到超高压电网，再到特高压电网的发展历史。理论上，输电线路的输电能力与输电电压的平方成正比，输电电压提高一倍，输送功率的能力将提高 4 倍。但电网的发展历史表明，各国在选择更高一级电压时，通常使相邻两个输电电压之比等于 2，多数是大于 2，这样可使输电网的输送能力提升 4 倍以上。实践证明，以这样的电压级差构成的电网才可能经济合理，并适宜于电网的发展和服务区域范围的扩大。

电力规模经济性是输电网从高压、超高压向特高压发展的动力。高效率的大型、特大型发电机的建造和运行，以其为基础建设的特大容量规模的水电站、火电站和核电站，需要更高电压的输电网，主要是 750（765）kV 和 1000（1100）kV 电压等级的输电网，将电力从远方发电厂输送到负荷中心。大容量、远距离输电的需求促进了特高压技术的发展。特高压输电技术与超高压相比更为复杂，制约因素更多。

根据超高压电网的形成规律，特高压电网的发展将由最初的大容量、远距离输电工程或区域电网间的强联网工程开始。随着我国用电负荷的强劲增长及输电容量和规模的扩大，我国可能在跨省（区）500kV 电网之上逐步形成以实现远距离、大规模、低损耗输电为特征的特高压骨干电网。

2. 特高压电网发展目标

发展特高压输电有三个主要目标：① 大容量、远距离从发电中心（送端）向负荷中心（受端）输送电能。② 电网之间的强互联，形成坚强的互联电网，目的是更有效地利用整个电网内各种可以利用的发电资源，提高互联的各个电网的可靠性和稳定性。③ 在已有的超高压电网之上覆盖一个特高压输电网，目的是把送端和受端之间大容量输电的主要任务从原来超高压输电转到特高压输电，以减少超高压输电的距离和网损，使整个电力系统能继续扩大覆盖范围，并更经济、更可靠地运行。

3. 特高压电网的优点

根据国内外有关研究成果，采用特高压输电的主要优点是：① 提高远距离、大容量输电的效率，实现更大范围的资源优化配置。② 减少输电损耗，降低输电成本。③ 降低系统的短路电流，从而提高系统的稳定性。④ 减少输电线路走廊，降低建设输电线路征用土地的费用等。

（二）特高压电压等级的选择

通常按未来 20～30 年输电网不同的平均输送容量和不同的平均输电距离的要求，以 1～2 个电压等级进行输电能力分析，作出不同方案的每千瓦电力的输电成本曲线，以各成本曲线的经济平衡点或平衡区决定更高电压标称值。一般认为，对于 330(345)kV 电网，选用 750(765)kV，平均输电距离 300km 及以上；对于 500kV 电网，选用 1000（1100）kV，平均输送距离 500km 及以上。

经过大量的分析，普遍认为超高压电网更高一级电压标称值应高出现有电网最高电压 1 倍及以上。这样，输电容量可提高 4 倍以上，不但能与现有电网电压配合，而且为今后新的更高电压的发展留有合理的配合空间，能做到简化网络结构，减少重复容量，容易进行潮流控制，减少线路损耗，有利于安全稳定运行。

根据特高压、超高压两个电压等级之比大于 2 倍的经济合理配合和新的更高电压等级的技术成熟时间以及电力需求的发展要求，500kV 以上的特高压合理电压等级为 1000（1100）kV；750（765）kV 以上的特高压合理电压等级为 1500kV。

（三）特高压变电站的主接线

特高压线路输送的容量很大，发生故障时影响范围广，应该采用可靠性高的电气主接线方式。另外，由于特高压设备都很昂贵，因此如何通过技术经济比较，在

电气主接线的设计上，优化设计方案，使用较少的电气设备，达到最好的性能和最高可靠性，使效益投资比最大，是特高压电气主接线设计上的一个重要问题。

特高压断路器十分昂贵，在特高压变电站中，一般采用一个半断路器的电气主接线比较合适，它可以保证较高的可靠性（在每条出线或电源上总有两个断路器）。如果进出线回路数较多，还可以采用3/4断路器接线。在变电站建设初期，出线数目较少时，也可采用三角形接线过渡或环形接线方式。

（四）特高压变电站的配电装置

特高压配电装置主要可分为户外敞开式配电装置和户外气体绝缘金属封闭配电装置（GIS）两种型式。

1. 户外敞开式配电装置

特高压配电装置由于电压高，外绝缘距离大，电气设备的外形尺寸高大，使配电装置的占地面积庞大，很难布置在户内。因此特高压敞开式配电装置只能采用户外式。同时，根据占地面积大这一特点，特高压敞开式配电装置还要求采取有效措施（高压电抗器、断路器和避雷器等）限制过电压（短时工频过电压、操作过电压和雷电过电压）水平。其绝缘配合的要求，是以安装在变电站的避雷器的保护水平为基础，选取一定的裕度，保证足够的可靠性，合理地选择配电装置的绝缘水平，以此作为设计配电装置的基础。此外，在特高压敞开式配电装置中，工频电场强度、电晕及无线电干扰和可听噪声等问题都比500kV超高压更加突出。

在特高压敞开式配电装置中，为了节约用地，要重视母线及隔离开关的选型及布置方式。它们一般占地面积为整个配电装置总面积的50%～60%。一般母线布置在设备上方，双母线接线时，两组母线上下两层重叠布置。电气设备采用组合方式等也可以节约配电装置的面积。敞开式配电装置的悬式绝缘子及支柱绝缘子，要根据变电站的环境，采用不同的形式。悬式绝缘子耐受过电压的能力，一般要高于线路上的绝缘子。绝缘子串中的个数，要比线路上多，空气间隙也要比线路上大一些，以保证更高的可靠性。敞开式配电装置占地面积较大，但投资较低，适用于变电站的扩展。

2. GIS

采用GIS可大幅度压缩占地面积，在有些情况下占地面积可以减少90%甚至更多。GIS的价格较高，但由于特高压变电站的占地面积很大，采用GIS预计可以减少较多的面积，特别是在重污秽、高海拔、强地震等环境条件特别恶劣以及场地狭窄的地区会有其优越性，可以与敞开式配电装置进行经济技术比较。

按照使用条件不同，GIS也可以分为户内型和户外型。但由于特高压的面积和体积都很大，不太可能采用户内型。在 GIS 中，也可以将母线配置在金属封闭容器之外，以节约造价，这种配电装置，称为 HGIS。

二、特高压交流输电主要设备

(一) 特高压电力变压器

1000kV 特高压电力变压器是特高压交流输电网络中的关键设备之一。它的成功开发和试制将为建设全国性输电网络，实现跨区域、远距离、大容量的能源输送提供有效保障。

经过多年的技术引进、科研攻关和经验积累，国内主要变压器生产厂家对 500kV 及以下变压器的设计制造技术已基本成熟。随着西北地区 750kV 电网用 750kV 变压器的成功试制，国内变压器的设计制造技术正向新的高度发展，已具备了开发 1000kV 交流特高压变压器的能力。

电力变压器是利用电磁感应原理，将一个等级的交流电压和电流变成频率相同的另一个等级或几种不同等级的电压和电流的电器，其作用是将不同电压等级的输电线路和设备连接成为一个整体。它由一个或几个绕组套于铁芯上制成。不同绕组间通过磁链的耦合，使电能得以在不同的电回路中传递，以实现传输和分配电能的目的。构成电力变压器的基本元件是绕组和铁芯。特高压电力变压器的绕组一般都是纠结式。它是一种线匝之间交叉纠结连接的特殊连续式绕组，它的绕组中相邻的两个线匝在电气上并不直接串联，而是间隔几个线匝再串联，以增大纵向电容，改善雷电冲击波作用下绕组上的电位分布，从而提高电力变压器的耐雷电冲击能力。并联导线的根数较多时，有时也将各根导线互相交叉排列，称为插花纠结式绕组。铁芯是由芯柱、铁轭和夹件组成的电力变压器的主磁路，也是电力变压器器身的机械骨架。铁芯采用彼此绝缘的薄硅钢片叠积而成，铁芯结构形式分为芯式和壳式两种。芯式变压器中通常采用单相二柱式和三相三柱式铁芯。大容量变压器由于受运输高度的限制，有的采用单相四柱（二柱旁轭式）铁芯、单相单柱旁轴式铁芯和三相五柱（三柱旁轭式）铁芯。壳式变压器制造工艺较复杂，但具有机械强度高、漏抗小、运输高度低和耐冲击性能好等优点。

特高压电力变压器主要有发电机升压变压器（两绕组）和自耦变压器（一般采用中压的第三绕组以流通三次及其他高次谐波）两类。由于特高压输电系统的中性点都是直接接地，自耦变压器的中性点一般也是直接接地，其绝缘水平很低。自耦变压器如果需要有载调压，一般都在中性点调压。发电机升压变压器不需要有载调压装置，甚至不设无载调压分接头，以简化特高压大型变压器的结构。

特高压电力变压器的特点如下：① 容量很大，一般三相容量都在 1000MVA 以上，甚至达到几千兆伏安。② 绝缘水平高。基准绝缘水平（雷电冲击绝缘水平）高，一般在 1950～2250kV 或更高。③ 由于容量大和绝缘水平高，其质量与体积必然很大。④ 设计和制造时需要考虑运输的条件，一般为单相结构。

特高压电力变压器对可靠性的要求高，需要考虑近年来超高压电力变压器运行中出现过的问题，如油流带电、GIS 中的特快速瞬态过电压引起变压器绕组的损坏等。

一般在研制中首先用 1∶1 的原型样品进行专门研究。特高压电力变压器一般为单相结构，它的额定容量要根据系统的要求、制造厂设计和制造能力以及设备运输、现场组装的条件进行综合平衡。由于特高压电力变压器两个绕组之间的绝缘较厚，其短路阻抗都比较高，一般都在 15% 左右。

在特高压变电设备中，变压器是最昂贵的设备。因此，都采用在靠近变压器的位置安装避雷器保护，变压器的操作和雷电冲击试验电压的取值一般比开关类设备低。另外，在特高压变压器中，多数是自耦变压器，中性点直接接地，其绝缘性能都比较低。进行外施工频电压试验时，由于中性点能够支撑的电压较低，绕组感应的电压又不能高于工作电压的 1 倍，如果外施工频电压试验电压较低，往往不能达到该试验电压。因此，工频电压试验中增加 1h 长时间试验，以模拟长时间的运行情况，同时测量设备内部的局部放电量，要保证在运行中不会被有局部放电而发展为绝缘的闪络或击穿。变压器类设备，除了规定的各种耐压试验外，还包括磁化特性，设备阻抗、损耗、振动和噪声水平的测量等。

（二）高压并联电抗器

特高压并联电抗器由于电压等级的提高和容量的增大，目前采用单相、油浸、间隙、铁芯式结构，冷却方式为油浸风冷（ONAF），由 3 台单相电抗器组成三相星形连接，通过中性点电抗器接地，该结构形式的综合经济和技术性能指标及可靠性最佳。

特高压线路的高压并联电抗器的主要用途如下：① 并联连接于电网中用以补偿容性无功。② 降低线路上的工频过电压。③ 中性点连接小电抗使单相接地时的潜供电流幅值降低而易于自灭，提高单相自动重合闸的成功率。④ 有利于消除同步电动机带空载长导线时可能出现的自励磁现象。特高压的架空线路较长，当雷击或其他原因使单相接地时，虽然故障相的断路器断开，但是由于未断开的两相对故障相的相间耦合，在接地点还会有潜供电流，需要在线路上接高压并联电抗器，并在中性点连接小电抗器补偿，使单相接地时的潜供电流幅值降低而易于自灭，提高单相接地自动重合闸的成功率。中性点接地电抗器按加速潜供电弧熄灭的要求和抑制谐振过电压的要求来选择。按 IEC 推荐，潜供电流不应大于 20A。

特高压并联电抗器分为容量固定（非可控）的并联电抗器和容量可变化的可控并联电抗器两种。

1. 容量固定（非可控）的并联电抗器

容量固定的特高压并联电抗器一般使用单相的油浸式电抗器。结构上多为带气隙的铁芯式。带气隙的铁芯由硅钢片叠成的铁芯饼组装而成，饼间用弹性模数很高的硬质垫块（通常用陶瓷或石质小圆柱）与铁饼黏结形成气隙。铁芯饼多采用扇形叠片组装的径向辐射形式，以防止向外扩散磁通中的一部分垂直进入叠片而引起涡流过热。绕组多采用纠结式，绕组与铁芯间装设若干层铝箔静电围屏。

2. 容量可变化的可控并联电抗器

可控电抗器主要有可控饱和并联电抗器（CSR）、自饱和并联电抗器（SR）、晶闸管控制并联电抗器（TCR）和晶闸管控制变压器（TCT）等类型。除 CSR 的响应时间较长外，其他的动态响应时间很短，均在 20ms 以下。

在晶闸管控制电抗器（TCT）的接线图中，高压绕组 1 和低压控制绕组 2 之间的漏抗率为 100%，补偿绕组 3 接成三角形，以便为 3 次及其奇倍数的谐波电流提供通道而不注入电网。晶闸管控制电抗器的动态响应时间只有 5 ~ 10ms，但谐波和损耗都较大。另一种为磁阀式可控电抗器，它的原理为助磁式。中间铁芯柱一分为二，分别绕以上下两个绕组，中间部分交叉连接，并在四个绕组的中间部分自耦抽压和可控整流，所产生的直流助磁在两个分铁芯柱内自我闭合而不向边柱铁芯流出。此外，主铁芯柱的中间部位设有多个小截面段，小磁通时可自由通过，大磁通时达到饱和状态，从而呈磁阀形式。这种电抗器的动态响应时间较长。这些可控电抗器均有较大的谐波分量，还会增加谐波损耗，因此需要研究减少谐波和损耗的方法。

（三）特高压开关设备

高压开关设备主要用于关合及开断高压正常电力线路，以输送及倒换电力负荷；从电力系统中退出故障设备及故障线路，保证电力系统安全、正常运行；将两段电力线路以及电力系统的两部分隔开；将已退出运行的设备或线路进行可靠接地，以保证电力线路、设备和运行维修人员的安全。因此，高压开关设备是非常重要的输配电设备。

特高压开关设备的器件主要有断路器、隔离开关和接地开关等，以及由上述设备与其他电器组成的组合设备，它们在结构上相互依托，有机地构成一个整体，以完成特高压系统正常运行的任务。

1. 特高压断路器

特高压断路器是特高压输电系统中的控制和保护设备，是特高压开关设备中最主要、最复杂的设备，它能够关合、承载和开断正常回路条件下的电流，并能在规定条件下关合、承载和开断异常回路条件（如短路条件）下的电流。

特高压断路器的特点有以下几点：

（1）电压等级高，绝缘水平高

特高压断路器是目前世界上电压等级、绝缘水平最高的断路器。如意大利的断路器额定电压为1055kV；而我国、日本的断路器额定电压为100kV。特高压断路器绝缘水平之高是前所未有的，其中正式投入商业运行的我国特高压断路器基础绝缘水平为：短时工频耐受电压1100kV；雷电冲击耐受电压2400kV；操作冲击耐受电压1800kV。

（2）尺寸大，体积大，质量重，制造、安装难度大

由于特高压断路器电压等级高，绝缘水平高，特高压断路器中采用了很多大型壳体、大直径超长导体，其中壳体直径可达1.8m，长度可达7m以上，单件质量可达十几吨，而且精度要求极高，制造难度极大，给安装工作带来很大的不便。

（3）操作功率大

特高压断路器电压等级高，开断容量大，所需操作功率也相应增大。目前，特高压断路器所配操动机构的操作功率最大已达36kJ。

特高压断路器的种类很多，按不同灭弧介质分类有油断路器、空气（真空）断路器、六氟化硫（SF_6）断路器等。特高压断路器通常采用六氟化硫断路器，只有在某些地区，由于气候寒冷，六氟化硫气体可能被液化才采用压缩空气断路器。六氟化硫（SF_6）断路器的特点是工作气压较低，安全可靠性高；吹弧过程中气体在优异的灭弧封闭系统中循环使用，不排向大气，无火灾危险等。由于SF_6气体具有优异的灭弧和绝缘性能，SF_6断路器具有很多优点：断口电压高，开断能力强，允许连续开断短路电流次数多，适于频繁操作，开断容性电流可以无重燃或复燃，开断感性电流可以无截流等。近年来，在高压及超高压领域中，其已取代了压缩空气断路器，在特高压领域中更是最主要的断路器。

2. 特高压隔离开关

隔离开关是一种在分闸位置时其触头之间有符合规定的绝缘距离和可见断口，在合闸位置时能承载正常工作电流及短路电流的开关设备。隔离开关在关合位置时，能承载工作电流，但不能切除短路电流和过大的工作电流。隔离开关没有灭弧装置，因此结构比断路器简单得多，只需要考虑工作电流的发热和短路电流的动热稳定性。

它主要由绝缘瓷柱（支柱绝缘子）和导电活动臂组成。

隔离开关的结构形式按照支柱绝缘子的数量和导电活动臂的开启方式划分，一般有单柱垂直伸缩式、双柱水平旋转式、双柱水平伸缩式和三柱水平旋转式四种形式。

(1) 单柱垂直伸缩式

上半部为折叠式导电杆，下半部为一个垂直绝缘支柱，导电杆能上下活动，开断时可形成一个垂直方向的空气间隙，它可以直接布置在母线下方。

(2) 双柱水平旋转式

两个绝缘支柱分开并垂直布置，开断时其顶部活动杆在水平面内分别旋转 90°，形成一个水平方向的空气间隙，也有两个支柱成 V 形布置，即 V 形隔离开关。

(3) 双柱水平伸缩式

在一个绝缘支柱上安装静触头，另一个绝缘支柱上安装折叠式导电杆，导电杆能水平伸缩，开断时可形成一个水平方向的空气间隙。

(4) 三柱水平旋转式

三个绝缘支柱分开并垂直布置，两边绝缘支柱固定不动，中间绝缘支柱上部安装一个水平式活动导电杆，开断时它在水平面内旋转约 60° ，形成两个水平方向的空气间隙。

隔离开关的选型布置与配电装置的形式有关，直接影响配电装置的占地和结构布置。例如，母线用单柱式隔离开关，可直接布置在母线下方，以缩小配电装置的纵向尺寸，从而节省占地；反之，用双柱水平旋转式隔离开关，则要求有较大的空间距离，增加了配电装置的间隔宽度，在连接母线时又需要一定的纵向尺寸，从而增加了配电装置的占地。超高压和特高压的敞开式变电站，由于占地面积很大，为了节约面积通常采用单柱垂直伸缩式隔离开关。

在 GIS 中的隔离开关，由于分合的速度较慢，在六氟化硫气体中经常会发生重燃产生特快速瞬态引起的过电压。这种过电压振荡频率很高、波前很陡，亦称为陡波前过电压。过电压幅值虽然不高 (一般不超过 2.0 倍，有时可达 2.5 倍)，但因为频率高而使过电压波头上升的陡度大，无间隙的金属氧化物避雷器也很难保护。连接在 GIS 母线上的带绕组设备 (如变压器) 上的电压分布极不均匀，从而会损坏匝间绝缘。另外还可能造成外部的特快速瞬态过程，如产生 GIS 瞬态外壳电压，导致瞬态地电位升高，有可能造成对变电站控制、保护和其他二次设备的电磁干扰。对 GIS 的内部由于加工精度和保持清洁不够的地方，在这种陡波下也容易引起绝缘击穿，国内外都出现过不少这样的事故。为了降低这种威胁，在意大利和日本特高压的 GIS 的隔离开关上，都加上了分、合时串入的电阻，试验证明，此方法可以将过电压降低到 1.2 倍以下。

3. 特高压接地开关

(1) 敞开式特高压接地开关

敞开式特高压接地开关可以与敞开式特高压隔离开关配合使用，也可以单独使用，其结构多为垂直伸缩式。

(2) GIS 用特高压接地开关

GIS 用特高压接地开关可以与 CIS 用特高压隔离开关配合使用，也可以单独使用。

(3) 特高压快速接地开关

快速接地开关能关合额定电流，开合感应电流。

(4) 高速接地开关

高速接地开关（HSGS）的作用是帮助熄灭潜供电弧。当特高压架空线路较长，在雷击或其他原因使单相接地时，在该相的断路器断开后，由于其他两相非故障相没有断开，仍对断开相有耦合作用，接地点还会有潜供电流，需在线路上接高压并联电抗器，并在中性点连接小电抗使单相接地时的潜供电流幅值降低，从而使电弧熄灭，提高单相接地自动重合闸的成功率。这个电抗器也可以起补偿线路容性无功和降低线路上的工频过电压的作用。但特高压并联电抗器的造价很高，当线路不长，工频过电压的问题不严重，线路容性无功的补偿也可以使用价格低得多的低压电抗器时，就可以考虑使用高速接地开关来作为熄灭单相重合闸前潜供电流的措施。

高速接地开关与单相重合闸的过程如下：① 接地发生后故障点产生故障电流。② 故障相两端的断路器断开，但故障点仍存在潜供电流，它由其他两端健全相对故障相耦合产生。③ 故障相两端的快速接地开关闭合，将故障相接地，潜供电流熄灭。④ 故障相两端的快速接地开关打开。⑤ 故障相两端的线路断路器关合，重新送电。

由于重合闸的重合时间是在 1s 内进行的，所以潜供电流要在 1s 内熄灭，因此就需要快速接地开关具有很高的速度。

4. 特高压气体绝缘金属封闭开关设备（GIS）

将变电站的电气元件（变压器除外），如母线、断路器、隔离开关、电流互感器、电压互感器、母线接地开关、避雷器等，全部（或者大部分）用接地的金属密闭容器封闭在充有高于大气压的绝缘气体六氟化硫（SF_6）中的成套配电装置，简称 GIS。充注的密度大小取决于内部灭弧性能和绝缘性能的要求。GIS 内部元件只有组合在一起并充以规定密度的 SF% 时才能运行，不能拆开单独使用。在构造上，可以归纳为以下几部分：载流部件或内部导体；绝缘结构；外壳；操动系统；气体系统；接地系统；辅助回路；辅助构件。

按照使用条件不同，GIS 还可以分为户内型和户外型。户外型 GIS 不需设置厂房，可减少建设投资，但会长期受到日照雨淋，夏季温度增高，冬季（特别是严寒地带）SF_6气体可能被液化。户内型GIS运行条件优越，但由于增加了厂房、吊车、排风等设施，建设费用增加。而且由于特高压的GIS面积和体积都很大，采用户内型的可能性很小。按内部结构不同，可分为三相共箱型及分箱型。三相共箱型是将三相电器安装在同一箱体内，用绝缘支架或隔板将其隔开。这种结构可节约金属外壳材料，并可节省占地。此外，当三相电流同时流过母线时，磁力线在外壳中相互抵消，可减少涡流损失。

分箱型中各相电器单独安装在分相的金属外壳内，各相主回路有独立的圆筒外壳，构成同轴圆筒电极系统，电场较均匀，结构比较简单，绝缘问题也较容易处理，不会发生相间短路故障，制造方便；外壳数量多，金属外壳材料增多，密封环节多，涡流损耗大，占地也相应增大。但分箱结构简单，由于绝缘问题，一般330kV等级及以上的GIS都是分箱型GIS。

GIS与常规高压电器相比，其优点是可以大幅度缩小占地面积；设备带电部分全部封闭在金属外壳内，可避免高电压对环境的电磁污染；可防止人员触电伤亡；延长设备检修周期，一般在10～20年不必解体大修；设备绝缘性能不受周围大气条件影响，耐震性强，能提高运行可靠性。

（四）特高压互感器

1. 特高压电压互感器

在特高压变电站中主要使用电容式电压互感器，它又可以分为敞开式和封闭式两类。

（1）敞开的电容式电压互感器（TV）

主要在敞开式配电装置中使用。它由电容分压器和电磁单元（电磁式电压互感器）构成，一般为单相油浸式。电容分压器是由若干只电容器串联组成的，接于高压导线与地之间。从电容分压器引出的中压端子与电磁单元连接。电容分压器和电磁单元可分装成两个独立的部分，常称为分离式；也可将电容分压器叠装在电磁单元之上，常称为单柱式。分离式的结构较松散，但便于检修；单柱式的结构紧凑，检修则不便。特高压户外用独立式电压互感器建议采用分离式TV，即电容分压器与电磁单元分离，以便调试和试验。

（2）封闭的电容式电压互感器

它由电容分压器和电子放大器构成，在气体绝缘金属封闭开关设备中使用。特高压的GIS中可以采用电磁式电压互感器，也可使用TV，但GIS用TV绝缘性能更好，误差性能比独立式要好得多。

2. 特高压电流互感器

100kV 交流特高压实验示范工程用电流互感器主要安装在变压器和电抗器套管处，以及断路器、隔离开关套管处。目前 100kV 电流互感器采用套管电流互感器结构比较合适，不宜使用独立式电流互感器。在 GIS、罐式 SF_6 断路器（GCB）和变压器等设备中，电流互感器常用套管式电流互感器，使带电的导体从中间穿过，结构上就比较简单。

特高压输电线路发生故障时，故障电流中的直流分量衰减时间常数很大。为此，设计了一种无磁饱和的母线保护用空芯电流互感器线圈。

（五）特高压避雷器

特高压避雷器可以分为瓷套式避雷器和气体绝缘金属封闭避雷器（亦称罐式避雷器）两大类。瓷套式避雷器用在敞开式变电站（AIS）；罐式避雷器用在气体绝缘金属封闭变电站（GIS），是气体绝缘金属封闭开关设备的一部分。

避雷器是一种能释放过电压能量，限制过电压幅值的保护设备。通过它释放的过电压包括雷电过电压和部分内部过电压（操作过电压），所以也称为过电压限制器。使用时避雷器安装在被保护设备附近，与被保护设备并联，在正常运行电压下避雷器呈高阻抗状态，仅流过数十微安至数百微安级的阻性电流和数百微安至数毫安的全泄漏电流。当作用在避雷器上的电压达到避雷器的动作电压时，避雷器的阻抗急剧减小，处于大电流导通状态，从而快速释放过电压能量并将其两端的过电压限制在一定水平，以保护设备的绝缘。在过电压冲击波过后，即避雷器释放过电压能量后，会立即恢复到原高阻状态。目前高压以至特高压电网中使用的避雷器都是金属氧化物避雷器（MOA）。与过去的阀式（普通阀式和磁吹阀式）避雷器比较，MOA 具有保护性能好、反应速度快、通流能力大、运行安全可靠等优点。过去的阀式避雷器，在额定要求的参数下，允许的动作次数有限，而 MOA 可允许动作的次数则多得多。

（六）特高压支柱绝缘子及套管

特高压变电站中，电气设备要使用许多支柱绝缘子，特别是敞开式配电装置中，也要用许多支柱绝缘子，可以有以下四种方案选择：① 纯瓷支柱绝缘子。② 瓷柱加硅橡胶外套及伞裙。③ 全合成组合方式，目前技术尚不成熟。④ 玻璃绝缘子，国内仅用于 220kV 电压等级，国外有 800kV 的运行经验。

电气设备对外连接的引出线必须要用套管。以 GIS 和变压器为例，如果变电站的配电装置是 CIS，则需要有 GIS 与出线相连的 SF_6 气体大套管和较小的变压器与

CIS 相连的 SF_6(六氟化硫) 套管。如果是敞开式配电装置，则变压器需要有普通的大电容式套管。

特高压的套管可以有纯瓷套管和硅橡胶复合外套管两种。各种设备 (如变压器、断路器、避雷器、互感器、组合电器等) 的纯瓷套管中，难度最大的为 GIS 出线套管。CIS 出线套管可改为干式套管，瓷套尺寸可缩小。

三、特高压交流输电系统运行与过电压

(一) 特高压输电的稳定性

特高压输电的显著特点是能输送比超高压线路大得多的功率。如果特高压输电线路突然中断大功率的输送，将给受端系统造成大的功率缺额，给下一级 500kV 电网带来严重的安全运行问题。为了使包括特高压电网在内的整个电力系统安全稳定运行，通常采用双回特高压输电线路将送端系统的电力输送到远方的负荷中心。

特高压输电线路实际运行时所输送的功率和超高压输电一样，必须满足电力系统功角稳定，包括静态稳定、暂态稳定、动态稳定和电压稳定的要求。

根据特高压输电稳定性的要求和特高压输电的性能特点，从静态稳定和小干扰电压稳定考虑，特高压输电能力应满足如下稳定限制要求。

静态稳定裕度应达到 30% ~ 35%，包括送端、受端系统等值阻抗在内的等效的两端电动势的功角相应地为 44° ~ 40° 。相对于超高压输电来说，发电机的暂态电抗和特高压变压器短路电抗在整个特高压输电的系统阻抗比率值比超高压输电的大。在一般的送端、受端系统强度下，双回输电线路的输电能力为单回输电能力的 1.3 倍或小于 1.3 倍。如果单回输电线的静态稳定裕度能保持在 30% ~ 35%，则一回输电线路故障跳开后，特高压输电系统仍能保持在静态稳定极限范围之内。按照这样的静态稳定裕度确定线路的输送功率的能力，双回输电线路的静态稳定裕度还要大一些。如果采用快速继电保护和快速断路器跳开故障线路，一般来说，其暂态稳定性是可以得到保证的。

按以上稳定性原则确定的输电能力，还应将输电系统接入整个电力系统进行详细的暂态稳定、动态稳定和电压稳定仿真计算，从功角稳定和电压稳定的角度，确保特高压输电有高的可靠性。

(二) 特高压交流输电系统过电压

电力系统内部过电压是指由于电力系统故障或开关操作而引起电网中电磁能量的转化，从而造成瞬时或持续时间较长的高于电网额定允许电压并对电气装置可能

造成威胁的电压升高。内部过电压是电力系统中的一种电磁暂态现象。内部过电压分为操作过电压和暂时过电压两大类。在故障或操作时，瞬间发生的过渡过程过电压称为操作过电压，其持续时间一般在几十毫秒。在暂态过渡过程结束以后出现持续时间大于 0.1s 至数秒甚至数小时的持续性过电压称为暂时过电压。

操作过电压是由断路器及隔离开关操作和系统故障引起的暂态过渡过程，既包括断路器的正常操作，也包括各种分闸以及故障及故障切除过程引起的过电压。操作过电压具有幅值高、存在高频振荡、阻尼较强以及持续时间短等特点。操作过电压对电气设备绝缘和保护装置的影响，主要取决于其幅值、波形和持续时间。操作过电压的波头陡度一般低于雷电过电压。

暂时过电压又分为工频过电压和谐振过电压。电力系统中由于出现串联、并联谐振而产生的过电压称为谐振过电压。工频过电压的频率为工频或者接近工频。工频过电压在特高压系统中有重要影响，因为它的大小直接影响操作过电压的幅值，它是决定避雷器额定电压的重要依据，进而影响系统的过电压保护水平，可能危及设备及系统的安全运行。

潜供电流不属于过电压，但它是单相重合闸过程中产生的一种需要重视的电磁暂态现象。在特高压系统中普遍采用单相自动重合闸消除单相瞬时性故障，当线路由于雷击闪电等原因发生单相瞬时按地，故障相线路两侧断路器分闸后，由于健全相与故障相的电容和互感耦合，弧道中仍然流过一定的感应电流，称为潜供电流（或称作二次电流）。潜供电流是影响单相重合闸成功率的重要因素。

1. 工频过电压及限制措施

特高压电网工频过电压主要考虑单相接地三相甩负荷和无接地三相甩负荷两种工频过电压。影响工频过电压的因素有如下几种：① 空载长线路的电容效应及系统阻抗的影响。对于长输电线路，当末端空载时，线路的输入阻抗为容性。当计及电源内阻抗（感性）的影响时，电容效应不仅使线路末端电压高于首端，而且使线路首端、末端电压高于电源电动势，这就是空载长线路的工频过电压产生的原因之一。② 线路甩负荷效应。当输电线路重负荷运行时，由于某种原因线路末端断路器突然跳闸甩掉负荷，也是造成工频电压升高的原因之一，通常称为甩负荷效应。此时，电源容量越小，阻抗越大，可能出现的工频过电压越高；线路越长，线路充电的容性无功越大，工频过电压越高。③ 线路单相接地故障的影响。不对称短路是输电线路最常见的故障模式，短路电流的零序分量会使健全相出现工频电压升高，常称为不对称效应。系统中不对称短路故障，以单相接地故障最为常见，当线路一端跳闸甩负荷后，由于故障仍然存在，可能进一步增加工频过电压。④ 影响工频电压升高的另一个因素是甩负荷后发电机转速的增加及自动电压调节器（AVR）和调速器也会对工频过电压有所影响。甩负荷后，一方面由于调速器和制动设备的惰性，不能立即起到应有的调速效果，导致发电机加速旋转，使电动势及其频率上升，从而使空载线路中的工频过电压更为严重；另一方面由于自动电压调节器（AVR）作用，也会影响工频过电压的作用时间和幅值。

限制工频过电压可考虑采取以下措施：① 使用高压并联电抗器补偿特高压线路充电电容。线路接入并联电抗器后，由于电抗器的感性无功功率部分地补偿了线路的容性无功功率，相当于减少了线路长度，降低了工频电压升高。从线路首端看，在通常采用的欠补偿情况下，线路首端输入阻抗仍为容性，但数值增大，空载线路的电容电流减少，在同样电源电抗的条件下，降低了线路首端的电压升高。因此，并联电抗器的接入可以同时降低线路首端及末端的工频过电压。但也要注意，高抗的补偿度不能太高，以免给正常运行时的无功补偿和电压控制造成困难。在特高压电网建设初期，一般可以考虑将高抗补偿度控制在 80% ~ 90%，在电网比较强的地区或者比较短的特高压线路，补偿度可以适当降低。② 考虑使用可调节或可控高抗。重载长线路 80% ~ 90% 左右高抗补偿度，可能给正常运行时的无功补偿和电压控制造成相当大的问题，甚至影响到输送能力。解决此问题比较好的方法是使用可控或可调节高抗，在重载时运行低补偿度，这样由电源向线路输送的无功功率减少，使电源的电动势不至于太高，还有利于无功平衡和提高输送能力；当出现工频过电压时，再快速控制到高补偿度。③ 使用线路两端联动跳闸或过电压继电保护。该方法可缩短高幅值无故障甩负荷过电压持续时间。④ 使用金属氧化物避雷器限制短时高幅值工频过电压。随着金属氧化物避雷器（MOA）性能的提高，使 MOA 限制短时高幅值工频过电压成为可能。⑤ 选择合理的系统结构和运行方式，以降低工频过电压。过电压的高低和系统结构与运行方式密切相关，这在特高压线路建设和运行初期尤为重要，应高度重视。

2. 潜供电流及限制措施

特高压线路一般都采用单相重合闸，以提高系统运行的稳定水平，为了提高单相重合闸成功率，应注意重合闸过程的潜供电流和恢复电压问题。

特高压系统主要采取以下两种措施来加快电网潜供电流熄灭措施：

（1）加装高压并联电抗器

在装有合适并联电抗器的线路，为了限制潜供电流及其恢复电压，利用加装高压并联电抗器中性点电抗（又称小电抗）的方法，减小潜供电流和恢复电压。

（2）使用快速接地开关（HSGS）

这种方法是在故障相线路两侧开关跳开后，首先快速合上故障线路两侧的快速接地开关，将接地点的潜供电流转移到电阻很小的两侧闭合的接地开关上，以促使

接地点潜供电弧熄灭；其次打开快速接地开关，利用开关的灭弧能力将其电弧强迫熄灭；最后再重合故障相线路。

3. 操作过电压及限制措施

操作过电压是决定特高压输电系统绝缘水平的最重要依据。特高压输电系统主要考虑三种类型操作过电压，即合闸（包括单相重合闸）过电压、分闸过电压和线路接地或短路引起的过电压。

相当一部分限制操作过电压措施是建立在限制工频过电压基础上的，除了上述限制工频过电压措施外，主要还考虑下列可能的措施：① 金属氧化物避雷器（MOA）。它是目前国际上限制操作过电压的主要手段之一。在现阶段特高压研究中，变电站和线路侧都采用额定电压为 828kV 的 MOA。② 断路器合闸电阻限制合闸过电压。合闸时，辅助触头先合上，经过一段时间（称为合闸电阻接入时间），主触头合上，以此达到限制合闸过电压的目的。③ 使用控制断路器合闸相角方法降低合闸过电压。使合闸相角在电压过零点附近，以降低合闸操作过电压。④ 使用断路器分闸电阻限制甩负荷分闸过电压的可行性。分闸时，主触头先打开，经过一段时间（称为分闸电阻接入时间），辅助触头打开，以此达到限制分闸过电压的目的。⑤ 选择适当的运行方式以降低操作过电压。

4. 雷电过电压及保护

雷云放电会在导线或电气设备上形成过电压。雷电过电压分为直击雷过电压和感应雷过电压两类。雷电直击于电网（导线、设备等）时产生的过电压称直击雷过电压，直击雷过电压对任何电压等级的线路和设备都可能产生危险。雷击于大地或其他目的物附近的导线或电气设备上形成的过电压称感应雷过电压，感应雷过电压通常只对 35kV 及以下电压等级的线路和设备构成威胁。

对绝缘强度很高的特高压输电线路而言，雷电击中导线后，仍然很容易引起绝缘子的闪络。因此，为了防止雷直击导线，在我国 110kV 及以上架空输电线路几乎全部采用悬挂避雷线的措施。雷直击于电气设备时，如果电气设备无避雷器保护，则会出现极高的过电压，使电气设备绝缘损坏。因此电气设备必须并联避雷器以限制直击雷过电压。

根据我国大量 110 ~ 500kV 变电站多年来的运行经验，如特高压变电站采用敞开式高压配电装置（AIS）、敞开式电气设备时，可直接在特高压变电站构架上安装避雷针或将避雷线作为直击雷保护装置。

四、特高压交流输电系统绝缘配合

现代电网应具有安全、不间断运行的基本功能。衡量电网安全运行的可靠性指标包括故障次数和故障的停电时间。实践表明，在全部的停电事件中，电网电气装置（输电线路和变电站电气设备）的绝缘闪络或击穿为最主要的原因。因此，为了保证电网具有一个可以接受的可靠性指标，科学合理地选择电网电气装置的绝缘水平至关重要。

（一）绝缘的分类

1. 特高压架空输电线路绝缘的分类

特高压架空输电线路的主要绝缘介质是空气。导线与悬挂导线的杆塔之间则采用绝缘子实现导线与地之间的绝缘。因此特高压架空输电线路绝缘可分为两类：一类是导线与杆塔或大地之间的空气间隙，而另一类则是绝缘子。前者又分为四种，它们是导线对杆塔之间的空气间隙、导线之间的空气间隙、档距中间导线对地的空气间隙、档距中间导线对地面上运输工具或传动机械间的空气间隙。

2. 特高压变电站绝缘的分类

与特高压架空输电线路绝缘一样，如果特高压变电站采用敞开式高压配电装置（AIS），那么空气也是特高压变电站的主要绝缘介质。导线与悬挂导线的架构之间也采用绝缘子实现导线与地之间的绝缘。

如特高压变电站采用半封闭组合电器（HGIS）或 GIS，则其 GIS 部分除有六氟化硫（SF_6）气体绝缘和内部合成绝缘子外，GIS 还要引入、引出套管等绝缘元件。

特高压变电站电气设备，诸如电力变压器、高压并联电抗器、电流互感器等设备的内绝缘主要是油纸绝缘，这类绝缘在过电压多次作用下，会因累积效应使绝缘性能下降。一旦绝缘被击穿或损坏，将不能自动恢复原有的绝缘性能，故属非自恢复型绝缘。

（二）绝缘子

特高压输电工程对绝缘子提出了比现有绝缘子更多更高的要求，如高机械强度、防污闪、提高过电压耐受能力和降低无线电干扰等。

作为特高压架空输电线路的绝缘子，由于其悬挂的相导线根数多、截面大，加之风力、覆冰等极为苛刻的运行条件，因此必须有足够大的机械荷载能力，一般要有 210kN、330kN 和 540kN。

绝缘子运行中需要承受工作电压和操作过电压的作用，而前者与绝缘子表面的爬电距离有关，后者则与绝缘子的结构高度有关。对于特高压输电线路，其操作过电压已被限制到较低水平。因此在考虑设计特高压输电线路绝缘子时，应充分注意这一特点，以使绝缘子串在承受上述两种电气荷载的特性方面能有较好的配合。

此外，特高压输电线路工作电压高，由于无线电干扰的要求，对于特高压绝缘子球头、钢脚及其间的距离和钢帽边缘的形状和加工的粗糙度等均应精心设计和处理。

(三) 空气间隙的放电特性

空气是特高压输电工程中重要的绝缘介质之一。特高压输电工程中存在着大量的各式各样的空气间隙。空气间隙在交流工作电压、操作 / 雷电过电压作用下，呈现出不同的放电电压。空气间隙的放电电压与作用的电压种类，极性（操作 / 雷电过电压），波形（操作过电压的波头长度），构成空气间隙电极的形状、距离以及所在地区的空气气象参数等因素有关。正极性操作 / 雷电过电压作用时，空气间隙呈现出较小的放电电压。

(四) 绝缘配合

1. 惯用法

用惯用法处理绝缘配合问题时，通常是使电气设备的绝缘水平（以其耐受电压来表征）与作用的最大过电压值之间保留一定裕度，以保证电气设备运行的安全。实质上，该裕度在第四章特高压交流输电技术中是用于补偿在估计最大过电压和确定最低耐受电压时的误差。目前对电气设备非自恢复型内绝缘采用惯用法进行绝缘配合。

2. 统计法

对于绝缘子或空气间隙（以下均统称为绝缘）这类自恢复型绝缘而言，其绝缘闪络电压是一个随机变量，而且作用于绝缘的过电压也是一个随机变量。当获知它们的信息之后，即可通过概率论理论应用统计法来进行绝缘配合设计。目前，在330kV 及以上的特高压输电线路工程中，绝缘配合的统计法已被广泛地应用。

3. 半统计法

对于特高压变电站的空气间隙选择则一般采用半统计法。该方法的前提是对于操作 / 雷电过电压不再视为随机变量，而是采用变电站内安装的金属氧化物避雷器（MOA）的相应保护水平。但是对于空气间隙的放电电压则视为随机变量，且为安全起见，采用其 50% 放电电压和 MOA 的保护水平低 3 倍的空气间隙放电电压的标准偏差作为绝缘配合。此种配合方法保证了空气间隙闪络放电概率仅为 0.00135。

五、特高压交流输电的电磁作用

在特高压输电工程中，变电站所占位置相对较小，又由于站内带电导体离围墙有一定距离，在围墙外，站内带电导体产生的工频电场和磁场已衰减到很小，对外界环境的影响非常有限。而输电线路比较长，设计范围广，且处于开放状态，因此，输电线路的工频电场和工频磁场对环境的影响将是考虑的重点。

空间某点电场强度值与每根导线上电荷的数量以及该点与导线之间的距离有关；导线上电荷的多少，除与所加电压有关外，还与导线的几何位置及其尺寸有关。因此，导线的布置形式、对地距离和相间距离、分裂根数以及双回路时两回路间电压的相序等，都直接影响线下电场强度的分布和大小。

（一）地线的影响

接地的地线对电场强度的影响与地线离相导线的距离以及相导线离开地面的高度有关。而对于单回路水平排列的交流输电线路的电场强度，没有架空地线时的地面电场强度比有地线时增加 1.3% ~ 2%，影响很小。

（二）导线离地高度的影响

电场强度随导线离地高度的增加而减小，这与超高压输电线路的情况一样。利用这一关系，可以通过抬高导线对地高度来减小地面电场强度。随着导线对地距离的增加，电场强度减小的程度逐渐缓慢。因此，当导线对地距离增加到一定程度，再靠抬高导线来减小地面附近的电场强度，经济投入会比较大。

（三）分裂导线的根数、分裂间距和导线直径的影响

减小分裂导线的根数，能比较明显地减小地面场强，但可能使导线表面场强增大，使无线电干扰和可听噪声增加。

（四）导线布置形式的影响

在单回路的两种排列方式中，三角形排列对减小最大场强和高场强区的效果较好；在双回路的两种排列方式中，逆相序排列对减小最大场强和高场强区的效果较好。在线路设计中选择导线布置方式时，在单回路中采用三角形布置，在双回路中采用逆相序布置，对减小线下最大场强和节省线路走廊都有利。需要指出，在双回路中，采用逆相序布置导线时，会使导线表面场强有所增加，这将使无线电干扰、可听噪声和电晕损失稍有增加，在线路设计时应该综合考虑。

可以采取以下措施减小交流特高压输电线路下的电场：调整导线离地高度、相间距离、分裂导线结构尺寸、相导线的布置方式等。研究表明，在这几种方式中，要减小线下空间场强，以适当增加导线对地高度最为有效。靠减小相间距离来减小场强，将受到绝缘的限制，效果也不如适当增加导线对地高度明显。减小分裂导线

数目虽能减小线下场强，但可听噪声、无线电干扰水平却有所增加。对于单回线路，采用倒三角形布置；对于双回线路，采用逆相序排列，可减小线下场强和节省线路走廊。

第四章　建筑配管配线工程

第一节　建筑电气施工基础知识

一、建筑电气安装工程施工三大阶段

建筑电气安装工程是依据设计与生产工艺的要求，按照施工平面图、规程规范、设计文件、施工标准图集等技术文件的具体规定，按照特定的线路保护和敷设方式将电能合理分配输送至已安装就绪的用电设备上及用电器具上；通电前，经过元器件各种性能的测试，系统的调整试验，在试验合格的基础上，送电试运行，使之与生产工艺系统配套，使系统具备使用和投产条件。其安装质量必须符合设计要求，符合施工及验收规范，符合施工质量检验评定标准。

建筑电气安装工程施工，通常可分为三大阶段，即施工前准备阶段、安装施工阶段、竣工验收阶段。

(一) 施工前准备阶段

施工前的准备工作是保证建设工程顺利地连续施工，全面完成各项经济指标的重要前提，是一项有步骤、有阶段性的工作，不仅体现在施工前，而且贯穿施工的全过程。施工前的准备工作内容较多，但就其工作范围，一般可分为阶段性施工准备和作业条件的施工准备。所谓阶段性施工准备，是指工程开工之前所做的各项准备工作。所谓作业条件的施工准备，是为某一施工阶段，某一分部、分项工程或某个施工环节所做的准备工作，其是局部性的、经常性的施工准备工作。为保证工程的全面开工，在工程开工前起码应做好以下几方面的准备工作:

1. 主要技术准备工作

(1) 熟悉、会审图纸

图纸是工程的语言，是施工的依据，开工前，首先应熟悉施工图纸，了解设计内容及设计意图，明确工程所采用的设备和材料，明确图纸上所提出的施工要求，明确电气工程和主体工程及其他安装工程的交叉配合，以便及时采取措施，确保在施工过程中不破坏建筑物的结构和美观，不与其他工程发生位置冲突。

(2) 熟悉和工程有关的其他技术材料

如施工及验收规范，技术规程，质量检验评定标准及制造厂提供的技术文件，即设备安装使用说明书、产品合格证、试验记录数据表等。

(3) 编制施工方案

在全面熟悉施工图纸的基础上，依据图纸并根据施工现场情况、技术力量及技术装备情况，综合制定合理的施工方案。施工方案的编制内容主要包括：① 工程概况。② 主要施工方法和技术措施。③ 保证工程质量和安全施工的措施。④ 施工进度计划。⑤ 主要材料、劳动力、机具、加工件进度。⑥ 施工平面规划。

(4) 编制工程预算

编制工程预算就是根据批准的施工图纸，在既定的施工方法的前提下，按照现行的工程预算编制的有关规定，按分部、分项的内容，把各工程项目的工程量计算出来，再套用相应的现行定额，累计其全部直接费用（材料费、人工费）、施工管理费、独立费等，最后综合确定单位工程的工程造价和其他经济技术指标等。

通过施工图预算编制，相当于对设计图纸再次进行严格审核，若发现不合格的问题或无法购买到的器材等，可及时提请设计部门予以增减或变更。

2. 机具、材料的准备

根据施工方案和施工预算，按照图纸制订机具、材料计划，并提出加工订货要求，各种管材、设备及附属制品零件等进入施工现场，使用前应认真检查，必须符合现行国家标准的规定，技术力量、产品质量应符合设计要求，根据施工方案确定的进度及劳动力的需求，有计划地组织施工。

3. 组织施工

根据施工方案确定的进度及劳动力的需求，有计划地组织施工队伍进场。

4. 全面检查现场施工条件的具备情况

准备工作做得是否充分将直接影响工程能否顺利进行，直接影响进度及质量。因此必须十分重视，并认真做好。

(1) 技术交底使用的施工图必须是经过图纸会审和设计修改后的正式施工图，满足设计要求。

(2) 施工技术交底应依据现行国家施工规范强制性标准，现行国家验收规范，工艺标准，国家已批准的新材料、新工艺进行交底，满足客户的需求。

(3) 技术交底所执行的施工组织设计必须是经过公司有关部门批准了的正式施工组织设计或施工方案。

(4) 施工交底时，应结合本工程的实际情况有针对性地进行，把有关规范、验收标准的具体要求贯彻到施工图中，做到具体、细致，有必要时还应标出具体数据，

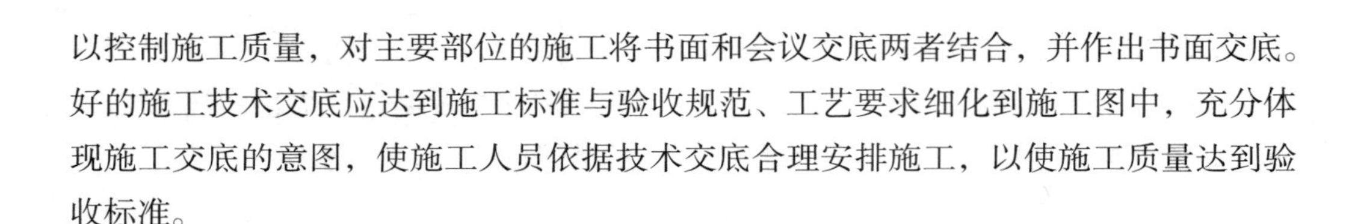

以控制施工质量，对主要部位的施工将书面和会议交底两者结合，并作出书面交底。好的施工技术交底应达到施工标准与验收规范、工艺要求细化到施工图中，充分体现施工交底的意图，使施工人员依据技术交底合理安排施工，以使施工质量达到验收标准。

（二）安装施工阶段

建筑电气工程施工是与主体工程（土建工程）及其他安装工程（给水排水管道、工艺管道、采暖通风空调管道、通信线路、消防系统及机械设备等安装工程）施工相互配合进行的。所以，建筑电气工程图与建筑结构图及其他安装工程图不能发生冲突。例如，线路走向不仅与建筑结构的梁、柱、门窗、楼板的位置、走向有关，还与管道的规格、用途、走向有关，安装方法与墙体结构、墙体材料有关，特别是一些暗敷线路、电气设备基础及各种电气预埋件，更与土建工程密切相关，因此，阅读建筑电气工程图时，应对应阅读与之有关的土建工程图、管道工程图，以了解相互之间的配合关系。

1. 电气工程与基础施工的配合

基础施工期间，电气施工人员应与土建施工人员密切配合，预埋好电气进户线的管路，由于电气施工图中强、弱电的电缆进户位置、标高、穿墙留洞等内容有的未注明在土建施工图中，因此，施工人员应该将以上内容随土建施工一起预留在建筑中，有的工程将基础主筋作为防雷工程的接地极，对这部分施工时应该配合土建施工人员将基础主筋焊接牢固，并标明钢筋编号引至防雷主引下线，同时，做好隐蔽检查记录，签字应齐全、及时，并注明钢筋的截面、编号、防腐等内容。当防雷部分需单独做接地极时，应配合土建人员，利用已挖好的基础，在图纸标高的位置做好接地极，并按相关规范焊接牢固，做好防腐，并做好隐蔽记录。

2. 电气工程与主体工程的配合

当图纸要求管路暗敷设在主体内时，应该配合土建人员做好以下工作：

（1）按平面位置确定好配电柜、配电箱的位置，然后按管路走向确定敷设位置。应沿最近的路径进行施工，安装图纸标出的配管截面将管路敷设在墙体内，现浇混凝土墙体内敷设时，一般应把管子绑扎在钢筋里侧，这样可以减小管与盒连接时的弯曲。当敷设的钢管与钢筋有冲突时，可将竖直钢筋沿墙面左右弯曲，横向钢筋上下弯曲。

（2）配电箱处的引上、引下管，敷设时应按配管的多少，按主次管路依次横向排好，位置应准确，随着钢筋绑扎时，在钢筋网中间与配电箱箱体连接敷设一次到位。例如，箱体不能与土建同时施工时，应用比箱体高的简易木箱套预埋在墙体内，

配电箱引上管敷设至与木箱套上部平齐，待拆下木箱套再安装配电箱箱体。

(3) 利用柱子主筋做防雷引下线时，应根据图纸要求及时与主体工程敷设到位，每遇到钢筋接头时，都需要焊接而且保证其编号自上而下保持不变直至屋面。电气施工人员做到心中有数，为了保证其施工质量，还要与钢筋工配合好，质量管理者还应做好隐蔽记录，及时签字。

(4) 对于土建结构中注明的预埋件，预留的孔、洞应该由土建施工人员负责预留。电气施工人员要按照设计要求查对核实，符合要求后将箱盒安装好。建筑电气安装工程除与土建工程有密切关系需要协调配合外，还与其他安装工程，如给排水、采暖、通风工程等有着密切联系，施工前应做好图纸会审工作，避免发生安装位置的冲突。管路互相平行或交叉安装时，要保证满足对安全距离的要求，不能满足时，应采取保护措施。

(三) 竣工验收阶段

建筑电气安装工程施工结束后，应进行全面质量检验，合格后办理竣工验收手续。质量检验和验收应依据现行电气装置安装工程施工及验收规范，按分项、分部和单位工程的划分，对其保证项目、基本项目和允许偏差项目逐项进行。

工程验收是检验评定工程质量的重要环节，在施工过程中，应根据施工进程，适时对隐蔽工程、阶段工程和竣工工程进行检查验收。工程验收的要求、方法和步骤有别于一般产品的质量检验。

工程竣工验收是对建筑安装企业技术活动成果的一次综合性检查验收。工程建设项目通过竣工验收后，才可以投产使用，形成生产能力。一般工程正式验收前，应由施工单位进行自检预验收，检查工程质量及有关技术资料，发现问题及时处理，充分做好交工验收的准备工作，然后提出竣工验收报告，由建设单位、设计单位、施工单位、当地质检部门及有关工程技术人员共同进行检查验收。

二、建筑电气安装工程施工质量评定和竣工验收

工程项目质量的评定和验收，是施工项目质量管理的重要内容。项目经理必须根据合同和设计图纸的要求，严格执行国家颁发的有关工程项目质量检验评定标准和验收标准，及时地配合监理工程师、质量监督站等有关人员进行质量评定和办理竣工，验收交接手续。

工程项目质量评定和验收程序是按分项工程、分部工程、单位工程依次进行的。

(一) 建筑电气安装工程施工质量评定

1. 人员组成

工程质量评定需设立专门管理系统，由专职质量检查人员全面负责质量的监督、检查和组织评定工作。由施工单位的主管领导、主管技术的工程师、施工技术人员（工长）及班组质量检查人员参加。

2. 检验的形式

（1）自检。由安装班组自行检查安装方式是否与图纸相符，安装质量是否达到相关电气规范的要求，对于不需要进行试验的电气装置，要由安装人员测试线路的绝缘性能及进行通电检查。

（2）互检。由施工技术人员或班组之间相互检查。

（3）初次送电前的检查。在系统各项电气性能全部符合要求、安全措施齐全、各用电装置处于断开状态的情况下，进行这项检查。

（4）试运转前的检查。在电气设备经过试验达到交接试验标准、有关的工艺机械设备均正常的情况下，再进行系统性检查，合格后才能按系统逐项进行初送电和试运转。

3. 检验的方法

直观检查。用简单工具，如线坠、直尺、水平尺、钢卷尺、塞尺、力矩扳手、普通扳手、试电笔等进行实测及用眼看、手摸、耳听等方法进行检查。电气管线、配电柜、箱的垂直度、水平度以及母线的连接状态等项目，通常采用这种检查方式。

仪器测量。使用专用的测试设备、仪器进行检查。线路绝缘检查、接地电阻测定、电气设备耐压试验等，均采用这种检验方式。

4. 工程质量等级评定

按照我国现行标准，分项、分部、单位工程质量的评定等级只分为“合格”与“优良”两个等级。在质量评定表中，合格用○表示，优良用√表示。

（1）检验批质量评定标准

分项工程分成一个或若干个检验批来验收。检验批合格质量应符合下列规定：① 主控项目和一般项目的质量经抽样检验合格。② 具有完整的施工操作依据、质量检查记录。

主控项目是保证工程安全和使用功能的重要检验项目，是对安全、卫生、环境保护和公众利益起决定性作用的检验项目，是确定该检验批主要性能的，必须达到要求。

一般项目是除主控项目以外的检验项目，是指保证工程安全和使用功能基本要

求的项目，也是应该达到的，只不过对不影响工程安全和使用功能的可以适当放宽一些。

(2) 分项工程质量评定标准

对于分项工程的质量评定，由于涉及分部工程、单位工程的质量评定的工程能否验收，所以应仔细评定，以确定能否验收。

要求：分项工程所含的检验批均应符合合格质量的规定；分项工程所含的检验批的质量验收记录应完整。

分项工程质量应由监理工程师（建设单位项目专业技术负责人）组织项目专业技术负责人等进行验收。

(3) 分部工程质量评定标准

合格。所含分项工程的质量全部合格。

优良。所含分项工程的质量全部合格，其中有 50% 及以上为优良（建筑安装工程中必须含指定的主要分项工程）。

(4) 单位工程质量评定标准

合格：① 所含分部工程的质量全部合格。② 质量保证资料应基本齐全。③ 观感质量的评定得分率达到 70% 及以上。

优良：① 所含分部工程的质量全部合格，其中有 50% 及以上优良，建筑工程必须含主体与装饰工程，以建筑设备安装工程为主的单位工程，其指定的分部工程必须优良。② 质量保证资料应基本齐全。③ 观感质量的评定得分率达到 85% 及以上。

单位工程观感质量评定得分标准如下：① 抽查或全数检查合格为四级，得分 70%。② 抽查或全数检查优良占 20%～49% 为三级，得分 80%。③ 抽查或全数检查优良占 50%～79% 为二级，得分 90%。④ 抽查或全数检查优良占 80% 及以上为一级，得分 100%。⑤ 抽查或全数检查有一个不合格为五级，不得分。

(二) 建筑电气安装工程竣工验收

建筑电气工程验收是检验评定工程质量的重要环节，是施工的最后阶段，是必须履行的法定手续。

1. 工程验收的依据

① 甲、乙双方签订的工程合同。② 现行国家的施工验收规范。③ 上级主管部门的有关文件。④ 施工图纸、设计文件、设备技术说明及产品合格证。⑤ 对从国外引进的新技术或成套设备项目，还应该按照签订的合同和国外提供的设计文件等资料进行验收。

2. 需验收的工程应达到的标准

① 设备调试、试运转达到设计要求，运转正常。② 施工现场清理完毕。③ 工程项目按合同和设计图纸要求全部施工完毕，达到国家规定的质量标准。④ 交工时所需的资料齐全。

3. 验收的检查内容

① 交工工程项目一览表。② 图纸会审记录。③ 质量检查记录。④ 材料、设备的合格证。⑤ 施工单位提出的有关电气设备使用注意事项文件。⑥ 工程结算材料、文件和签证单。⑦ 交(竣)工工程验收证明书。⑧ 根据质量检验评定标准要求，进行质量等级评定。

第二节 配管配线工程

配管、配线是指由配电屏(箱)接到各用电器具的供电和控制线路的安装。配管一般有明配管和暗配管两种方式。明配管通常用管卡子固定于砖、混凝土结构上或固定于钢结构支架及钢索上，即敷设于建筑物墙壁、柱子、顶棚等表面上，能够看到线路的走向及敷设方式，代号用E表示。暗配管是需要配合土建施工，将管子预敷设在墙、顶板、梁、柱内部，表面看不到管子具体走向，代号用C表示。在导线的标注公式中，会看到最后一个字母是E或C，如BV-3X6G30FC和BV-3X4PC25WE。配管、配线工程是电气施工预算的重点内容之一，其施工预算在整个电气工程预算中所花费的时间最长，计算最复杂，计算结果出入最大。

室内导线敷设方式有多种。根据线路用途和供电安全要求，配线可分为线管配线、瓷夹和瓷瓶配线、线槽配线、塑料护套线明敷设、钢索配线、桥架配线、车间带型母线安装等。其中，线管配线是应用最多的一种配线方式。

一、线管配线

把绝缘导线穿在管内敷设，称为线管配线。线管配线优点是安全可靠，可避免腐蚀性气体的侵蚀和机械损伤，更换电线方便。线管配线普遍用于重要建筑和工业厂房中，以及易燃、易爆及潮湿的场所。

电气工程中常使用的线管有水煤气管、焊接钢管(其管径以内径计算)、电线管(薄壁管，管径以外径计算)、普利卡金属套管、硬塑料管、半硬塑料管、塑料波纹管、软塑料管和软金属管(俗称蛇皮管)等。钢管分为镀锌钢管和非镀锌管(俗称黑铁管）两种。

（1）阻燃PVC管。近年来，它有取代其他管材之势。这种管材有很多优点：①施工剪裁方便，用一种专用管刀，很容易裁断，用一种专用黏合剂也很容易把PVC管黏结起来；②耐腐蚀，抗酸碱能力强；③耐高温，符合防火相关规范的要求；④重量轻，只有钢管重量的六分之一，便于运输，施工省力；⑤价格便宜，比钢管廉价，又有许多连接头配件，如三通、四通、接线盒等，可提高工作效率。

（2）焊接钢管。其代号为SC，为厚壁钢管，其管径以内径计算。这种管材抗压强度高，若是镀锌钢管还比较耐腐蚀。

（3）水煤气管。其代号为G，是厚壁钢管。这种管材抗压强度高，密闭性较好，造价较高。

（4）电线管（薄壁管）。其管径以外径计算，代号为TC。这种管材抗压强度较SC管差。

（5）硬塑料管。其代号为PC。这种管材特点是耐腐蚀性能较好，但是不耐高温，属非阻燃型管，含氧气指数低于27%，不符合防火规范的要求。

（6）阻燃型半硬塑料管。其代号为PVC。这种管材含氧指数高于27%，符合防火规范的要求。

二、普利卡金属套管配线

普利卡金属套管配线一般敷设在较小型电动机的接线盒与钢管口的连接处，用来保护电缆或导线不受机械损伤。

普利卡金属套管的敷设要求为：

（1）钢管与电气设备、器具间的电线保护管宜采用金属软管或可挠金属电线保护管；金属软管的长度不宜大于2m。

（2）金属软管应敷设在不易受机械损伤的干燥场所，且不应直埋于地下或混凝土中。当在潮湿等特殊场所使用金属软管时，应采用带有非金属护套且附配套连接器件的防液型金属软管，其护套应经过阻燃处理。

（3）金属软管不应退铰、松散，中间不应有接头。金属软管与设备、器具连接时，应采用专用接头。其连接处应密封可靠。防液型金属软管的连接处应密封良好。

（4）金属软管的安装应符合下列要求：①弯曲半径不应小于软管外径的6倍。②固定点间距不应大于1 m，管卡与终端、弯头中点的距离宜为300mm。③与嵌入式灯具或类似器具连接的金属软管，其末端的固定管卡宜安装在自灯具、器具边缘起沿软管长度的1m处。

（5）金属软管应可靠接地，且不得作为电气设备的接地导体。

三、瓷夹和瓷瓶配线

瓷夹和瓷瓶配线就是利用瓷夹或瓷瓶支持导线的一种配线方式。瓷夹（或塑料线夹）配线适用于用电量较小，且无机械损伤的干燥明显处。瓷瓶配线适用于用电量较大的干燥或潮湿的场所，如地下室、浴室及户外场所。这种配线方式费用少，安装简单便利。

瓷夹配线由瓷夹、瓷套管及截面在 $10mm^2$ 以下的导线组成。瓷夹有两线式及三线式两种。配线时，导线夹于底板和盖板之间，用木螺丝固定，要求横平竖直、导线拉紧。瓷夹之间距离应符合要求，在直线段：$1\sim4mm^2$ 的导线为 600mm；$6\sim10mm^2$ 的导线为 800mm。在距离开关、插座、灯具、接线盒以及距导线转角、分支点 40～60mm 处，也要安装瓷夹。

四、线槽配线

当导线的数量较多时，多用线槽配线（穿管线最多 8 根）。线槽按材质分，有金属线槽和塑料线槽。

（一）金属线槽敷设配线

它一般适用于正常环境的室内场所明敷，但对金属线槽有严重腐蚀的场所不应采用。具有槽盖的封闭式金属线槽，可在建筑顶棚内敷设。金属线槽应做防腐处理。地面内暗装金属线槽配线适用于正常环境下大空间且隔断变化多、用电设备移动性大或敷有多种功能线路的场所。金属线槽暗敷于现浇混凝土地面、楼板或楼板垫层内。

电缆和导线敷设要求：① 同一回路的所有相线和中性线（如果有中性线时），应敷设在同一金属线槽内。同一路径无防干扰要求的线路，可敷设于同一金属线槽内。② 线槽内电线或电缆的总截面积（包括外护层）不应超过线槽内截面积的 40%，载流导线不宜超过 30 根。控制、信号或与其相类似的线路的电线或电缆，其总截面积不应超过线槽内截面积的 50%，电线或电缆根数不限。③ 电线或电缆在金属线槽内不宜有接头，但在易于检查的场所，可允许在线槽内有分支接头。

（二）塑料线槽配线

它一般适用于正常环境的室内场所，在高温和易受机械损伤的场所不宜采用。弱电线路可采用阻燃型带盖塑料线槽在建筑顶棚内敷设。塑料线槽必须选用阻燃型的，且外壁应有间距不大于 1m 的连续阻燃标记和制造厂标。

电缆和导线敷设要求：① 强、弱电线路不应同时敷设在同一根线槽内。同一路径无抗干扰要求的线路，可以敷设在同一根线槽内。② 线槽内导线的规格和数量应符合设计规定；当设计无规定时，包括绝缘层在内的导线总截面积不应大于线槽截面积的60%。

五、塑料护套线配线

塑料护套线具有防潮和耐腐蚀等性能。因此，对于比较潮湿有腐蚀性的特殊场所，可采用塑料护套线。塑料护套线，多用于照明线路，可以直接敷设在楼板、墙壁等建筑物表面上，用塑料线卡或铝片卡（钢精扎头）作为导线的支撑物。

塑料护套线敷设要求为：

（1）塑料护套线不应直接敷设在抹灰层、吊顶、护墙板、灰幔角落内。室外受阳光直射的场所，不应明配塑料护套线。

（2）塑料护套线与接地导体或不发热管道等的紧贴交叉处，应加套绝缘保护管；敷设在易受机械损伤场所的塑料护套线，应增设钢管保护。

（3）塑料护套线的弯曲半径不应小于其外径的3倍；弯曲处护套和线芯绝缘层应完整无损伤。

（4）塑料护套线进入接线盒（箱）或与设备、器具连接时，护套层应引入接线盒（箱）内或设备、器具内。

（5）沿建筑物、构筑物表面明配的塑料护套线还应符合下列要求：① 应平直，并不应松弛、扭绞和曲折。② 应采用线卡固定，固定点间距应均匀，其距离宜为150～200mm。③ 在终端、转弯和进入盒（箱）、设备或器具处，均应装设线长固定导线；线卡距终端、转弯中点、盒（箱）、设备或器具边缘的距离宜为50～100mm。④ 接头应设在盒（箱）或器具内。在多尘和潮湿场所应采用密闭式盒（箱）。盒（箱）的配件应齐全，并固定牢靠。

（6）塑料护套线或加套塑料护层的绝缘导线在空心楼板板孔内敷设时，还应符合下列要求：① 导线穿入前，应将板孔内积水、杂物清除干净。② 导线穿入时，不应损伤导线的护套层，并便于更换导线。③ 导线接头应设在盒（箱）内。

六、钢索配线

钢索配线一般适用于屋架较高，跨距较大，灯具安装高度要求较低的工业厂房内。它特别是在纺织工业应用较多，因为厂房内没有起重设备，生产所要求的亮度高，其标高又限制在一定的高度。钢索配线就是在钢索上吊瓷瓶配线、吊钢管（或塑料管）配线或吊塑料护套线配线，同时灯具也吊装在钢索上。钢索两端用穿墙螺栓固定，并用双螺母紧固；钢索用花篮螺栓拉紧。

钢索配线敷设要求为：① 在潮湿、有腐蚀性介质及易积贮纤维灰尘的场所，应采用带塑料护套的钢索。② 配线时宜采用镀锌钢索，不应采用含油芯的钢索。③ 钢索的单根钢丝直径应小于0.5mm，并不应有扭曲和断股。④ 钢索的终端拉环应牢固可靠，并应承受钢索在全部负载下的拉力。⑤ 钢索与终端拉环应采用心形环连接；固定用的线卡不应少于2个；钢索端头应采用镀锌铁丝扎紧。⑥ 当钢索长度为50m及以下时，可在其一端装花篮螺栓拉紧；当钢索长度大于50m时，两端均应装设花篮螺栓拉紧。⑦ 钢索中间固定点间距不应大于12 m；中间固定点吊架与钢索连接处的吊钩深度不应小于20mm；并应设置防止钢索跳出的锁定装置。⑧ 在钢索上敷设导线及安装灯具后，钢索的弛度不宜大于100mm。⑨ 钢索应可靠接地。

七、配管、配线工程施工

（一）配管、配线工程施工程序

配管、配线工程施工程序为：① 定位画线。根据施工图纸，确定电器安装位置、导线敷设路径及导线穿过墙壁和楼板的位置。② 预留预埋。在土建施工过程中配合土建搞好预留预埋工作，或在土建抹灰前将配线所有的固定点打好孔洞。③ 敷设保护管。④ 敷设导线。⑤ 测试导线绝缘、连接导线。⑥ 校验、自检、试通电。

（二）配管工程施工

1. 配管敷设的一般规定

（1）敷设在多尘或潮湿场所的电线保护管，其管口及各连接处均应密封。

（2）当线路暗配时，电线保护管宜线路最短，并应弯曲最少。埋入建（构）筑物内的电线保护管，与建（构）筑物表面的距离不应小于15mm。

（3）进入落地式配电箱的电线保护管，排列应整齐；其管口宜高出配电箱基础面50～80mm距离。

（4）电线保护管不宜穿过设备或建（构）筑物的基础，当必须穿过时，应采取保护措施。

（5）电线保护管明配时，其弯曲半径不宜小于管外径的6倍；当两个接线盒间只有一个弯曲时，其弯曲半径不应小于管外径的4倍。当线路暗配时，电线保护管弯曲半径不应小于管外径的6倍；当埋设于地下或混凝土内时，其弯曲半径不应小于管外径的10倍。

（6）当电线保护管遇到下列情况之一时，中间应增设接线盒或拉线盒，且接线

盒或拉线盒的位置应便于穿线：管长度每超过30m，无弯曲；管长度每超过20m，有1个弯曲；管长度每超过15m，有2个弯曲；管长度每超过8m，有3个弯曲。

（7）垂直敷设电线保护管遇下列情况之一时，应增设固定导线用的拉线盒：管内导线截面50mm^{2}及以下，长度每超过30m；管内导线截面70～95mm^2，长度每超过20m；管内导线截面120～240mm^2，长度每超过18m。

（8）水平或垂直敷设的明配电线保护管，其水平或垂直安装的允许偏差为1.5‰，全长偏差不应大于管内径的1/2。

（9）在TN–S、TN–C–S系统中，当金属电线保护管、金属盒（箱）、塑料电线保护管、塑料盒（箱）混合使用时，金属电线保护管和金属盒（箱）必须与保护地线（PE线）有可靠的电气连接。

（10）明配的钢管应排列整齐，固定点间距均匀，安装牢固；在终端、弯头中点或柜、台、箱、盘等边缘的距离150～500mm范围内应设有管卡。

2. 线管的选择

首先根据敷设环境决定采用哪种管子，然后决定管子的规格。

一般可按下列原则选择线管种类：① 在室内干燥场所内明、暗敷设时，可选用管壁较薄、质量较轻的电线管。② 在潮湿、有轻微腐蚀性气体及防爆场所室内明、暗敷设，并且有可能受机械外力作用时，应选用管壁较厚的水煤气管。③ 在有酸碱性腐蚀或较潮湿的场所明、暗敷设时，应选用硬塑料管。

管子规格的选择应根据管内所穿导线的根数和截面决定，一般规定管内导线的总截面积（包括绝缘层）不应超过管子内孔截面积的40%。所选用的线管不应有裂痕和偏折，且无堵塞。钢管内应无铁屑及毛刺，切断口应锉平，尖角应刮光。

3. 线管的加工

需要敷设的线管在敷设前需要进行一系列的加工：管子切割、管子套丝、钢管防腐处理、管子弯曲。

（1）管子切割

钢管的切割方法很多。管子批量大时可以使用无齿锯，批量小时可使用钢锯或割管器。严禁使用电、气焊切割钢管。管子切断后，断口处应与管轴线垂直，管口应锉平、刮光，使管口整齐光滑。硬质塑料管的切断多用钢锯条，也可以使用厂家配套供应的专用截管器裁剪。

（2）管子套丝

管子和管子连接，管子和接线盒、配电箱的连接，都需要在管子末端部位进行套丝。套管长度宜为线管外径的1.5～3倍。套丝完成后，应将管口部和内壁的毛刺用锉刀磨光，以免穿线时将导线绝缘层损坏。

(3) 钢管防腐处理

对于钢管，为防止生锈，在配管前应对管子进行除锈、涂防腐漆。钢管外壁刷漆要求与敷设方式和钢管种类有关：① 埋于混凝土内的钢管不刷防锈漆。② 埋入砖墙内的钢管应刷红丹漆等防腐漆。③ 埋入道碴垫层和土层内的钢管应刷两道沥青或使用镀锌钢管。④ 钢管明敷时，焊接钢管应刷一道防锈漆，一道普通面漆（如设计无规定颜色，一般用灰色漆），或使用镀锌钢管。⑤ 埋入有腐蚀土层中的钢管，应按规定进行防腐处理。⑥ 电线管一般因为已刷防腐黑漆，故只需在管子焊接处和连接处以及漆脱落处补刷同样的色漆。

(4) 管子弯曲

根据线路敷设的需要，线管改变方向需要将管子弯曲。但在线路中，管子弯曲多会给穿线和维护换线带来困难。因此在施工时尽量减少弯头。管子弯曲半径应符合相应的规范规定。钢管的弯曲有冷煨或热煨两种。冷煨，就是在常温下采用手动弯管器或电动弯管器对钢导管进行弯曲。手动弯管器适用于直径 50mm 以下、小批量的钢管。热煨，就是将钢导管先均匀加热后进行弯曲。它适用于管径较大的黑铁管。硬质塑料管的弯曲也有冷煨或热煨两种。

4. 线管的连接

(1) 钢管连接

明配钢管或暗配的镀锌钢管与盒（箱）连接应采用锁紧螺母或护圈帽固定的方式。锁紧螺母固定的管端螺纹宜外露锁紧螺母 2 ~ 3 扣。钢管与盒（箱）连接时，钢管管口使用金属护圈帽（护口）保护导线时，应将套螺纹后的管端先拧上锁紧螺母（根母），顺直插入盒与管外径相一致的敲落孔内，露出 2 ~ 3 扣的管口螺纹，再拧上金属护圈帽（护口），把管与盒连接牢固。当配管管口使用塑料护圈帽（护口）保护导线时，由于塑料护圈帽机械强度不足以固定管盒，应在盒内外管口处锁紧螺母固定盒子，留出管口螺纹 2 ~ 3 扣，再拧塑料护圈帽（也可在管内穿线前拧好护圈帽）。

钢管与设备直接连接时，应将钢管敷设到设备的接线盒内。对室外或室内潮湿场所，钢管端部应增设防水弯头；导线应加套保护软管，经弯曲成滴水弧状后，再引入设备的接线盒。与设备连接的钢管管口与地面的距离宜大于 200mm。

钢管与钢管的连接有螺纹连接和焊接连接两种方法。镀锌钢管和薄壁钢管应用螺纹连接或套管紧定螺钉连接，不应采用熔焊连接。钢管与钢管间用螺纹连接时，管端螺纹长度不应小于管接头长度的 1/2；连接后，螺纹宜外露 2 ~ 3 扣。钢管与钢管间用套管连接时，套管长度宜为管外径的 1.5 ~ 3 倍，管与管的对口处应位于套管的中心。套管采用焊接连接时，焊缝应牢固严密。

暗配的黑色钢管与盒（箱）连接，可采用焊接连接，管口宜高出盒（箱）内壁

3～5mm，且焊后应补涂防腐漆，在管与盒的外壁焊接的累计长度不宜小于管外周长的1/3；也可以用6mm钢筋与钢管横向焊牢，将钢筋另一端焊在盒的棱边上。

（2）硬质塑料管的连接

难燃型硬质塑料管的管与管或管与盒连接，应使用专用的管接头、管卡头并涂以专用的胶合剂贴接。管子的连接常使用插入法连接，即将阴管端部加热软化后，将阳管管端涂上胶合剂，并迅速插入阴管，其插接长度为连接管外径1.1～1.8倍，待两管同心后冷却。管子的连接也可使用套接法连接，即用比连接管管径大一级的塑料管做套管，其长度宜为连接管外径的1.5～3倍，把涂好胶合剂的连接管，从两端插入套管内，连接管对口处应在套管中心，且紧密牢固。硬质PVC管的连接，也可以采用成品管接头，但其连接管两端需涂套管专用的胶合剂粘接。在建筑物顶层暗配管施工中允许采用不涂胶合剂直接套接的方法（在混凝土内配管施工中则必须使用专用的胶合剂粘接）。

硬质塑料管与盒（箱）连接时，管外径应与盒（箱）敲落孔相一致，管口平整、光滑，一管一孔顺直进入盒（箱），其露出长度应不小于5mm。多根管进入配电箱时应长度一致、排列间距均匀。管与盒（箱）连接应固定牢固。硬质塑料管与盒（箱）的连接，可以采用成品管盒连接件，管插入深度宜为管外径的1.1～1.8倍，连接处结合面涂专用胶合剂。

5. 线管的敷设

线管的敷设一般从配电箱开始，逐段配至用电设备处；有时也可从用电设备端开始，逐段配至配电箱。

（1）暗配管

暗配管是在土建施工时，将管子预先埋设在墙壁、楼板或天棚内，然后再向管子内穿线。在现浇混凝土构件内敷设管子，可用铁丝将管子绑扎在钢筋上；也可以用钉子将管子钉在木模板上，然后将管子用垫块垫起，用铁线绑牢。

线管配在砖墙内的情况下一般是随土建砌砖时预埋；否则，应事先在砖墙上留槽或砌砖后开槽。线管在砖墙内的固定方法是可先在砖缝里打入木楔，再在木楔上钉钉子，用铁线将管子绑扎在钉子上，再将钉子打入，使管子充分嵌入槽内。注意：应保证管子离墙表面净距离不小于15mm。

在地坪内，线管须在土建浇制混凝土前埋设。其固定方法可用木桩或圆钢等打入地中，用铁丝将管子绑牢。为使管子全部埋设在地坪混凝土层内，应将管子垫高，离土层15～20mm。这样，可减少地下湿土对管子的腐蚀作用。当许多管子并排敷设在一起时，必须使其离开一定距离，以保证其间也灌上混凝土。为避免管口堵塞影响穿线，管子配好后应将管口用木塞或牛皮纸堵好。管子连接处以及钢管与接线盒连接处，要做好接地处理。暗敷设工程中应尽量使用镀锌钢管。除了埋入土内的钢管外壁不需防腐处理外，钢管内外壁均应涂樟丹油一遍。

埋入地下的电线管路，不宜穿过设备基础；在穿过建筑物基础时，应加保护管保护。当电线管路遇到建筑物伸缩缝或沉降缝时，应在伸缩缝或沉降缝的两侧分别装设补偿盒。补偿盒在靠近伸缩缝或沉降缝的侧面开一长孔，将通过伸缩缝或沉降缝管子插入长孔中，无须固定，而管子在另一补偿盒中则要用六角螺母与接线盒拧紧固定。

(2) 明配管

明配管是用固定卡子将管子固定在墙、柱、梁、顶板和钢结构等表面上。明配管应排列整齐，固定点间距均匀。管卡与终端、弯头中点、电气器具或盒（箱）边缘的距离宜为 150 ~ 500mm。

当管子沿墙、柱或屋架等处敷设时，可用管卡固定；当管子沿建筑物的金属构件敷设时，若金属构件允许电焊，可把厚壁管用电焊直接点焊在钢构件上。管卡与终端、转弯中点、电气器具或盒（箱）边缘的距离宜为 150 ~ 500mm。管子贴墙敷设进入盒（箱）内时，应将管子煨成双弯（鸭脖弯），不能将管子斜插到盒（箱）内；同时要使管子平整地紧贴建筑物表面，在距接线盒 150 ~ 500mm 处用管卡将管子固定。

6. 接地

镀锌钢管不得熔焊跨接接地线，应采用专用接地跨接卡。两卡间连线若为铜芯软导线，则其截面积应不小于 $4mm^2$。非镀锌钢管采用螺纹连接时，连接处的两端焊跨接接地线；当镀锌钢管采用螺纹连接时，连接处的两端用专用接地卡固定跨接接地线。

黑色钢管之间及管与盒（箱）之间采用螺纹连接时，为了使管路系统接地（接零）良好、可靠，要在管接头的两端及管与盒（箱）连接处，用相应圆钢或扁钢焊接好跨接接地线，使整个管路可靠地连成一个导电的整体。钢管的管与管及管与盒（箱）跨接接地线的做法。明配钢管的连接、管与盒（箱）的连接应采用螺纹连接，使用全扣管接头，并应在管接头两端箍好接地跨接线，不应将管接头焊死。镀锌钢管或可挠金属电线保护管（普利卡金属套管）的跨接接地线直径应根据钢管的管径来选择。

（三）线管配线工程施工

1. 配线的一般规定

(1) 对穿管敷设的绝缘导线，其额定电压不应低于 500 V。导线截面面积应能满足供电质量和机械强度的要求。

(2) 导线在连接和分支处，不应受机械力的作用。导线与电器端子的连接要牢靠压实。

(3) 穿入保护管内的导线，在一般情况下都不能有接头；必须有接头时，应把接头置于接线盒、开关盒或灯头盒内。

(4) 不同回路、不同电压等级和交流与直流的导线，不得穿在同一根管内，但下列几种情况或设计有特殊规定的除外：① 电压为 50 V 及以下的回路。② 同一台设备的电机回路和无抗干扰要求的控制回路。③ 照明花灯的所有回路。④ 同类照明的几个回路，可穿入同一根管内，但管内导线总数不应多于 8 根。

(5) 同一交流回路的导线应穿于同一钢管内。

(6) 管内导线包括绝缘层在内的总截面积不应大于管子内空截面积的 40%。

(7) 电气线路经过建（构）筑物的沉降缝或伸缩缝处应装设两端固定的补偿装置，导线应留有裕量。

2. 管内穿线

管内穿线工作一般应在管子全部敷设完毕及建筑物抹灰、粉刷及地面工程结束后进行。在管子穿线前应将管中的积水及杂物清除干净。

导线穿管时，应先穿一根钢丝作引线。管路较长或弯曲较多时，也可在配管时就将引线穿好。拉线时应由两人操作，较熟练的一人担任送线，另一人担任拉线，两人送拉动作要配合协调，不可硬拉硬送。当导线拉不动时，两人应反复来回拉 1 ~ 2 次再往前拉，不可过分勉强为之。

导线穿入钢管时，管口处应装设护线套保护导线；在不进入接线盒（箱）的垂直管口，穿入导线后应将管口密封。在较长的垂直管路中，为防止由于导线的本身自重拉断导线或拉脱接线盒中的接头，导线应在管路中间增设的拉线盒中加以固定。

常用绝缘导线按其绝缘材料分为橡皮绝缘导线和聚氯乙烯绝缘导线；按线芯材料有铜线和铝线之分；按线芯性能有硬线和软线之分。导线的这些特点都是通过其型号表示的。

3. 导线连接

(1) 导线连接要求

导线连接的要求为：

第一，当设计无特殊规定时，导线的芯线应采用焊接、压板压接或套管连接，最后才考虑采用绞接法。因为绞接法最不能保证接头接触良好，其可靠性较差，尤其是对于铝导线，应避免用绞接法连接。

第二，导线与设备、器具的连接应符合下列要求：① 截面为 $10mm^2$ 及以下的单股铜芯线和单股铝芯线可直接与设备、器具的端子连接；② 截面为 $2.5mm^2$ 及以下的多股铜芯线的线芯应先拧紧搪锡或压接端子后再与设备、器具的端子连接；③ 多股铝芯线和截面大于 $2.5mm^2$ 的多股铜芯线的终端，除设备自带插接式端子外，应焊接或压接端子后再与设备、器具的端子连接。

第三，熔焊连接的焊缝不应有凹陷、夹渣、断股、裂缝及根部未焊合的缺陷；焊缝的外形尺寸应符合焊接工艺评定文件的有关规定；焊接后应清除残余焊药和焊渣。

第四，锡焊连接的焊缝应饱满，表面光滑；焊剂应无腐蚀性；焊接后应清除残余焊剂。

第五，压板或其他专用夹具，应与导线线芯规格相匹配；紧固件应拧紧到位；防松装置应齐全。

第六，套管连接器和压模等应与导线线芯规格相匹配；压接时，其压接深度、压口数量和压接长度应符合产品技术文件的有关规定。

第七，剖开导线绝缘层时，不应损伤芯线；芯线连接后，绝缘带应包缠均匀紧密，其绝缘强度不应低于导线原绝缘层的绝缘强度；在接线端子的根部与导线绝缘层间的空隙处，应采用绝缘带包缠严密。

(2) 导线连接方法

常用的导线按芯线股数不同，有单股、7 股和 19 股等多种规格。其连接方法也各不相同。对于绝缘导线的连接，其基本步骤为：剥切绝缘层，线芯连接（焊接或压接），恢复绝缘层。

① 单芯铜导线连接

a. 直线连接

直线连接有绞接法和缠卷法。绞接法适用于 4.0mm^2 及以下的单芯线连接。缠卷法有加辅助线和不加辅助线两种，适用于 6.0 mm^2 及以上的单芯线直接连接。

直线连接的绞接法：将两线互相交叉，用双手同时把两芯线互绞两圈后，扳直与连接线成 90° ，将每个芯线在另一芯线再缠绕 5 回，剪断余头。双芯线连接时，两个连接处必须错开距离。

单芯线直线连接的缠卷法：将两线相互并合，加辅助线（填一根同径芯线）后，用绑线在并合部位中间向两端缠卷，其长度为导线直径的 10 倍。然后将两线芯端头折回，在此向外再单卷 5 圈，与辅助线捻绞 2 圈，余线剪掉。

b. 分支连接

分支连接适用于分支线路与主线路的连接。它的连接方法有绞接法和缠卷法以及用塑料螺旋接线钮或压线帽连接。

绞接法适用于 4.0mm^2 以下的单芯线，用分支的导线的芯线往干线上交叉，先粗卷 1～2 圈，然后再密绕 5 圈，余线剪去。

c. 并接连接

接线盒内单芯线并接两根导线时，将连接线端相并合，在距绝缘层 15mm 处将

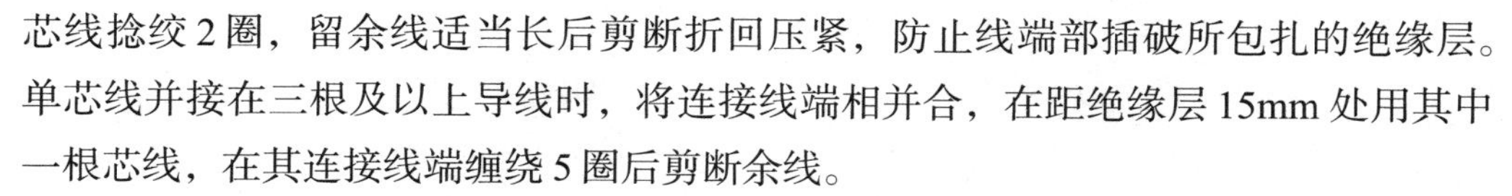

芯线捻绞2圈，留余线适当长后剪断折回压紧，防止线端部插破所包扎的绝缘层。单芯线并接在三根及以上导线时，将连接线端相并合，在距绝缘层15mm处用其中一根芯线，在其连接线端缠绕5圈后剪断余线。

d. 压接连接

单芯铜导线塑料压线帽压接，可以用在接线盒内铜导线的连接，也可用在夹板配线的导线连接。单芯铜导线塑料压线帽，用于1.0～4.0mm^{2}铜导线的连接，是将导线连接管（镀银紫铜管）和绝缘包缠复合为一体的接线器件，外壳用尼龙注塑成型。

使用压线帽进行导线连接时，在导线的端部剥削绝缘后，根据压线规格、型号分别露出线芯长度13mm、15mm、8mm，插入压线帽内，如填不实再用1～2根同材质同线径的线芯插入压线帽内填补，也可以将线芯剥出后回折插入压线帽内，再使用专用阻尼式手握压力钳压实。

② 多芯铜导线连接

它有直线连接、分支连接、人字连接、用接线端子连接等。其中铜导线与接线端子连接适用于2.5mm以上的多股铜芯线的终端连接。其常用的连接方法有锡焊连接和压接连接。锡焊连接是把铜导线端头和铜接线端子内表面涂上焊锡膏，双根导线放入熔化好的焊锡锅内挂满焊锡，将导线插入端子孔内，冷却即可。

铜导线与端子压接可使用手动液压钳及配套的压模进行压接。剥去导线绝缘层的长度要适当，不要碰伤线芯。清除接线端子孔内的氧化膜，将芯线插入，用压接钳压紧。

③ 铜导线锡焊连接

对于10mm^{2}及以下的铜导线接头用电烙铁锡焊，将发热的电烙铁放在涂好焊剂的导线接合处的下端，待导线达到一定温度后，用焊锡丝或焊锡条与导线接合处接触，或者将焊锡丝或焊锡条接触在烙铁上，焊锡即可附着在导线上。

④ 铝导线连接

铝导线在空气中极易氧化，生成一层导电性不良并难以熔化的氧化铝膜。铝导线连接稍不注意就会影响接头质量，因此必须十分重视。铝导线之间的连接，最好采用铝接线管（直线连接）、铝压线帽、铝鼻头（终端）等器材，再采取压接、钎焊、电阻焊及气焊等方法。若上述方法有困难，铝导线连接方可用绞接法。

⑤ 导线与设备连接

为保证导线线头与电气设备的电接触和其机械性能，除10mm以下的单股铜芯线、2.5mm^{2}及以下的多股铜芯线和单股铝芯线能直接与电器设备连接外，大于上述规格的多股或单股芯，通常都应在线头上焊接或压接接线端子后再与设备、器具的端子连接。

第五章　防雷接地与建筑弱电设计

第一节　防雷接地设计

一、过电压及其分类

供配电系统在正常运行时，电气设备或线路上所受电压为其相应的额定电压。但因某些原因，使电气设备或线路上所受电压超过了正常工作电压的要求，并对其绝缘构成威胁，甚至造成击穿损坏，这一超过电器设备正常工作的电压称为过电压。

过电压按产生原因，可分为外部过电压和内部过电压。外部过电压（也称大气过电压或雷电过电压）是供配电系统的设备或建筑物因受到大气中的雷击或雷电感应而引起的过电压；内部过电压是因供配电系统正常操作、事故切换、发生故障或负荷骤变时引起的过电压。

（一）大气过电压

大气过电压又称雷电过电压，是因电力系统的设备或建（构）筑物遭受来自大气中的雷击或雷电感应而引起的过电压，因其能量来自系统外部，故称外部过电压。

雷电过电压有两种基本形式：直击雷过电压和感应雷过电压。

1. 直击雷过电压

直击雷过电压是指雷云直接对电气设备或建筑物放电而引起的过电压。强大的雷电流通过这些物体导入大地，从而产生破坏性极大的热效应和机械效应，造成设备损坏，建筑物被破坏。

关于雷电产生原因的学说较多。一般认为，地面湿气受热上升，或空气中不同冷、热气团相遇，凝成水滴或冰晶，形成云。云在运动中使电荷发生分离，带有负电荷或正电荷的云称为雷云。当空中的雷云靠近大地时，雷云与大地之间就形成一个很大的雷电场。因静电感应作用，使地面出现异号电荷。当雷云电荷聚集中心的电场达到 25 ~ 30kV/cm 时，周围空气被击穿，雷云对大地放电，形成一个导电的空气通道，称为“雷电先导”。大地的异性电荷集中的上述方位尖端上方，在雷电先导下行到离地面 100 ~ 300m 时，也形成一个上行的“迎雷先导”。雷电先导和迎雷先

导相互接近，正负电荷迅速中和，产生强大的“雷电流”，并伴有电闪雷鸣，这就是直击雷的“主放电阶段”。主放电电流很大，高达几百千安，但持续时间极短，一般只有 50 ~ 100 μs。主放电阶段之后，雷云中的剩余电荷继续沿主放电通道向大地放电，就是直击雷的“余辉放电阶段”。这一阶段电流较小，只有几百安，持续时间为 0.03 ~ 0.15s。

2. 感应雷过电压

所谓感应雷过电压，是指当架空线附近出现对地雷击时，在输电线路上感应的雷电过电压。在雷云放电的起始阶段，雷云及其雷电先导通道中的电荷所形成的电场对线路发生静电感应，逐渐在线路上感应出大量异号的束缚电荷 Q。因线路导线和大地之间有对地电容 C 存在，故在线路上建立一个雷电感应电压 $U = Q / C$ 。当雷云对地放电后，线路上的束缚电荷被释放而形成自由电荷，向线路两端冲击流动，这就是感应雷过电压冲击波。

高压线路上的感应过电压，可高达几十万伏；低压线路上的感应过电压，也可达几万伏。如果这个雷电冲击波沿着架空线路侵入变电站或厂房内部，对电气设备的危害很大。

（二）内部过电压

内部过电压是在电力系统正常操作、事故切换、发生故障或负荷骤变使系统参数发生变化时电磁能产生振荡、积聚而引起的过电压。它可分为操作过电压、弧光接地过电压和谐振过电压。

内部过电压的能量来自电力系统本身，经验证明，内部过电压一般不超过系统正常运行时额定相电压的 3 ~ 4 倍，对电力线路和电气设备绝缘的威胁不是很大。

内部过电压按其电磁振荡的起因、性质和形成不同，又可分为工频电压升高、谐振过电压和操作过电压。其中，工频过电压的幅值不高，一般不超过工频电压的 2 倍，对 220kV 及以下的系统的电气设备绝缘没有危险。

1. 操作过电压

操作过电压是电力系统中开关操作或故障，使电容、电感等储能元件运行状态发生突变，引起的电场、磁场能量转换的过渡过程中出现的振荡性过电压。其作用时间在几毫秒到数十毫秒之间。倍数一般不超过 4 倍的工频电压。常见的操作过电压有切、合空载长线路的过电压、切空载变压器过电压及电弧接地过电压等。

2. 谐振过电压

电力系统中的电路参数（R,L,C）配合不当，可能会构成某一自振频率的振荡回路，在开关操作或故障的激发下，形成周期性或准周期性的剧烈振荡，电压幅值急剧上升，形成谐振过电压。谐振过电压的持续时间较长，甚至长期稳定存在，因此危害性很大。

3. 限制内部过电压的措施

① 采用灭弧能力强的快速高压断路器，在断路器主触头上并联电阻（约 3000 Ω），在并联电阻上串联一个辅助触头，以减少电弧重燃的次数，控制操作过电压的倍数。

② 装设磁吹避雷器或氧化锌避雷器。

③ 对对地电容电流大的网络，中性点经消弧线圈接地，限制电弧接地过电压。

④ 增加对地电容或减少系统中电压互感器中性点接地的台数，即增加母线对地的感抗，从而减小固有自振频率，避免因系统扰动而发生母线铁磁谐振过电压。

（三）雷电的有关概念

1. 雷电流的幅值和陡度

雷电流是一个幅值很大、陡度很高的冲击波电流，其特征以雷电流波形表示。

雷电流的幅值 I_m 与雷云中的电荷量及雷电放电通道的阻抗有关。雷电流一般在 1～4 μs 内增大到最大值（幅值）。在雷电流波形图中，雷电流由零增大到幅值的这段时间的波形称为波头 τ_{wh}，而从幅值起到雷电流衰减为 $I_m/2$ 的一段波形称为波尾。雷电流的陡度 a 用雷电流波头部分增长的速率来表示，即 $a = di/dt$。雷电流陡度据测定可达 50 kA/μs 以上。对供配电系统和电气设备的绝缘来说，雷电流的陡度越大，则产生的过电压 $U_L = L\mathrm{d}i/\mathrm{d}t$ 越高，对供电系统的影响就越大，对电气设备的绝缘的破坏程度也就越严重。因此，应当设法降低雷电流的幅值和陡度，保护设备绝缘。

2. 年平均雷暴日数

在一天内，凡看到雷闪或听到雷声，都称为雷暴日。

由当地气象部门统计的多年雷暴日的年平均值称为年平均雷暴日数。把年平均雷暴日数不超过 15 天的地区称为少雷地区；年平均雷暴日数超过 40 天的地区称为多雷地区；年平均雷暴日数超过 90 天的地区称为雷害严重地区。年平均雷暴日数越多，对防雷要求就越高。

3. 雷电活动的规律

一般来说，热而潮湿的地区比冷而干燥的地区雷电活动多，山区多于平原。从时间上看，雷电主要出现在春夏和夏秋之交气温变化大的时段内。

4. 直击雷的活动规律

① 一般来说，旷野中孤立的建筑物和建筑群中的高耸建筑物，易受雷击。② 与建筑物的结构有关。金属屋顶、金属构架、钢筋混凝土结构的建筑物、地下有金属

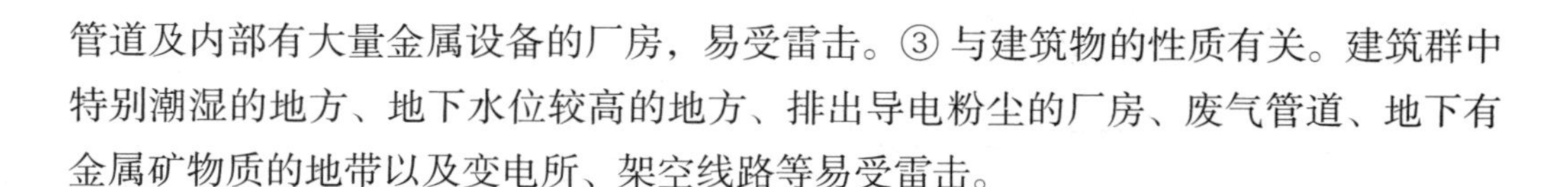

管道及内部有大量金属设备的厂房，易受雷击。③ 与建筑物的性质有关。建筑群中特别潮湿的地方、地下水位较高的地方、排出导电粉尘的厂房、废气管道、地下有金属矿物质的地带以及变电所、架空线路等易受雷击。

二、防雷设备

为了避免电气设备遭受直击雷以及防止感应过电压击穿绝缘，通常采用避雷针、避雷线、避雷器、避雷网等设备进行过电压保护。下面分别介绍这些防雷设备。

(一) 避雷针

避雷针是人们最熟悉的防雷设备之一。避雷针的构造很简单，不管其形式如何，都是由下列 3 个部分组成：① 接闪器。或称“受雷尖端”，它是避雷针最高部分，用来接收雷电放电，现在多用不锈钢管制成，长 3 ~ 7m，其顶部略呈尖形即可。② 引下线。用它将接闪器上的雷电流安全地引到接地装置，使之尽快泄入大地。引下线一般都用 35mm^2 的镀锌钢绞线或者圆钢以及扁钢制成。如果避雷针的支架是采用铁管或铁塔形式，可利用其支架作为引下线，而无须另设引下线。③ 接地装置。它是避雷针的最下面部分，埋入地下。它与大地中的土壤紧密接触，可使雷电流很好地泄入大地。接地装置一般都是用角钢、扁钢或圆钢、钢管等打入地中，其接地电阻一般不能超过 10Ω。

由于避雷针比被保护物高出较多，又与大地直接相连，当雷云先导接近时，它与雷云之间的电场强度最强，而雷云放电又总是朝着电场强度最强的方面发展。因此，避雷针则具有引雷的作用，也就是将雷云放电的通道，由原来可能向被保护物体发展的方向，吸引到避雷针本身，然后经与避雷针相连的引下线和接地装置将雷电流泄放到大地中去，使被保护物体免受直接雷击。

在一定高度的避雷针下面，有一个安全区域，在这个区域中的物体基本上不会遭受雷击，这个安全区域一般称为避雷针的保护范围。避雷针按采用的支数不同可分为单只、双支和多支的避雷针，其保护范围各有不同。目前电力行业对避雷针和避雷线的保护范围都是按“折线法”来确定；而国家标准《建筑物防雷设计规范》（GB 50057—2010）则规定采用 IEC 推荐的“滚球法”来确定。这里按“折线法”来确定避雷针和避雷线的保护范围。

1. 单支避雷针的保护范围

如图 5–1 所示，单支避雷针在地面上的保护范围可确定为 $r = 1.5h$。

式中：　——保护范围的半径；

h ——避雷针的高度。

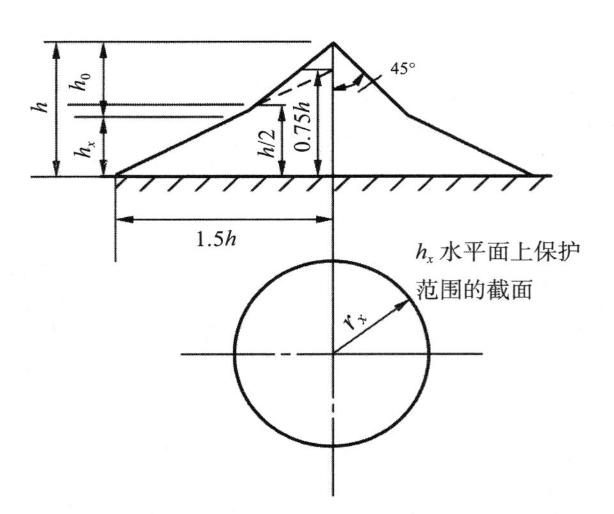

图 5–1　单支避雷针的保护范围

在空间的保护范围是一个锥形空间，这个锥形空间的顶点向下作与避雷针成 45° 的斜线，构成锥形保护空间的上部，从距针底沿地面各方向 1.5h 处向针 0.75h 高度处作连接线，与上述 45° 斜线相交，交点以下的斜线构成了锥形保护空间的下部。如果用公式来表达保护空间，则在高度（被保护物的高度）为 hx，水平面上的保护半径为 r_x

当 $h_x \geqslant \frac{h}{2}$ 时

$$r_x = \left(h - h_x\right) p$$

当 $h_x < \frac{h}{2}$ 时

$$r_x = \left(1.5h - 2h_x\right) p$$

式中，p 为考虑到避雷针太高时保护半径不与针高成正比增大的系数。当 $h \leqslant 30$ m 时，$p = 1$；当 30m < $h \leqslant$ 120m 时，$p = \frac{5.5}{\sqrt{h}}$。

2. 两支等高避雷针的保护范围

如图 5–2 所示，两支高度相等的避雷针，其外侧保护范围与单针相同，两针内侧的保护范围应按通过两针顶点及保护范围上部边缘最低点 O 的圆弧来确定。O 点的高度 h_0 可计算为

$$h_0 = h - \frac{D}{7p}$$

式中：D ——两针间的距离，m;

h 及 p 的意义与前述相同。

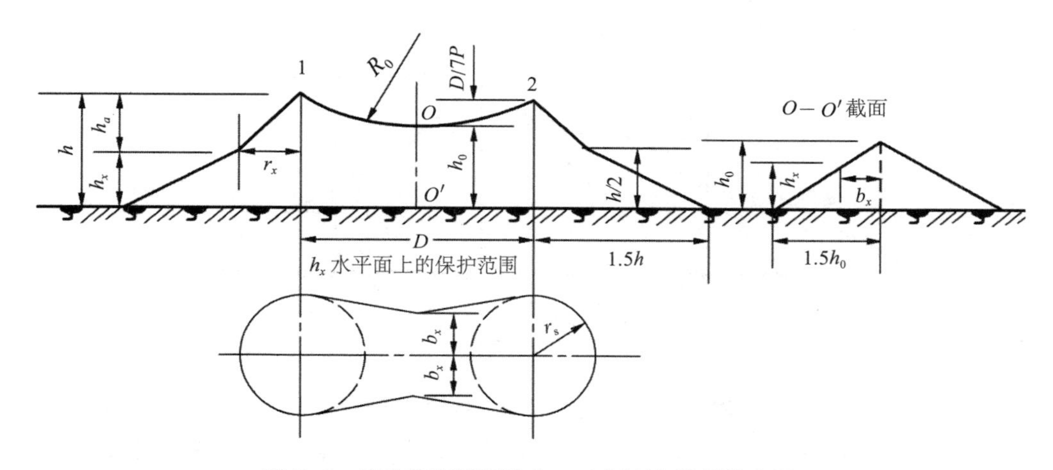

图 5–2　两支等高避雷针在 h_x 水平面上的保护范围

由图 5–2 可知，两针间在 $O-O'$ 截面中，高度为 h_0 水平面上保护范围一侧的宽度 b_x 可计算为

$$b_x = 1.5\left(h_0 - h_x\right)$$

求出 b_x 的大小后，则在平面图上可得点（$\dfrac{D}{2}, b_x$），由此点向半径 r_x 的圆作切线（此圆由单针保护范围方法确定），便得到两针内侧的保护范围。两针之间的距离 D 必须小于 $7ph_a$，两针方能构成联合保护。

3. 两支不等高避雷针的保护范围

如图 5–3 所示，两支不等高避雷针的外侧保护范围仍按单针方法确定。两针内侧保护范围可先按单针方法作出较高针 1 的保护范围的边界，然后经过较低针 2 的顶点作一水平线与之交于点 3，再由点 3 对地面作一垂线。将此垂线看作一假想的避雷针 3，则可作出两等高避雷针 2 和 3 的联合保护范围。此时，圆弧的弓高为

$$f = \frac{D'}{7p}$$

式中：f ——圆弧的弓高；

D' ——较低针与假想针的距离。

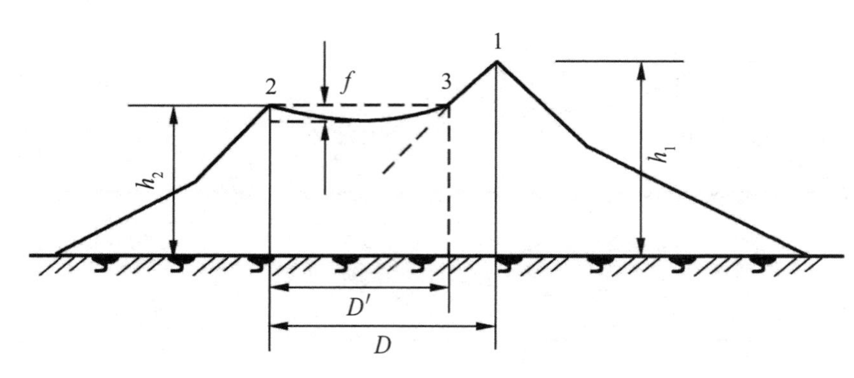

图 5-3　两支不等高避雷针的保护范围

若为多个避雷针，只要所有相邻各对避雷针之间的联合保护范围都能保护，而且通过 3 个避雷针所作圆的直径 D_y，或者由 4 个或更多避雷针所组成多边形的对角线长度 D 不超过有效高度的 8 倍（$D \leqslant 8h$），则避雷针间的全部面积都可以受到保护。

(二) 避雷线及避雷网

1. 避雷线

避雷线也称架空地线，它是悬挂在高空的接地导线，一般为 35 ~ 70mm^2 的镀锌钢绞线，顺着每根支柱引下接地线并与接地装置相连接。引下线应有足够的截面，接地装置的接地电阻一般应保持在 10Ω 以下。

避雷线与避雷针一样，将雷电引向自身，并安全地将雷电流导入大地。采用避雷线主要用来防止送电线路遭受直击雷。如果避雷线挂得较低，离导线很近，雷电有可能绕过避雷线直击导线，因此，为了提高避雷线的保护作用，需要将它悬挂得高一些。

用单根避雷线保护发、变电所的电气设备时，其保护范围如图 5-4(a) 所示。由避雷线两侧分别向下作与避雷线的铅垂面成 25° 的斜面，构成保护空间的上部。斜面在避雷线悬挂高度 h 的一半处（$h/2$）向外偏折，与地面上离避雷线水平距离为 h 的直线相连的平面，构成保护空间的下部。

当 $h_x \geqslant \dfrac{h}{2}$ 时

$$r_x = 0.47\left(h - h_x\right)p$$

当 $h_x < \dfrac{h}{2}$ 时

$$r_x = \left(h - 1.53h_x\right)p$$

式中，当$h \leqslant 30\text{m}$时，$p=1$，当$30\text{m}<h\leqslant 120\text{m}$时，$p=\dfrac{5.5}{\sqrt{h}}$。

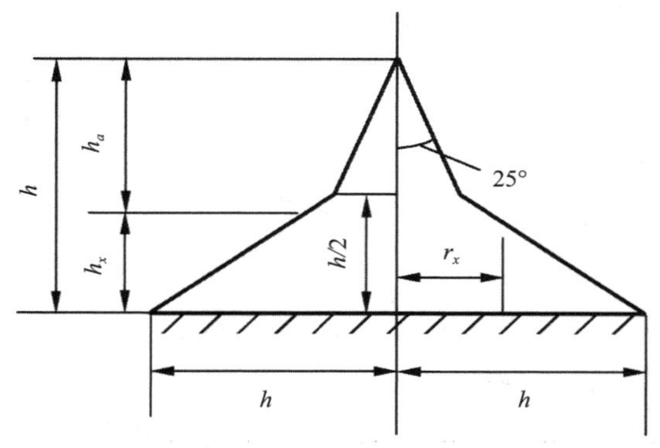

在h_x水平面上保护范围的藏面

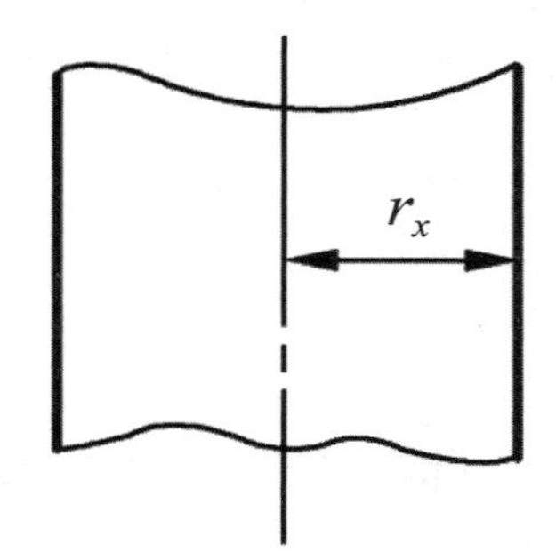

(a) 单根避雷线的保护范围

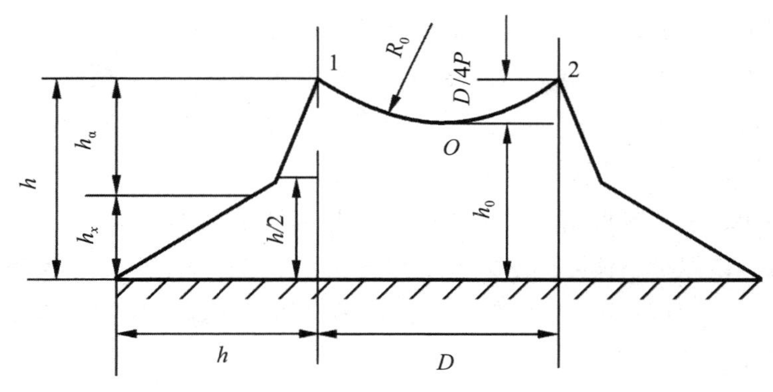

在h_x水平面上保护范围的截面

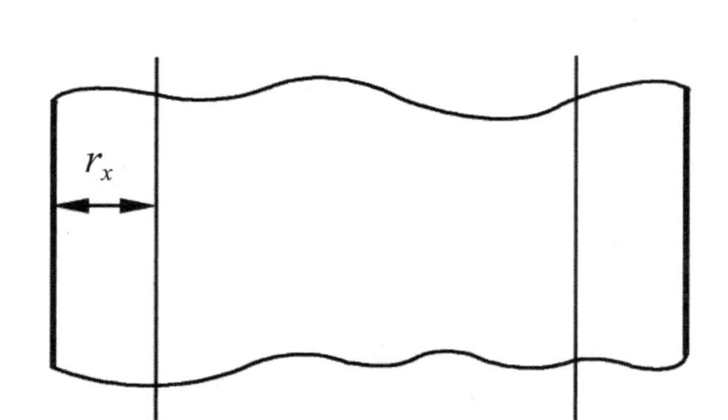

（b）两根避雷线的保护范围

图 5–4　单根及两根平行避雷线的保护范围

用两根避雷线保护发变电所电气设备时，其保护范围如图 5–4（b）所示。两根避雷线外侧的保护范围按单根避雷线来决定。两根避雷线内侧保护范围的横截面，则由通过避雷线顶点及中点 *O* 的圆弧确定。*O* 点的高度可确定为

$$h_0 = h - \frac{a}{4p}$$

式中：a——两根避雷线间的距离；

h ——避雷线的高度。

用避雷线保护送电线路时，避雷线对外侧导线的遮蔽作用通常以保护角 a 来表示。所谓保护角，就是指避雷线到导线的直线和避雷线对大地的垂线之间的夹角。保护角越小，其保护可靠程度也越高。运行经验证明：在正常结构的杆塔上，当避雷线的保护角 a 小于 20° 时，雷电绕过避雷线直击导线的可能性很小（小于 0.001）。当保护角大于 30° 时，雷电直击导线的概率就显著增大。但要使保护角 a 减小，就需要增加避雷线的支持高度，这样将使线路造价大为增加。从安全、经济的观点出发，避雷线的保护角一般应保持在 20°~30° 为宜。

必须指出，为了降低雷电通过避雷针放电时感应过电压的影响，不论是避雷针还是避雷线与被保护物体之间必须有一定的安全空气距离，一般情况下不允许小于 5 m。另外，防雷保护用的接地装置与被保护物体的接地体之间也应保持一定的距离，一般不应小于 3 m。

2. 避雷带和避雷网

避雷带和避雷网主要用来保护高层建筑物免遭直击雷和感应雷。

避雷带和避雷网宜采用圆钢和扁钢，优先采用圆钢。圆钢直径应不小于 8mm；扁钢截面应不小于 48mm^2，其厚度应不小于 4mm。当烟囱上采用避雷环时，其圆钢直径应不小于 12mm；扁钢截面应不小于 100mm^2，其厚度应不小于 4mm。避雷网的

网格尺寸要求可通过查阅相关设计手册得到。

以上接闪器均应经引下线与接地装置连接。引下线宜采用圆钢或扁钢，优先采用圆钢，其尺寸要求与避雷带（网）采用的相同。引下线应沿建筑物外墙明敷，并经最短的路径接地，建筑艺术要求较高者可暗敷，但其圆钢直径应不小于10mm，扁钢截面应不小于80mm^2。

（三）避雷器

避雷器是电力系统中限制过电压、保护电气设备绝缘的电器。通常将它接于导线和地之间，与被保护设备并联。在正常工作情况下，避雷器中无电流流过。当线路上传来危及被保护设备绝缘的过电压波时，避雷器立即动作，过电压的能量经避雷器泄放到大地，这样将过电压限制在一定的水平。当过电压消失后，避雷器中仍有工频电压所产生的工频电弧电流（俗称续流），此电流的大小是安装处的短路电流。避雷器能自动切断工频续流，使电力系统恢复正常工作。

避雷器经过了保护间隙、管型避雷器、阀型避雷器、氧化锌避雷器一系列更新换代的过程，但这些在供配电系统的不同场合仍在使用。

1. 保护间隙

保护间隙又称放电间隙，是最简单的防雷保护装置。它由主间隙、辅助间隙和支持瓷瓶组成。主间隙按结构形式不同，可分为棒形、环形和角形。在供配电系统中，角形保护间隙使用最广泛。主间隙2由两个金属电极构成，两极间有一定的空气间隙，一个极接于供电系统，一个极与大地相连，与被保护设备并联接线。当雷电波侵入时，保护间隙作为一个薄弱环节首先被击穿，将雷电流引入大地，避免了被保护设备的电压升高、从而保护了设备。辅助间隙3的作用是为了防止主间隙被异物短路，引起误动作。

电气设备的冲击绝缘强度是用伏秒特性表示。所谓伏秒特性，即绝缘材料在不同幅值的冲击电压作用下，其冲击放电电压与对应的起始放电时间的关系。避雷器与被保护设备的伏秒特性之间应有合理的配合。保护间隙与主间隙间的电场是不均匀电场。在这种电场中，当放电时间减小时，放电电压增加较快，即其伏秒特性段较陡，且分散性也较大。如果被保护设备的伏秒特性较平坦，这时保护间隙的伏秒特性与其配合就比较困难，故不宜用它来保护具有较平坦伏秒特性的电气设备，如变压器、电缆等。

保护间隙构造简单，成本低廉，维护方便，但由于无专门灭弧装置，间隙熄弧能力差，往往不能自动熄弧，会造成断路器跳闸，这是保护间隙的主要缺点。规程规定，在具有自动重合闸的线路中和管型避雷器或阀型避雷器的参数不能满足安装地点的要求时，可采用保护间隙。

防雷保护间隙的结构应满足以下要求：① 间隙距离应符合要求，并稳定不变。② 间隙放电时，应能够防止电弧跳到其他设备上。③ 能防止间隙的支持绝缘子损坏。④ 间隙正常动作时，能防止电极烧坏。⑤ 电极应镀锌或采取其他防锈蚀的措施。⑥ 主、辅间隙之间的距离应尽量小，最好三相共用一个辅助间隙。

2. 管型避雷器

管型避雷器是保护间隙的改进，如图 5–5 所示。它由产气管 1、内部间隙 S_1 和外部间隙 S_2 3 部分组成。产气管由纤维、有机玻璃或塑料制成。内部间隙装在产气管内。一个电极为棒形，另一个电极为环形。外部间隙设在避雷器和带电的导体之间，其作用是保证正常时避雷器与电网的隔离，避免纤维管受潮漏电。

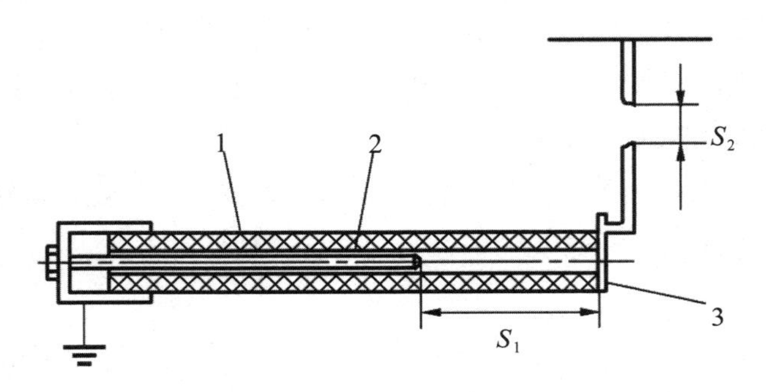

图 5–5　管型避雷器结构示意图

1– 产气管；2– 棒形电极；3– 环形电极

当线路遭受雷击时，在大气过电压的作用下，管型避雷器的内外部间隙相继被击穿。内部间隙的放电电弧使管内温度迅速升高，管子内壁的纤维材料分解出大量的气体，由环形电极端面的管口喷出，产生纵向吹弧。当交流电弧电流第一次过零时，电弧熄灭。这时外部间隙恢复了绝缘性能，管型避雷器与电网断开，恢复正常运行。

管型避雷器的铭牌上和样本中一般都标出额定断流能力这一参数，该参数有上限与下限两个数值（如 0.5 ~ 4 kA，2 ~ 10 kA 等)，表示避雷器断流能力（开断续流）的范围。也就是说，管型避雷器只有在这一开断续流范围内才能正常工作。由于管型避雷器是按自吹灭弧原理工作的，因此，其熄弧能力取决于开断电流的大小。管型避雷器在额定断流能力的上限与下限之间能保证可靠熄弧。选用管型避雷器时，应注意除了其额定电压要与线路的电压相符外，还要核算安装处的短路电流是否在额定断流范围之内。如果短路电流的最大有效值（考虑非周期分量）比避雷器的额定断流能力的上限值大，避雷器可能会爆炸；若短路电流可能的最小值（不考虑其非周期分量）比下限值小，则避雷器不能正常灭弧。

管型避雷器具有简单经济、残压很小的优点，由于结构上的特点，其伏秒特性较陡，不易与变压器的伏秒特性相配合，且在动作时有电弧和气体喷出，因此，它只能用于室外架空场所，主要是架空线路上。

3. 阀型避雷器

阀型避雷器由装在密封磁套管中的火花间隙组和具有非线性电阻特性的阀片串联组成。火花间隙组是根据额定电压的不同采用若干个单间隙叠合而成，每个间隙由两个黄铜电极和一个厚 0.5 ~ 1mm 的云母垫圈组成。由于两黄铜电极间间距小，面积较大，因此电场较均匀，可得到较平缓的放电伏秒特性。阀片是由金刚砂（SiC）和结合剂在一定的高温下烧结而成的，具有良好的非线性特性和较高的通流能力。正常电压时，阀片电阻很大，过电压时，阀片电阻变得很小。因此，阀型避雷器在线路上出现雷电过电压时，其火花间隙被击穿，阀片又会能使雷电流顺畅地向大地泄放。当雷电过电压消失、线路上恢复工频电压时，阀片呈现很大的电阻，使火花间隙绝缘迅速恢复而切断工频续流，从而保证线路恢复正常运行。必须注意：雷电流流过阀片电阻时要形成电压降，即线路在泄放雷电流时有一定的残压加在被保护设备上。残压不能超过设备绝缘允许的耐压值，否则设备绝缘仍要被击穿。

由于阀型避雷器具有伏秒特性比较平缓、残压较低的特点，因此，常用来保护变电所中的电气设备。

4. 氧化锌避雷器

氧化锌避雷器是一种没有火花间隙只有压敏电阻片的阀型避雷器。压敏电阻片是由氧化锌或氧化铋等金属氧化物烧结而成的多晶半导体陶瓷元件，具有理想的阀特性。在工频电压下，它呈现极大的电阻，能迅速有效地阻断工频续流，因此无须火花间隙来熄灭由工频续流引起的电弧，而且在雷电过电压作用下，其电阻又变得很小，能很好地泄放雷电流。

（1）氧化锌非线性电阻片

该电阻片是在以氧化锌为主要材料的基础上，掺以微量的氧化铋、氧化钴、氧化铬、氧化锑等添加物，经过成型、烧结、表面处理等工艺过程而制成，故称金属氧化物电阻片，做成的避雷器也称金属氧化物避雷器（MOA）。

（2）氧化锌避雷器的优点

与由碳化硅 SiC 电阻片和串联火花间隙构成的传统避雷器相比，具有以下优点：

① 保护性能优越。由于氧化锌避雷器（电阻片）有优越的伏安特性，在正常运行电压下，流过它的电流仅为微安级的电流，因此也不需要隔离的间隙，只要电压稍有升高，避雷器即可迅速吸收过电压能量，抑制过电压的发展。

氧化锌避雷器还有很好的伏秒特性，它没有间隙的放电时延，它的伏秒特性很平，在0.5 μs以内，伏秒特性略有上翘。因此，对SF_6气体绝缘变电站能有效地保护。

② 无续流、通流量大。由于氧化锌避雷器工频续流很小（微安级），可认为无续流。认为该避雷器只吸收雷电及操作过电压的能量，不吸收工频续流的能量。这样动作电流时间很短，不会发热损坏。因此，此种避雷器具有耐受多重过电压的能力。同碳化硅电阻片比较，氧化锌电阻片单位面积的通流能力大4～4.5倍。

③ 性能稳定、不受外界干扰。无间隙氧化锌避雷器的性能几乎不受温度、湿度、气压、污秽等环境条件的影响，故其性能稳定。

④ 氧化锌电阻片伏安特性是对称的，不存在极性问题，可制成直流避雷器。

⑤ 制造工艺简单，造价较低，适用大批生产。

以前的氧化锌避雷器外装为瓷套，而瓷套的内部容易受潮，可能发生爆炸，在使用上受到限制。为了克服瓷套的缺陷，现在的氧化锌避雷器采用复合绝缘外套。新型的全密封内部固体绝缘的悬挂式110 kV复合外套ZnO避雷器的整体结构如图5-6所示。

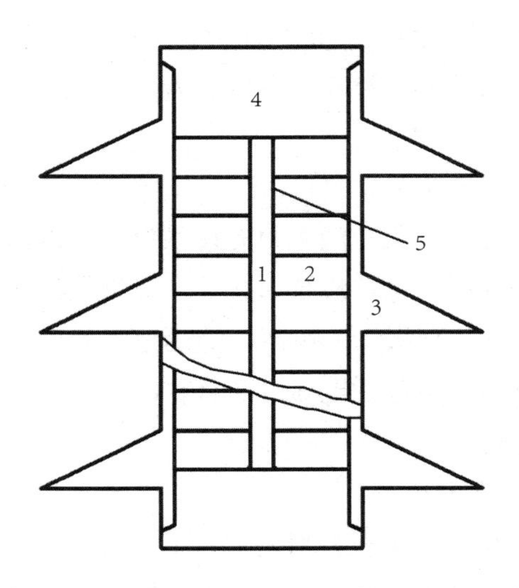

图5-6　复合绝缘ZnO避雷器整体结构示意图

1-环氧玻璃钢芯棒；2-ZnO阀片；3-硅橡胶裙套；4-铝合金电极；5-高分子密封填充胶

这种结构的ZnO避雷器的显著特点就是发挥了复合绝缘外套和ZnO阀片各自在机械和电气性能方面的特长。氧化锌电阻片有很好电气性能，芯棒材料有很高的机械强度、裙套材料有耐老化及耐污秽的特点，它们发挥了各自的优良性能。内部无气隙，不会受潮和发生爆炸。

由于没有串联间隙，ZnO避雷器的阀片不得不直接承受长期工频电压及各种暂时过电压的作用，阀片中流过持续电流。虽然在正常情况下该电流极小，但由于长

时间作用的结果将使阀片发热，伏安特性漂移，功率损耗增加，阀片逐渐老化，最终造成 MOA 损坏。因此，必须定时对 MOA 进行必要的试验，尤其是带电监测，以保证设备的安全。

金属氧化物避雷器具有无间隙、无续流、通流量大、残压低、体积小、质量轻等优点，目前供配电系统中 ZnO 避雷器已经取代了碳化硅阀式避雷器，被广泛用于电气设备的防雷保护。

三、防雷措施

(一) 架空线路防雷措施

由于架空线路长，地处旷野，距离地面较高，且分布广，因此容易遭受雷击。供配电系统的雷害事故中，线路的事故占大多数。线路事故跳闸，不但影响系统正常供电，而且增加了线路和开关设备的检修工作量。同时，雷电过电压波还会沿线路侵入变电所，危及电气设备安全。因此，对架空线路必须实施保护，具体的保护措施如下：

1. 防止雷击导线

主要措施是沿线架设避雷线，保护导线不受直接雷击，因为雷直击导线时，可能产生很高电位，极易引起绝缘闪络。线路电压越高，采用避雷线的效果越好，而且避雷线在线路造价中所占比重也越小。因此，110 kV 及以上的钢筋混凝土电杆或铁塔线路应沿全线装设避雷线。35 kV 及以下的线路不用沿全线装设避雷线，而是在进出变电所 1 ~ 2 km 处装设避雷线，并在避雷线两端各安装一组管形避雷器，以保护变电所的电气设备。而 10 kV 及以下线路上一般不装设避雷线。

2. 防止避雷线受雷击后引起绝缘闪络

避雷线遭雷击后，雷电流沿避雷线流入杆塔。此时，因杆塔或接地引下线的电感，以及接地电阻上的压降，使杆顶电位提高，有可能使绝缘子串闪络，即所谓反击。要防止反击，需要改善避雷线的接地，降低接地电阻值；适当提高线路的绝缘水平；个别杆塔还可使用避雷器，如换位杆和线路交叉部分以及线路上电缆头、开关等处，对全线来说，它们的绝缘性能较低。

3. 防止雷击闪电后建立工频短路电弧

即使绝缘子串闪络了，也要使它尽量不转为稳定的工频电弧，如果工频电弧建立不起来，线路就不会跳闸。相应的措施如下：① 适当增加绝缘子片数，减少绝缘子串的工频电场强度，可减少雷击闪电后转变为稳定电弧的可能性。② 在 3 ~ 10 kV 的线路中采用瓷横担绝缘子，比铁横担线路的绝缘耐雷击性能高得多。③ 电网中性点采用不接地或经消弧线圈接地，当线路绝缘发生单相对地的冲击闪络时，电弧自行熄灭。

4. 防止线路中断供电

为了使线路跳闸后也能保证不中断供电，可采用自动重合闸或双回路、环网供电等措施。

因配电线路的绝缘水平较低，故遭受雷击时容易引起绝缘子的闪络，造成线路跳闸。在断路器跳闸后，电弧即自行熄灭。如果采用自动重合闸，使断路器经 0.5s 或稍长一点时间后自动重合闸，电弧通常不会复燃，从而能恢复供电，这对一般用户也不会有什么影响。

实际应用时，应按线路电压等级、重要程度，当地雷电活动强弱，以及其他具体情况等，从技术和经济两方面来决定具体的防雷措施。

(二) 变配电站防雷措施

变配电所内有很多电气设备（如变压器等）的绝缘性能远比电力线路的绝缘性能低，而且变配电所又是供配电网的枢纽，如果变电所内发生雷害事故，将会造成很大损失，因此必须采用防雷措施。

1. 装设避雷针防止直击雷

变电所对直击雷的防护措施，一般是装设避雷针，使电气设备全部处于避雷针的保护范围之内。如果变配电所处在附近高建（构）筑物上的防雷设施保护范围之内或变配电所本身为室内型时，不必再考虑直击雷的防护。

避雷针可分为独立避雷针和架构避雷针两种。独立避雷针和接地装置一般是独立的，其接地电阻不宜超过 10Ω。架构避雷针是装设在构架上或厂房上的，其接地装置与架构或厂房的地相连，因而与电气设备的外壳也连在一起。主变压器的门型架构和 35kV 及以下变电所的架构上不允许装设构架避雷针。

装设避雷针应注意以下 5 点：

① 装在架构上的避雷针与主接地网的地下连接点至变压器接地线与主接地网的地下连接点之间，沿接地体的长度不得小于 15 m，以防避雷针放电时，反击击穿变压器的低压绕组。

② 为防止雷击避雷针时，雷电波沿电线传入室内，危及人身安全，严禁在装有避雷针、避雷线的构筑物上架设未采取保护措施的通信线、广播线和低压线。

③ 独立避雷针及其接地装置，不应装设在工作人员经常通行的地方，并应距离人行道路不小于 3 m，否则要采取均压措施，或铺设厚度为 50 ~ 80mm 的沥青加碎石层。

④ 独立避雷针与配电装置带电部分、变电所电气设备接地部分、架构接地部分与空气中距离，应符合

$$S_a \leqslant 0.2R_{sh} + 0.1h$$

式中：S_a ——空气中距离，m;

$_{Sh}$ ——避雷针的冲击接地电阻，Ω;

h ——避雷针校验点的高度，m。

⑤ 独立避雷针的接地装置与变电所接地网间的地中距离 S_E，应符合

$$S_E \leqslant 0.3R_{sh}$$

一般 S_E 不超过 3m。

2. 对沿线侵入雷电波的保护

为了防止变配电所电气设备不受沿线路侵入雷电波的损害，主要依靠阀型避雷器来保护。但阀型避雷器有局限性：一是侵入雷电流的幅值不能太高；二是侵入雷电流的陡度不能太大。

变配电所的防雷保护接线方式，与其容量大小有关，现分别介绍如下：

① 容量在 5600kVA 以上的变电所，进线保护应架设 1 ~ 2km 长的架空避雷线，如果是木杆线路进线保护的首段，应装设三相一组管型避雷器。

② 容量为 350 ~ 5600kVA 的变电所，以避雷线作为保护装置的进线长度为 0.5 ~ 0.6km，避雷器至变压器及互感器的最大允许距。

③ 容量在 3150kVA 以下的变电所，不要求在进线段架设避雷线，只要求在首端装设管型避雷器，并在 0.5 ~ 0.6 km 范围内每一电杆都要接地。

④ 变电所 3 ~ 10kV 侧的保护，是在每条出线和母线上装设阀型避雷器。

对具有电缆出线段的架空线路，阀型避雷器应装设在电缆与架空线路的连接处。阀型避雷器的接地应与电缆的铅皮相连，并通过它连到变电所的接地网上。

3. 配电设备的保护

(1) 配电变压器及柱上油开关的保护

3 ~ 35 kV 配电变压器一般采用阀型避雷器进行保护。避雷器应装在高压断路器的后面。为了提高保护的效果，应尽可能地靠近变压器安装。在缺少阀型避雷器时，可用保护间隙进行保护，这时应尽可能采用自动重合熔断器。

对 10 kV 配电变压器，为了防止雷电流流过接地电阻时，接地电阻上的压降与避雷器的残压叠加以后作用在变压器绝缘上，应将避雷器的接地与变压器外壳共同接地，使得变压器高压侧主绝缘上只有阀型避雷器的残压。但此时，接地体和接地引下线上的压降，将使变压器外壳电位大大提高，可能引起外壳向低压侧的闪络放

电。因此，必须将变压器低压侧中性点与外壳共同接地，这样使中性点与外壳等电位，就不会发生闪络放电了。其接地电阻值为：对100kVA及以上的变压器，应不大于4Ω；对小于100kVA的变压器，应不大于10Ω。

在多雷区，为防止在配电变压器的二次侧落雷，应在二次出口处加装低压避雷器或压敏电阻，其接地可与一次侧的避雷器共同接地。

为了防止避雷器流过冲击电流时，在接地电阻上产生的电压降沿低压零线侵入用户，应在变压器两侧相邻电杆上将低压零线进行重复接地。

柱上开关可用阀型避雷器或管型避雷器进行保护。对经常闭路运行的柱上开关，可只在电源侧安装避雷器。对经常开路运行的柱上开关，则应在其两侧都安装避雷器。其接地线应和开关的外壳连在一起共同接地，其接地电阻一般不应大于10Ω。

(2) 低压线路的保护

低压线路的保护是将靠近建筑物的一根电杆上的绝缘子铁脚接地。当雷击低压线路时，就可向绝缘子铁脚放电，把雷电流导入大地，起到保护作用。其接地电阻一般不应大于30Ω。

4. 高压电动机的防雷保护

一般对经配电再与架空配电网相连的电动机，可不另做防雷措施。对直接与架空配电网络连接的高压电动机（又称直配电机），一旦遭受雷击，将造成电动机绝缘损坏或烧毁，因此，对这类高压电动机必须加强防雷保护。

在运行中电动机绕组的安全冲击耐压值常低于磁吹阀型避雷器的残压，因此，单靠避雷器构成的高压电动机保护不够完善，还必须与电容器和电缆线段等联合组成保护，如图5–7所示。

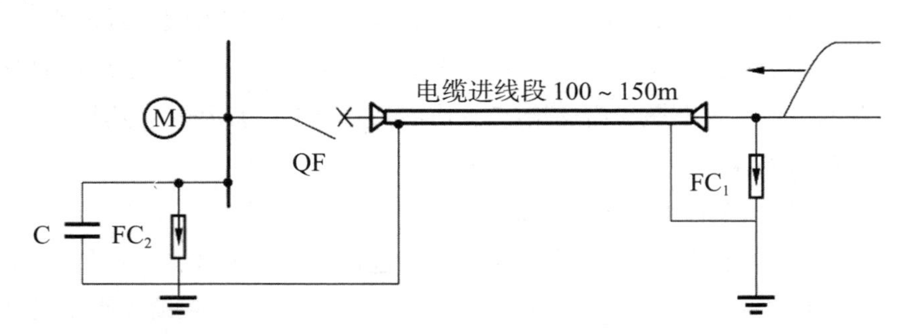

图5–7　具有电缆进线段的电动机的防雷保护

当侵入波使管型避雷器 FC_1 击穿后，电缆首端的金属外皮和芯线间被电弧短路，由于雷电流频率很高和强烈的趋肤效应使雷电流沿电缆金属外皮流动，而流过电线芯线的雷电流很小。同时，由于电缆和架空线的波阻抗不同（架空线400 ~ 500Ω，电缆10 ~ 50Ω），雷电波在架空线与电缆的连接点上会发生折射与反射。雷电波侵

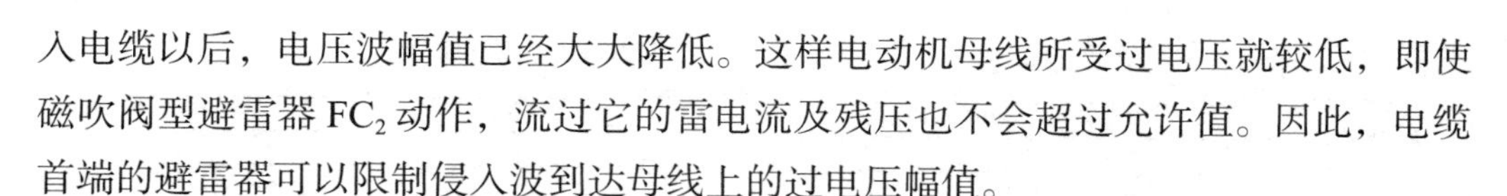

入电缆以后，电压波幅值已经大大降低。这样电动机母线所受过电压就较低，即使磁吹阀型避雷器 FC_2 动作，流过它的雷电流及残压也不会超过允许值。因此，电缆首端的避雷器可以限制侵入波到达母线上的过电压幅值。

另外，如果电动机绕组的中性点不接地，同时侵入电动机三相绕组的雷电冲击波在中性点处的折射电压比入口处电压提高 1 倍，这对绕组绝缘危害很大。因此为保护中性点的绝缘，采用 FC_2 与电容器 C 并联来降低母线上侵入波的波幅值和波陡度。并联 C 值越大，侵入波上升速度就越慢，波陡度就会越降低，装设于每相上的电容器值为 0.25 ~ 0.5 μF。如果电动机绕组的中性点能引出，也可以在中性点加装磁吹阀型避雷器进行保护。

四、接地与接零

(一) 接地与接零的类型

为了人身安全和电力系统工作的需要，要求电气设备采取接地措施。按接地目的和作用不同，可分为工作接地和保护接地两大类。电力系统因运行和安全的需要，常将发电机和变压器的中性点以及避雷器、避雷针的接地端与大地连接，称为工作接地。这种接地方式可起到降低触电电压，迅速切断故障设备或降低电气设备对地的绝缘水平等作用。为避免触电事故的发生，保障人身安全而将电气设备的金属外壳进行接地，称为保护接地，代号 PE。根据保护接地的实现方式，又可分为 IT 系统、TN 系统和 TT 系统。

电力系统和电气设备的对地关系可用两个字母来表示：第一个字母表示电力系统的对地关系：T 表示一点直接接地；I 表示所有带电部分对地绝缘或一点经阻抗接地。第二个字母表示装置的外露金属部分的对地关系：T 表示外露金属部分直接接地，且与电力系统的任何接地点无关；N 表示外露金属部分与电力系统的接地体连接接地。

1. IT 系统

在中性点不接地的三相三线制供电系统中，将电气设备正常情况下不带电的金属外壳和构架等与接地体之间做很好的金属连接，称为 IT 系统。如果电气设备的外壳未接地，当电气设备发生一相碰壳而使其外壳带电时，人体触及外壳，则电流经人体而构成通路，造成触电危险，如图 5–8(a) 所示。如果设备外壳接地，则因人体电阻远远大于接地电阻，即使人体触及外壳，流经人体的电流较小，也没有多大危险，如图 5–8(b) 所示。

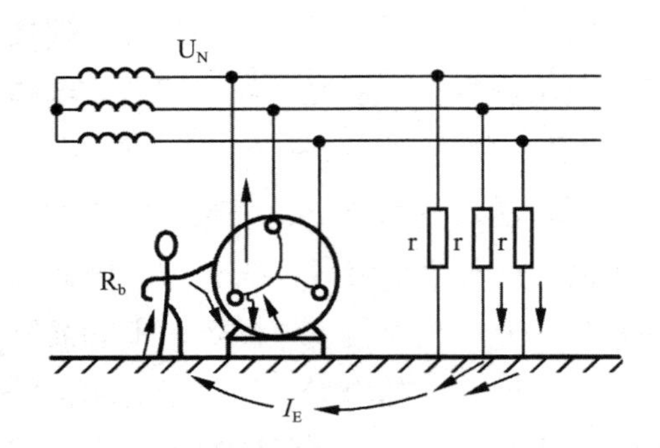

(a) 无保护接地时的电流通路

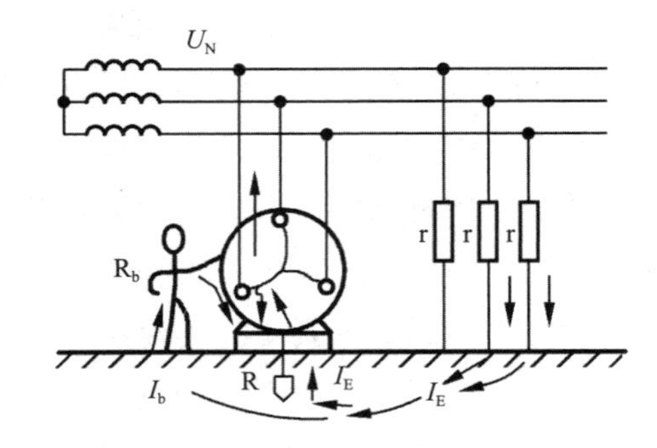

(b) 有保护接地时的电流通路

图 5-8　中性点不接地供电系统无接地和有接地时的触电情况

2. TT 系统

TT 系统适用于中性点直接接地的三相四线制系统，电气设备的金属外壳均各自单独接地，该接地点与系统接地点无关。在 TT 系统中设备与大地接触良好，发生故障时的单相短路电流较大，足以使过电流保护装置动作，迅速切除故障设备，大大地减少触电危险。即使在故障未切除时人体触及设备外壳，由于人体电阻远大于接地电阻，因此，通过人体的电流较小，触电的危险性也不大，如图 5-9 所示。

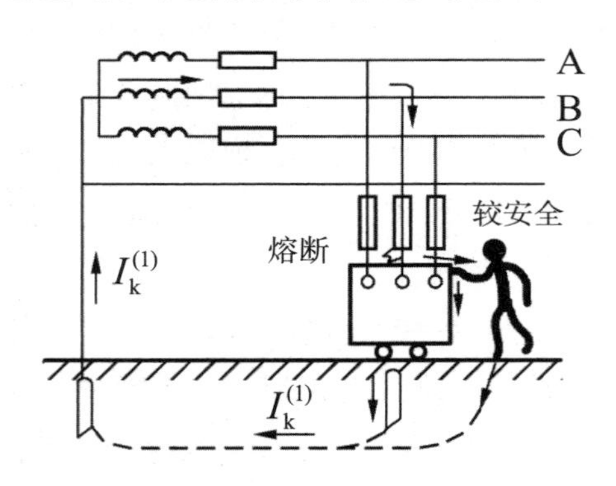

图 5-9　TT 系统保护接地

但是，如果这种 TT 系统中设备只是因绝缘不良而漏电，由于漏电电流较小而不足以使过电流保护装置动作，从而使漏电设备长期带电，就增加了触电的危险。因此，TT 系统应考虑加装灵敏的触电保护装置（如漏电保护器），以保障人身安全。

TT 系统由于设备外壳经各自的 PE 线分别直接接地。因此，各 PE 线间无电磁联系，它适用于数据处理、精密检测装置等的供电。而同时 TT 系统又属于三相四线制系统，故在国外得到广泛采用，我国也在逐渐推广。

3. TN 系统

TN 系统适用于中性点接地的三相四线制的低压系统。该系统将电气设备的金属外壳经公共的保护线（PE 线）或保护中性线（PEN 线，又称零线）与系统中性点相连接地。在如图 5–10（a）所示的 TN 系统中，当电气设备发生一相碰壳时，短路电流经外壳和零线构成回路，回路中相线、零线和设备外壳阻抗很小，短路电流很大，令线路上的空气开关（或熔断器）迅速动作，将故障设备与电源断开，从而减小触电危险，保护人身和设备的安全。

TN 系统根据保护线与中线的组合形式可分为 TN–C 系统、TN–S 系统和 TN–C–S 系统。TN-C 系统把中性线 N 与保护线 PE 合为一根 PEN 线［见图 5–10（a）］，所用材料少，投资省。但由于其保护线与中性线合一，因此，通常用于三相负荷比较平衡且单相负荷容量较小的场所。TN–S 系统的中性线 N 与保护线 PE 是分开的［见图 5–10（b）］，正常时 PE 线上没有电流。该系统的优点是即使 N 线断线，也不会影响保护。如图 5–10（c）所示为 TN–C–S 系统，该系统兼有以上两种的特点，一部分采用中性线与保护线合一，另一部分采用专设的保护线。

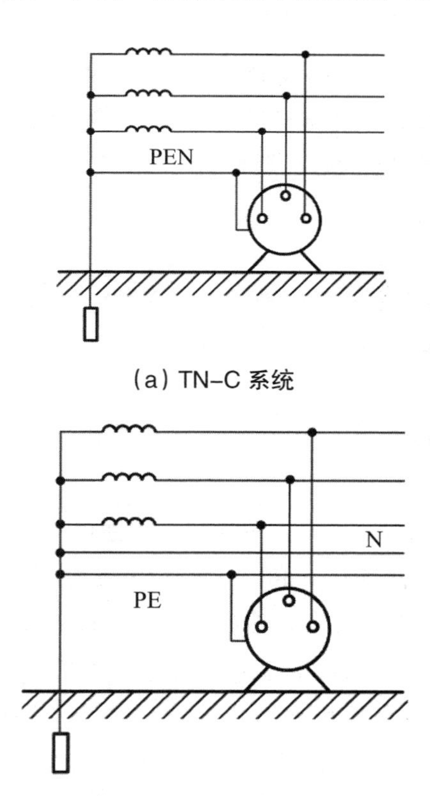

（a）TN–C 系统

（b）TN–S 系统

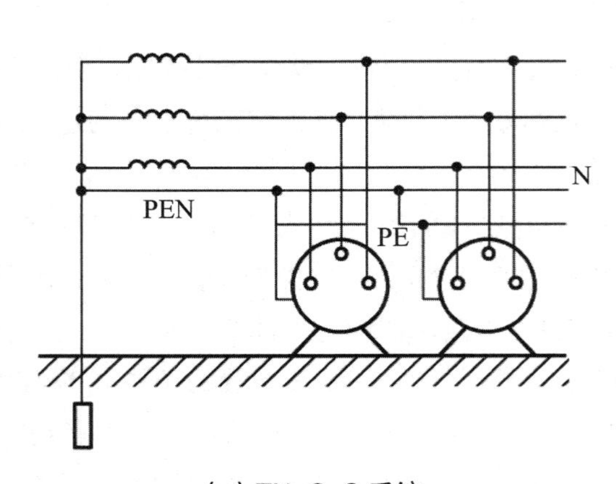

（c）TN–C–S 系统

图 5–10　TN 系统的 PE 线与 N 线的组合形式

4. 重复接地

在 TN 系统中，当 PE 线或 PEN 线断线且有设备发生单相碰壳时，接在断线处后面的设备外壳上出现接近于相电压的对地电压，存在触电危险。因此，为了进一步提高安全可靠性，除系统中性点进行工作接地外，还必须在以下地点的 PE 线或 PEN 线上重复接地：① 架空线路末端及沿线每隔 1km 处。② 电缆和架空线引入车间和大型建筑物处。

为保证用电安全，PE 线或 PEN 线不允许断线。施工时，一定要保证其安装质量，运行中，应注意检查。并且不允许在 PE 线或 PEN 线上装设开关和熔断器。

（二）接地装置的构成及其散流效应

1. 接地装置的构成

接地装置由接地体和接地线两部分构成。接地体可分为水平接地体和垂直接地体。垂直接地体通常采用直径 50mm，长 2 ~ 2.5 m 的钢管或 50mm × 50mm × 5mm，长 2.5 m 的角钢，打入地中与大地直接相连。水平接地体一般采用扁钢或角钢，将垂直接地体由若干水平接地体在大地中相互连接而构成的总体，称为接地网。连接于接地体与电气设备金属外壳之间的金属导线，称为接地线。接地线通常采用 25mm × 4mm 或 40mm × 4mm 的扁钢或直径 16mm 的圆钢，端部削尖，埋入地中。为了减少投资，还可利用金属管道以及建筑物的钢筋混凝土基础等作为自然接地体，但易燃易爆的液体或气体管道除外。

2. 接地装置的散流效应

当电气设备发生接地故障时，电流经接地装置是以半球面形状向大地散开的，称为散流效应。离接地体越远的地方，半球的表面积越大，散流电阻越小。在距接

地体 20m 左右处，散流电阻趋近于零，该处电位也接近于零，称为电气上的“地”。接地体的电位最高，它与零电位的“地”之间的电位差，称为对地电压，用 U_E 表示。

3. 接触电压与跨步电压

因接地装置散流效应，当电气设备发生单相碰壳或接地故障时，在接地点周围的地面就会有对地电位分布。此时，若人站在该设备旁，手接触到设备外壳，则人手与脚之间呈现出的电位差称为“接触电压”。跨步电压是指在接地故障点附近行走，两脚之间所出现的电位差。

4. 对接地电阻的要求

接地电阻是指接地体的散流电阻与接地线和接地体电阻的总和。其中，接地体和接地线的电阻与散流电阻相比较小，可忽略不计。在同样的接地电流下，接地电阻越小，接触电压和跨步电压也越小，对人身越安全。

（三）防雷接地

1. 防雷接地与一般电气设备的工作或保护接地的区别

所谓防雷接地，是指避雷针（线）、避雷器、放电间隙等防雷装置的接地。就其接地装置的形式和结构与一般电气设备的工作或保护接地没有什么两样。所不同的是防雷接地是导泄雷电流入地的，工作或保护接地是导泄工频短路电流入地的。工频短路电流远比雷电流要小得多，流过接地装置时所产生的电压降也不大，不会出现反击现象。雷电流流过接地装置时的电压降往往要高得多，会对某些绝缘弱点或绝缘间隙产生反击。由于避雷针、避雷线的反击现象特别严重，因此，对其要独立设立接地装置；而避雷器，放电间隙的导泄电流，一般都在电气绝缘的耐雷水平之内，不大会造成反击发生。因此，可以与一般电气设备的工作或保护接地装置合用，无须单独设立。

2. 工频接地电阻和冲击接地电阻的关系

同一接地装置，当流过工频电流时所表现的电阻值，称为工频接地电阻。流过雷电冲击电流时所表现的电阻值，称为冲击电阻。因为雷电冲击电流流过接地装置时，电流密度大，波头陡度高，会在接地体周围的土壤中产生局部火花放电，其效果相当于增大了接地体的尺寸，会使接地电阻的数值降低，所以冲击接地电阻要比工频接地电阻小，两者相差一个小于 1 的系数，称为接地电阻冲击系数。

第二节　建筑弱电设计

一、有限电视系统

(一) 传输系统

1. 传输媒质

(1) 射频同轴电缆

同轴电缆是用介质使内、外导体绝缘且保持轴心重合的电缆，其基本结构是由内导体 (单实芯导线 / 多芯铜绞线)，绝缘体 (聚乙烯、聚丙烯、聚氯乙烯 / 实芯、半空气、空气绝缘)，外导体 (金属管状、铝塑复合包带、编织网或加铝塑复合包带) 和护套 (室外用黑色聚乙烯、室内用浅色的聚氯乙烯) 四部分组成。

(2) 光缆

光波在光纤中的传播是光缆传输的基础。光纤是像头发丝那样细的传输光信号的玻璃纤维，又称光导纤维，它由两种不同的玻璃制成。构成中心区的是光密物质，即折射率较高的、低衰减的透明导光材料，称为纤芯；而周围被光疏物质所包围，即折射率较低的包层。纤芯与包层界面对在纤芯中传输的光形成壁垒，将入射光封闭在纤芯内，光就可在这种波导结构中传输。

目前，光纤主要由极为纯净的石英制成。按光的传输模式，光纤分为单模和多模两类。在有线电视系统中通常只使用单模光纤。

2. 传输设备

(1) 放大器

在电缆传输系统中使用的放大器主要有干线放大器，干线分支 (桥接) 放大器和干线分配 (分路) 放大器。在光缆传输系统中主要使用光放大器。

干线放大器。干线放大器是为了弥补电缆的衰减和频率失真而设置的中电平放大器，通常只对信号进行远距离传输而不带终端用户，因此只有一个输出端。

干线分支和分配放大器。干线分支放大器，又称桥接放大器，它除一个干线输出端外，还有几个定向耦合 (分支) 输出端，将干线中信号的一小部分取出，然后再经放大送往用户或支线。干线分配放大器有若干个分配输出端，各端输出电平相等。它通常处于干线末端，用以传输几条支线。

光放大器。光放大器的使用，标志着光纤 CATV 由第一代进入第二代，若把信号源也包括到光学系统中，光放大器和光纤对所有信号都完全透明，就成为第三代光纤 CATV。

目前有线电视系统使用的光放大器主要是干线光放大器和分配光放大器。按工作原理分，它们主要有半导体激光放大器和光纤激光放大器。

(2) 均衡器（EQ）

在有线电视的信号传输过程中，为使各频道信号的电平差始终保持在规定的范围内，通常要采用均衡措施；否则各级积累的电平差会使系统产生严重的交互调干扰。

均衡器是一个频率特性与电缆相反的无源器件，通常为桥四端网络。在工作频带内，最高频率信号通过均衡器的电平损耗成为插入损耗；最低频率信号通过的电平损耗与插入损耗之差称为最大均衡量。

(3) 光端机

包括光发射机和光接收机，它有单路和多路两类。单路光端机主要用于电视台机房与发射塔之间，多路光端机主要用于有线电视网。

(4) 其他设备

光分路（耦合）器。光分路就是指光从一根光纤输入，分成若干根光纤输出。其原理是利用光纤芯外的衰减场相互耦合，使光功率在两根光纤中相互转换。

光纤活动连接器。光纤链路的接续，可分为永久性的和活动性的两种。永久性的接续，大多采用熔接法、粘接法或固定连接器来实现；活动性的接续，一般采用活动连接器来实现。光纤活动连接器（活接头、光纤连接器），是用于连接两根光纤或光缆形成连续光通路的可以重复使用的无源器件，已经被广泛应用在光纤传输线路、光纤配线架和光纤测试仪器、仪表中，是目前使用数量最多的光无源器件。

(二) 分配系统

1. 作用、组成、特点

(1) 分配系统的作用主要是把传输系统送来的信号分配至各个用户点。

(2) 分配系统由放大器和分配网络组成。分配网络的形式很多，但都是由分支器或分配器及电缆组成。

(3) 分配系统考虑的主要问题是高效率的电平分配，其主要指标是交互调比、载噪比、用户电平（系统输出口电平）等。分配系统具有如下特点：① 用户电平和工作电平高。这是有线电视系统中唯一需要高电平工作的地方。只有这样，才能提高分配效率，增加服务数。② 系统长度短，放大器级联级数少（通常只有一二级），且放大器可不进行增益和斜率控制。

2. 分配方式

(1) 串接分支链方式

串接的分支器数目与分支器的插入损耗和电缆衰减有关。通常在 VHF 系统中，一条分支链上可串接二十几个分支器；在全频道系统中，一条分支链上串接的分支数小于 8 个。

(2) 分配—分配方式

分配网络中使用的均是分配器，且常用两级分配形式。需要注意的是，每个分配器的每个输出端都要阻抗匹配，若某一端口不用时要接一个 75Ω 的负载。

(3) 分支—分支方式

在这种方式中使用的都是分支器，较适于分散的、数目不多的用户终端系统。同样，在最后一个分支器的输出端也要接上一个 75Ω 的匹配电阻。

(4) 分配—分支方式

在分配—分支网络中，允许分支器的分支端空载，但最后一个分支器的输出端仍要加一个 75Ω（1/4W）的负载。

(5) 分配—分支—分配方式

这种方式带的用户终端较多，但分配器输出端不要空载。

(三) 用户终端

1. 常用终端技术

(1) 有线电视接收机方式

这是一种专用接收技术，它在接收机内部采用特殊的电路和处理方法，使它既能收看普通电视信号，也能收看邻频信号或增补频道节目，甚至可收看付费电视频道。

(2) 集中群变换方式

以某一集中区域为单元，用一个电视频率变换站来控制该区域中的用户终端。这种方式只是一种过渡方式，对付费电视不好管理，因此用得很少。

(3) 上变换方式

这种方式以用户为单元，在其电视接收机前加装机上变换器。

2. 机上变换器

(1) 机上变换器的组成

机上变换器通常采用高中频的双变频方式或解调—调制方式。

① 高中频双变频式机上变换器

这种变换器技术要求低，成本也低。缺点是无视频、音频信号，不能通过变换器对音量、对比度、亮度等进行调节。

② 解调—调制式机上变换器

其最大优点是有视频、音频信号；可通过变换器对音量、亮度等进行调节；家

装十分方便。但由于功能多、指标高，因此价格较贵。这是一种很有发展前途的变换器。

(2) 机上变换器的类型

从上限频率来分。上限频率指的是变换器所能接收和处理的最高信号频率，目前有 300MHz、450MHz、550MHz 等几种。上限频率越高，可接收的频道数越多。

从调谐方式来分。从变换器组成可以看出，变换器中都有调谐部分，目前的变换器几乎均为数字调谐。数字调谐有两种方式，即电压合成数字调谐和频率合成数字调谐。

二、建筑通信系统

是指在大型宾馆、饭店，以及一个或几个密切联系的单位内部，所设立的以电话站（或称总机室、小交换室）为中心的供内部联系用的电话系统。

（一）系统的组成

由进户线（或配电室）向总机室引专线供电。电话线由总机室引出后，可先集中引至电缆竖井，沿井明敷。经分层接线盒将线引出后，宜采用放射式布线，穿管沿楼板或沿墙暗敷引至各用户终端（电话出线盒）。总引出线可采用 HYY 型电话电缆，引向各用户终端的分支线可采用 RVS 型电话线。

（二）电话站的类型

可分为人工和自动电话站两种。人工电话站采用磁石式或共电式交换设备，通话靠人工接续。自动电话站多采用步进制或纵横制交换机，通话的接续靠机器自动进行。

（三）电话站的建造方式

电话站尽量选择在振动小、灰尘少、安静、无腐蚀性气体的场所。根据具体条件，可采用如下建造方式：

1. 附建于其他房间内

如建在办公楼一、二层的尽端，或建在工厂的生活间内。这是普遍采用的一种方式。

2. 单独建造

适于系统容量较大（800 门以上），需面积较大，或者没有合适的房屋可供利用的情况。

3. 利用原有房屋改建

应注意根据工艺条件，对房屋的负载能力、耐久程度等进行详细的鉴定。

(四) 电话站的房间组成

一般包括：

1. 交换机室

主要用于安装人工或自动交换机等设备。应和配电室、测量室相邻，以使馈电线和电话电缆最短。

2. 配电室

主要供安装配电屏、整流器等设备。一般应与交换机室和电池室相邻。

3. 测量室

供安装总配线架、测量台等设备。电话电缆由电缆进线室引入测量室，然后引入交换机室。

4. 电池室

供安装蓄电池。因蓄电池极重，故该室多布置在楼的一层。电池室与配电室之间常有大截面馈电线相连，故二室应紧邻。

5. 电缆进线室

用于将引入的电缆线端(通过电缆接头变成局内电缆)，再引至测量室的总配线架。

6. 其他房间

可能有转接台室、贮酸室、空调室、线务工候工室、办公室和值班休息室等。对于小容量的电话站，因为设备较少，可将一些房间合并或省去辅助房间，这对于日常维护和节省建筑面积都是有利的。

三、火灾自动报警系统

相对于建筑物自动化系统的其他系统，由于管理体制和涉及人身与建筑安全的原因，火灾自动报警与消防联动控制系统相对独立，只通过接口由中央监控系统对其进行二次监测，这也是有将火灾自动报警与消防联动控制系统分为独立的自动化系统（Fire Automation System，FAS）的原因。

在我国，对火灾自动报警与消防联动控制系统的研究、生产和应用起步较晚但发展迅速，国家有关部门对建筑火灾防范和消防极为重视，特别在《建筑设计防火规范》《高层民用建筑设计防火规范》《火灾自动报警系统设计规范》《火灾自动报警系统施工及验收规范》等消防技术法规的出台和强制性执行以来，火灾自动报警与消防联动控制系统在国民经济建设中，特别是在现代的工业、民用建筑的防火工作中，发挥了越来越重要的作用，已成为现代建筑的不可缺少的安全技术设施。

现代建筑对火灾自动报警与消防联动控制系统最基本要求是：① 在保护范围内，具有灵敏、可靠的火灾信息检测与报警功能。② 具有能够发出特殊声、光报警信号并显示火灾区域的警报系统。③ 具有能够实现与消防系统连动控制的功能，即在火灾时，能够自动启动相应的消防设备或消防系统。④ 具有独立于市电电源的供电系统，确保火灾时对整个系统的供电。⑤ 具有对系统中各器件进行巡检、状态监视、故障诊断的功能。⑥ 具有通信功能，能实现系统内部各分区的数据传送，能实现系统与中央监控系统的通信。

火灾自动报警与消防联动控制系统一般由触发器件、火灾报警控制装置、火灾警报装置、消防联动控制装置和电源等部分构成，有的系统还包括消防控制设备。

（一）触发器件

无论任何系统，要实现对故障的防范、对受控对象的调节，必须有效地获取故障或受控对象的特征信息或参数。在自动控制系统中，用各种不同类型的传感器监测故障或受控对象的特征信息。在火灾自动报警系统中，用于检测火灾特征信息，产生火灾报警信号的器件称为触发器件，包括火灾探测器和手动火灾报警按钮。

火灾探测器是指能够感受到火灾特征信息，如高温、浓烟、火焰辐射、强光、有害气体和可燃气体浓度等的特殊传感器。对应地，火灾探测器有感温火灾探测器、感烟火灾探测器、感光火灾探测器、气体火灾探测器、复合火灾探测器等五种基本类型。火灾探测器是火灾自动报警系统中应用量最大、应用面最广、最基本的触发器件，不同类型的火灾探测器适用于不同类型的火灾和不同的场所，可按照现行有关国家标准的规定合理选择经济适用的火灾探测器。

火灾探测器种类很多，在选用时应根据火灾探测器的主要技术参数和应用范围。一般火灾探测器的主要技术参数有：

1. 额定工作参数

火灾探测器的额定工作参数包括工作电压、工作电流、报警电流。

工作电压指探测器长期工作所需的电源电压。火灾探测器的工作电压一般为24V，也有采用12V作为工作电压的探测器。由于火灾探测器分布在建筑内的各个不同的地方，分布广、范围大，因此，希望火灾探测器允许工作电压的波动范围大，可以适应探测器实际安装位置的电源电压的变化。允许探测器长期工作的电压的波动范围称为电压允差，一般火灾探测器的电压允差为 ±15%，允差越大，则探测器对电压变化的适应能力越强。

工作电流指探测器正常工作状态时的工作电流，也称警戒电流。工作电流越小，则表示探测器工作所需的功率越小，对火灾报警系统电源功率的要求越低，有利于降低电源设备的体积与投资。目前火灾探测器的警戒电流已降到微安级。

报警电流指探测器在报警状态时的工作电流，一般火灾探测器还给出最大报警电流这一参数，以表示在报警状态下电源应提供的电流。一般探测器在报警时需要的工作电流比正常工作状态时要大，通常为毫安级。

显然，探测器的电压允差限制了报警探测器与报警控制器（电源提供地点）的距离，电压允差大，则允许的距离远；最大报警电流则限制了报警控制器的每个回路的探测器的数量，最大报警电流小，则每个回路允许设置的探测器的数量多。另外，电压允差和报警电流也决定了探测器工作所需的功率，电压允差大、报警电流小表示探测器工作所需的功率小，有利于降低电源设备的体积与投资。

2. 灵敏度

灵敏度指探测器对火灾信息的灵敏程度，是影响火灾报警系统性能的重要因素。火灾探测器的灵敏度一般分为三级，灵敏度级别越低，对火灾信息的反应越灵敏，发出报警信号的时间越短，但产生误报的可能性也越大，因此在选择火灾探测器时，需要根据实际情况综合各种因素选择探测器的灵敏度。

3. 警戒范围

警戒范围指探测器对火灾信息敏感的有效范围，也称监视范围。点型探测器的警戒范围一般用面积表示，感光型探测器的警戒范围采用保护视觉与最大探测距离表示。在火灾报警保护区域确定后，探测器的警戒范围是确定报警系统所需探测器数量的主要依据。

4. 使用环境

使用环境指探测器能够正常工作的环境，如温度、湿度等，在选择火灾探测器时，要考虑安装探测器的环境是否满足探测器使用环境的限制。

根据建筑的火灾防范要求、国家有关规范、火灾探测器的技术性能，可以选择不同类型的火灾探测器，构成多层次、多形式的火灾检测体系。

触发器件中，还有一类是手动火灾报警按钮，在火灾时以手动方式产生火灾报警信号、启动火灾自动报警系统的装置，这也是火灾自动报警系统中不可缺少的组成部分。

（二）火灾报警控制装置

在火灾自动报警系统中用以接收、显示和传递火灾报警信号，并能发出控制信号和具有其他辅助功能的控制指示设备称为火灾报警控制装置。在这类装置中，最

典型、最基本的一种是火灾报警控制器，还有一些报警装置，如区域显示器、火灾显示盘、中继器等，只具有火灾报警控制装置所要求的部分功能，在特定的应用条件下，可看作火灾报警装置，一般情况下，可将其看作火灾报警控制器的演变或补充。

火灾报警控制器是火灾自动报警系统中的核心，一般应具备以下功能：①具备自动接收、显示和传输火灾报警信号的功能，对火灾探测器的报警信号实施统一管理和自动监控。②采用模块式、结构化的系统结构，能够根据建筑功能发展与变化实现相应的火灾报警控制功能。③具备独立于市电电源的供电系统，确保系统能够随时运行，并为火灾探测器提供电源。④具备对自动消防设备发出控制信号、启动消防设备运行的功能，即消防控制连动功能。⑤具备对火灾报警系统中各器件进行巡检、状态监视、故障自动诊断的功能。⑥具备较为完善的通信功能，可实现系统内部各区域之间的数据传送，也能实现系统与其他自动化系统、中央监控系统的通信。

火灾报警控制器一般分为区域火灾报警控制器、集中火灾报警控制器、控制中心火灾报警控制器三种基本类型，但随着模拟量火灾探测器的应用、总线制控制技术的发展，智能化火灾探测报警系统的逐渐应用，火灾报警控制器已不再分为区域、集中和控制中心三种类型，而统称为火灾报警控制器。

（三）火灾警报装置

所谓火灾警报装置是指在火灾自动报警系统中，能够发出区别于一般环境声、光的警报信号的装置，用以在发生火灾时，以特殊的声、光、音响等方式向报警区域发出火灾警报信号，警示人们采取安全疏散、灭火救灾措施。

（四）消防联动控制装置

在火灾自动报警系统中，当接收到来自触发器件的火灾报警信号时，能够自动或手动启动相关消防设备并显示其运行状态的装置设备，称为消防联动控制装置。现代的火灾自动报警系统，都要求具有消防联动控制功能。按建筑消防的功能要求和消防设备配置，联动控制系统主要有消防控制系统和灭火系统的控制装置，消防控制系统包括防火系统（防火门、防火卷帘、防火水幕、挡烟垂壁等），防、排烟系统，火灾应急照明与疏散指示标志，火灾应急广播，消防状态下的电梯运行控制；灭火控制系统包括自动喷淋系统、消防栓泵系统等水灭火系统和气体灭火系统等。

消防联动控制装置一般设在消防控制中心，以便实行集中统一控制，统一管理，也有将消防联动控制装置设在被控消防设备所在现场，但其动作信号则必须返回消防控制室，实行集中与分散相结合的控制方式。

(五) 电源

火灾自动报警系统对供电的要求较高，除主电源外，还要求配备独立的备用电源，其主电源由消防电源双回路电源自动切换箱提供，备用电源采用蓄电池，主电源和备用电源能自动切换。系统相关的消防控制设备的供电也由系统电源提供，在进行供配电设计时要考虑火灾自动报警系统的供电电源。

(六) 火灾自动报警系统的基本形式

在早期的火灾自动报警与消防联动系统中，触发器件与火灾自动报警系统采用N+1连线方式，即系统中有N个触发器件，就需有N+1条导线连到报警系统，这种方式使系统中的连线数量庞大，设计、施工极为不便，故障率较高。随着电子技术和微机控制技术的发展，对触发器件采用数字式地址编码，引入总线概念，将触发器件的输出信号以数字传输方式送到报警系统，根据编码地址识别触发器件，这种方式大大减少了系统连线，简化了系统结构，极大地推动了火灾自动报警系统的应用；在系统总线的基础上和现场通信功能的支持下，自动报警系统采用自动循环检测方式主动检测触发器件的状态，同时触发器件的性能也有所改善，这两项措施提高了火灾自动报警系统的可靠性和报警准确性，是目前应用最多的火灾自动报警系统基本工作方式。

根据现行国家标准《火灾自动报警系统设计规范》规定，火灾自动报警系统的基本形式有三种：区域报警系统、集中报警系统、控制中心报警系统。

1. 区域报警系统

由区域火灾报警控制器、火灾触发器件、火灾警报装置和电源组成。

区域火灾报警系统功能较简单，火灾保护对象的规模较小，一般为二级保护对象，对消防联动控制功能的要求较低，有时甚至没有消防联动控制功能，只能为局部区域或为放置某一特定设备的空间范围提供服务，其应用特点是体积小，可挂墙安装，可不设专门的消防值班室，由其他有人值守的房间代替。

2. 集中报警系统

由集中火灾报警控制器、区域火灾报警控制器、火灾触发器件、火灾警报装置、区域显示装置和电源组成。

集中火灾报警系统的功能较全，系统构成较复杂。火灾触发装置输送到区域报警控制器，火灾保护对象由一个个区域报警控制器进行监控，区域报警控制器对火灾触发装置的信号进行处理后再将火灾报警信号输送到集中火灾报警控制器，由集中报警控制器识别并显示火灾报警来自哪一个区域，对各个区域控制器进行管理，同时向区域控制器提供电源。集中报警控制器具有较完备的火灾连动控制功能，在火灾报警确认后，可以启动对应的消防系统或设备。集中火灾报警系统其实是由集中报警控制器为核心的分布式控制系统。集中火灾报警系统应至少包括一台集中火灾报警控制器和两台以上的区域火灾报警控制器，系统中还应有消防联动控制装置，另外集中火灾报警控制器应设在有人值守的值班室内。

3. 控制中心报警系统

由区域火灾报警控制器、火灾触发器件、控制中心的集中火灾报警控制器与消防联动控制装置、火灾警报装置、区域显示装置、火灾应急广播、火灾应急照明、火警电话和电源组成。

控制中心报警系统的功能齐全，系统构成复杂。控制中心由集中火灾报警控制器与消防联动控制装置构成，火灾保护对象仍然由一个个区域报警控制器进行监控，但保护范围大于集中火灾报警系统。火灾报警的功能由火灾触发装置、区域报警控制器、集中火灾报警控制器实现；火灾连动控制功能由专门的连动控制装置完成，支持复杂的消防设备或消防系统的控制，可满足消防联动控制的要求。

控制中心报警系统应至少包括一台控制中心报警器、一台专用的消防联动控制器和两台以上的区域火灾报警控制器，系统应具备显示火灾报警部位和消防联动状态的功能，另外控制中心报警控制装置应设在有人值守的专门的消防值班室内。

上述三种火灾自动报警系统的基本形式是按现行国家标准《火灾自动报警系统设计规范》的规定分类，但在电子技术和计算机控制技术快速发展的时代，三种基本形式的界定已非常模糊，也没有必要对此作严格限制，在实际应用时，可根据保护对象的性质、特点、规模和投资力度等综合考虑，选择合适的火灾自动报警系统。

火灾自动报警与消防联动控制系统是用来保护人身安全与建筑安全的系统，不同保护对象的使用性质、火灾危险性、疏散扑救难度等也不同，要根据不同情况和火灾自动报警系统设计的特点与实际需要，有针对性地采取相应的防护措施，国内外都对安装的火灾自动报警系统作了具体甚至是强制性执行的规定。在设计或选择火灾自动报警系统时，要按现行国家标准《火灾自动报警系统设计规范》中的规定，确定保护对象的“级别”，确定火灾探测器安装的范围、数量、位置，确定火灾探测区域和报警区域，选择合适的火灾自动报警系统形式，并按建筑消防系统的要求，设计相应的消防联动控制系统。总而言之，火灾自动报警与消防联动控制系统的设计、安装、施工都要满足现行国家有关规范或标准。

第六章　智能建筑电气技术与工程设计

第一节　智能建筑电气技术

一、建筑电气工程的智能化技术应用

智能化技术的发展得益于我国科学技术的进步，同理，建筑电气工程离不开智能技术的应用。建筑电气工程操作的准确性，施工过程中的效率性以及建筑行业的快速发展都与建筑电气工程的智能化技术的应用密切相关。如今，建筑行业在科学技术与市场经济的影响下，智能化意识日益增强。智能化技术作为建筑电气工程中不可或缺的组成部分，既可以减少在建筑过程中的消耗，又可以保证施工质量。

（一）电气工程应用智能化技术的优势

在建筑电气工程中，假如设计形式不当，就会影响建筑的整体应用。笔者结合实际应用，对电气工程应用智能化技术的优势进行了总结。

第一，智能化技术灵活。灵活性是智能化技术最大的优点。在施工过程中，人员的传统操作技术不专业、不符合标准等问题都会影响施工的质量。为减少这种不必要的损失，保证工程的整体效率，应用智能化技术，摒弃传统操作技术刻不容缓。

第二，智能化技术具有一致性，是电气工程应用智能化技术的第二大优势。为满足建筑的整体设计感，在施工过程中，电气工程的科学性和精准性也不能忽视。智能化技术可以对各种各样的数据进行筛选和处理，并具有针对性地进行评估，使电气工程的整体性和严谨性得以保障。相对传统的人工技术而言，其能够有效避免因管理不当或者其他的问题而造成的不良影响。

第三，智能化技术控制能力强。控制力很强是电气工程应用智能化技术的第三大优势，相对传统的人工智能控制而言，智能化技术的控制效果比较显著。采用智能控制技术能够改善在设计过程中出现的不稳定现象，以最快的方式解决问题，最大范围地控制电气工程，使控制器之间能够协调运作。

（二）电气工程智能化技术的实际应用

建筑电气工程的建设质量与人们的生活水平密不可分。随着经济化进程的加快，电气工程智能化技术的实际应用范围日益广泛，其主要体现在远程控制、材料选型、照明系统、配电系统、电气诊断以及工程验收等方面。

1. 远程控制

在电气工程中，远程控制可以说是其核心关键部分。其功能是在施工过程中，最大限度地满足施工者和居民的要求，考虑住户的实际需要后进行假设，使两者能够兼顾。进行集中处理数据时，可操控终端设备对排水问题、照明问题以及配电问题等进行控制。

2. 材料选型

在建筑电气工程智能化技术应用中，各种各样的材料不断涌现，正是因为如此，在施工设计过程中，一定要寻找合适的材料。如在变压器的选择上，应提前预估尽可能无限接近用电的总量，注意变压器的容量，尽量选择容量较大的变压器，避免因变压器容量不够而造成的变压器超强度使用，以及避免浪费稀有能源的现象发生。

3. 照明系统

照明系统是电气工程的重要组成部分。在设计照明系统的同时，要优先考虑能耗问题，避免建筑照明系统中不合理的智能电气照明设计。在选择照明工具时，要考虑输出路线的接口位置是否一致，使路线的输出正常。要控制好室外照明及住宅照明，就要选择低能耗的照明设备，智能化控制其线路输出，使信息能够智能化传达。还可以选择因季节变化而变化的智能照明设备，真正实现建筑的智能控制，满足各类型建筑的需求。

4. 配电系统

为满足配电系统的要求，实现施工过程中的智能设计，必须始终坚持正确的供电形式及严格遵守智能化配电的要求。在设计好配电系统之后，一定要检查配电系统是否存在隐患。传统人工检查存在主观意识强、缺乏科学化、难以实时监控等问题，而采用智能化的配电系统就不需要担心这类问题，与此同时，设计人员可以参考配电系统模式，控制远程系统，实现电量数据的同步更新，以节约建筑过程中的用电成本。另外，在建筑智能化的同时，也不可忽略电量参数这一细节。

5. 电气诊断

电气诊断，顾名思义，就是诊断电气设备的故障及一些安全隐患。随着智能化时代的到来，几乎所有电气设备都是通过智能化设计出来的，这大大增强了电气设备的安全性和长久性。采用智能化技术，能找到故障发生的源头，并能在第一时间设计方案来解决问题。

6. 工程验收

工程验收是建筑电气工程中的收尾工作，如果采用人工验收，将很难在验收时快速、准确地找出在建筑过程中的安全隐患及缺陷。相反，将智能化技术应用在检查设备上，可以帮助工作人员进行工程验收，智能地检测出人工验收不能发现的比较隐秘的问题，从而最快解决工程中的质量问题和安全问题，减少因工程质量问题而带来的不必要的经济损失和威胁用户安全的不稳定因素。

二、智能化技术在建筑电气工程中的应用

人们如今生活的舒适度极大部分依赖于各种各样的电器带来的方便，所以对建筑电气工程的要求和需求越来越高。再加上建筑电气工程本身就复杂，所以施工的难度也是越来越大。随着计算机信息网络的普及，在进行建筑电气施工中将计算机信息技术融入其中，通过智能化技术进行施工，不仅可以减少人工操作，还可以提高建筑电气工程的施工速度和施工质量，以更好地满足人们的需求。

（一）建筑电气工程的智能化技术的概念

1. 智能化技术的概念

近些年，电气工程施工中常引入智能化概念，智能化又被称为人工化操作技术。其主要是应用全球定位系统综合传感技术将信息进行计算机模拟处理；主要应用原理是将信息识别后进行信息化分析与处理；应用的主要功能系统为语言处理、自动控制及图像语音识别等。随着时代的发展，电子化应用技术在电气工程设计施工过程中也得到了广泛的应用与发展，其优势越发突出，使得施工过程更加便捷。在应用过程中其不仅在信息转化时凸显优势，还在照明、机械、电能运转系统中彰显了自动化与控制性，使系统运转更便于管理。此外，应用智能技术还可以加强对系统的安全保护。

2. 建筑电气工程

在如今发展现代化的时代，全面小康建设的加速对于电气工程的要求也不仅停留在基础阶段，而是越发严格。在建筑行业中非常重要的组成部分就是电气工程，还包括与电气工程相关联的内部构造以及相关构造。电气工程是一个系统而又复杂的工程，从其设计到安装完成后的管理制度是一个完整的体系。此外，还包括各细节结构，如照明设备、电缆设备、电气敷设线路、备用电源、电力机、避雷装置以及其他电气工程辅助设施。对电气工程的各个构造及组件完成安装后，必须进行严格仔细的检查验收工作，以确保工程尤其是电气工程的施工品质。

(二) 建筑电气工程中智能化技术的应用

1. 电气设备故障检测

在传统的检测方法中难以准确无误地检测出电气工程隐含的问题和故障、难以实现及时处理弊端，因此导致施工过程经常遭受故障的干扰，进而干扰工程运转的精准度与速度。由于存在隐患使得工程施工难度加大，因此，智能化技术在此阶段的应用就显得尤为可贵。智能技术的应用可以有效地对系统进行全面的监护，及时准确地发现系统异常并进行预警。此外，应用智能技术手段还可以对故障段进行精准判断、对故障进行定量定质，以便救援人员采取相应的措施及时处理故障。运用智能技术的监控特性可以对处理后的故障位置进行数据收集与统计并进行实时监控，将数据进行传输与智能分析，以便专家团队进行系统探讨形成经验，制定相关的故障紧急处理方案。如电气设备中出现变压引发的油气故障时，可以通过判断变压箱中的气体性质判断出故障的种类，并分析原因找出适当的处理方案，通过智能技术提升处理电气工程故障的效率。

2. 自动化控制

智能电气工程的处理原则主要是依照其自动控制体系对故障和可能出现的意外进行保护处理。通过运转系统对自身系统的保护实现对系统故障的处理。智能电子技术是综合保护体系、自动体系将定位功能全面细致应用到施工的各个环节，如电气工程安装设备、电子线路、运行环境等。利用传感技术将运行状态与故障信息向控制中心进行传达，电子控制中心通过对数据的监控与分析推断电气工程的整体运转状况，对于可能出现问题的位置进行重点监测，促进工程精密准确地运转。对于故障的处理方式可以通过电机、电路及磁场的反应数据进行选择，进一步提升故障的处理效果与效率，减少同样问题发生的概率。

3. 施工设计优化

在传统的建筑电气施工过程中其计算量过大、算法较为复杂，准确率难以保障，因此，需要利用遗传算法通过专家团队的智能化分析进行施工设计的优化。利用先进的计算遗传算法模型，按照达尔文进化论与自然选择法综合遗传学进行计算模型的确定，通过智能化系统的信息收集转化技术完成复杂计算过程，以此寻找最为优化的故障解除方案。由此可见，其在电气化工程中的应用效果越发突出，联系日益密切，可以更好地保证施工的质量，且在降低使用成本的同时，解决众多疑难障碍，因此其发展前景广阔。作为相关工作人员，不仅要学会如何运用，也要对有效分析给予重视，提高建设的有效性，为相关工作的开展提供科学助力。

4. 使用智能化技术带来的优势

智能化技术的优势主要体现在：第一，其大大降低以往人工操作的失误比率，在减轻员工工作负担的同时，增加了工程施工的精准度，并缩短了工程时间，对施工过程严格把控，提升了施工的品质。利用智能施工技术可以更好地把控系统的可操作性，保证指令的准确性与及时性。第二，智能技术可以实现对障碍的实时监控，保证施工进展的平稳安全性。第三，采用智能技术可以增加工程的收效减小消耗，节约人力物力，此外还会降低安全事故的发生概率，以此保证施工人员的人身安全，增加建筑电气工程的安全系数。第四，智能化技术的运用迎合时代发展，为相关的建筑电气工程提供有效助力，其不仅提高施工效率，也进一步使相关方面的施工水平不断提升。

综上所述，随着时代发展，智能化技术被广泛关注与运用，在建筑工程电气施工领域，积极引入智能化技术，不仅迎合发展，也提高了建筑工程的施工有效性。作为相关工作人员，要以实际工程为主，积极分析如何恰当地引入智能化技术，并通过利用有效的技术管控与施工设计与规划，实现其发展，从而提高建筑施工质量，也保证建设水平不断发展，为国家相关方面的建设提供科学助力。

三、智能化技术在电气工程中的应用

随着我国社会经济的进一步发展，电气工程自动化控制迎来了前所未有的机遇和挑战。通过将智能化技术应用其中，能够获得一定的社会经济效益。传统电气工程存在效率低下、消耗时间多、设计不准确等各方面的问题，已经不能够适应当下人民群众对电气工程的需求。而电气工程自动化控制能够有效提高工作人员的工作效率，在确保质量的同时减少工作失误，解决了传统电气工程工作过程中出现的问题，突破了电气工程发展的局限性。

智能化技术包含了多项理论，如自动化控制理论、心理学与逻辑学等，因此，智能化技术是一项综合性的学科，通过运用机器模拟人类智能反应，协助人类完成一些工作甚至独立完成一些工作。随着计算机技术的进一步发展，人工智能技术也得到了衍生，在此基础之上生产出了能够模拟人工智能反应的机器，通过其对文字语言进行识别，从而帮助人类社会进一步发展。智能化技术控制有别于常规的技术，通过将智能化技术应用于电气工程自动化控制中能够加深对控制对象的动态监控，排除一些不确定的因素。相较常规技术而言，它避免了由于控制器在监控对象动态检查过程中无法掌握一些新信息的情况。将智能化技术应用于电气工程自动化控制，能够通过调整提高自动化控制的相关技能，使得电气工程自动化控制的过程更加容易捕捉一些信息。与常规的技术相比，它更具有灵活性，且能够根据现场的情况及

时进行调解。智能化控制企业能够根据系统的特点进行设计，避免出现由于信息和语言方面欠缺而应用不佳的情况。

（一）智能化技术在电气工程自动化控制中的应用现状

通过加强对智能化技术的研究，很多工作人员开始将智能化技术应用于电气工程自动化控制，希望能够推动电气工程的可持续发展。在设计过程中通过进一步优化电气设备，避免常规工作过程中出现错误，并通过将电路、电气等多项学科的知识应用于其中，结合电气工程的设计经验，确保电气工程自动化控制的有效性。在计算机技术进一步发展的背景下，电气工程生产的产品由传统的纯手工设计逐渐转变为计算机设计与手工设计相结合的模式，在很大程度上减少了电气产品研发和设计的时间，并在提高产品设计效率的同时，确保电气产品的质量。通过将智能化技术应用于电气工程自动化控制，也体现在当下专家系统和算法两方面。算法是当下比较先进的一种类型，能够在很大程度上优化产品设计，因此在电气工程自动化控制中应用十分广泛。同时，电气设备也会出现故障，且故障具有很大的不确定性。将智能化技术应用于故障预兆能够最大限度地体现电气工程的自动化控制优势，并通过专项系统、神经网络等一系列技能实现电气设备故障判断。

（二）智能化技术在电气工程自动化控制中的应用

1. 电气自动化智能控制

将智能化技术应用于电气工程自动化控制能够实现电气工程自动化控制系统的优化设计，通过运用智能技术及时诊断故障发生的原因，并采取措施进行解决，这是加快当下电气产业发展的重要力量。与此同时，电气工程自动化控制中如何对产品进行设计也是一个难点，相关工作人员应当根据电气工程自动化控制的运行需求完成电子系统的构建。在当下信息技术进一步发展的背景下，信息设备的使用更加复杂，一旦一个系统出现问题，会直接影响整个电气工程的稳定运行。因此，一旦出现问题应当及时解决，从而提高电气工程的运行效率，进而推动整个企业的可持续发展。通过将智能化技术应用其中，能够弥补传统电气工程自动化控制过程中出现的不足，并对设备运行参数设定，使得电气系统整体操作更加流畅，从而确保电气系统运行的准确性。相关工作人员也可以应用先进的技术建立与之相对应的监控系统，保障智能化技术在电气工程自动化控制过程中的应用，同时推动我国电气工程的可持续发展。

2. 电气自动化控制优化设计

在电气工程自动化设计过程中，以往会更多应用到人工力量，并且在设计过程中会受到电气工程自动化控制周围环境、设备等各项因素的影响，因此也会存在很多误差。如果仪器不具备较高的精密度，也会提高操作难度，无法达到预期效果。此外，在电气工程自动化控制过程中需要大量的电气设备进行协作，操作复杂，如果某一环节出现错误，那么会引发严重的安全事故。这不仅威胁工作人员的生命财产，还有可能影响社会的稳定发展。因此，想要提高电气工程自动化控制的科学性和合理性，应当优化智能技术应用过程中的设计，从而推动电气企业的可持续发展。企业应当加强对优化设计的重视，推动电气系统的稳定运行。通过将智能化技术应用其中，不仅能够体现电气工程自动化控制的更多应用价值，也能够体现一定的优势。设计人员在提高自身专业水平的同时，通过相关软件的帮助，也能够简化传统电气工程自动化控制流程，提高设计方案的可行性，避免实施过程中出现问题。

3. 故障诊断自动化

通过将智能化技术应用于电气工程自动化控制，能够减少故障发生次数，加强对电气系统运作过程中的各项实时监控。一旦发现仪器出现故障，可以采用智能化系统自行诊断，将故障出现的原因以及相关数据传递到工作人员手中，以便工作人员及时采取措施加以解决。这能够在很大程度上提高电气工程自动化设备的运行效率。在电气工程运行背景下会运用到很多仪器设备，设备的运行也决定着整体电气工程运行的稳定性。如果在设备运行中出现一些问题，不仅会不利于设备使用，还会扰乱电气工程自动化系统的正常运行。在诊断电气工程运行过程中出现的故障时，以往凭借工作人员的维修经验进行判断，常常会出现维修错误或维修不彻底等情况，导致同一个设备多次出现问题，或由于一个设备出现问题而牵连整体系统运行的情况，不仅会缩短设备的使用寿命，还有可能影响电气企业整体的可持续发展，给企业带来不必要的麻烦。因此，通过将智能化技术应用于电气工程自动化控制中，能够对故障进行自行诊断，并通过加强对电气工程系统运行状态的分析，及时检测异常的数据，一旦出现异常会发出警报，并且将数据送到相关工作人员手中，及时找到故障出现的原因和具体位置，方便抢修人员开展相关的抢修工作。此外，在科学技术进一步发展的背景下，同时通过将智能化技术应用于电气工程自动化控制也能够进一步简化系统的内部结构，通过应用自动诊断功能减少系统故障发生的概率。

综上所述，电气企业应当紧跟时代步伐，通过提高自身的技术水平吸引更多的人才，从而解决在电气工程自动化控制过程中出现的问题，不断提高工作效率和质量；通过将智能化技术应用于电气工程控制，推动电气工程自动化的高度统一。与此同时，应用智能化技术也能够评估工作过程中收集到的数据，给工作人员提供视频、图像等各项可视化信息，提高工作人员的工作效率，使得企业在发展过程中获得一定的社会经济效益。

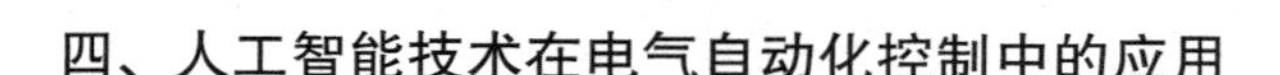

四、人工智能技术在电气自动化控制中的应用

在互联网技术飞速发展的背景下，各行业在发展过程中都开始重视科学技术的运用。在电气工程行业中也不例外，不断应用一些先进技术来提升生产效率，其中应用最为广泛的即人工智能技术。人工智能技术凭借着自身的优势在电气自动化控制中发挥着良好的作用，这在一定程度上促进了电气工程行业的改革与发展。对此，在电气工程行业的后续运行过程中，要对人工智能技术的作用予以重视并进行合理应用，以此来发挥其实用价值，最终推动电气自动化企业的稳定、健康发展。

（一）人工智能技术的概述

1. 人工智能技术的定义

在人工智能技术应用规模逐渐扩大的同时，相应的企业要最大化发挥其作用，首先就需要对其定义等基本内容有一个全面的了解。人工智能技术在实际的应用过程中的理论基础为计算机理论，其可以对信息进行自动化处理，并在实际的处理过程中运用一些不同的交叉性学科。这不仅可以使设备机器在实际运行过程中的效率和质量得到提高，还可以提升整个生产工作的科学技术水平，从而为后续的工作奠定良好的基础。在电气自动化控制中，人工智能技术可以代替一些较为繁琐的工作，具备强制控制、简化程序等优势，且能在实际的应用过程中对人脑进行高程度的模拟。这使得电气自动化控制的效果逐渐提升，在操作方面其也具备使用简单的特点，这便于后续工作的开展，也进一步提升了整个生产工作的效率。

2. 人工智能技术的特征

现阶段，人工智能技术自身所具备的特征引起了各个企业的重视，只有对人工智能技术的特征进行全面把握，才可以确保后续在应用过程中充分发挥出其效果，从而更好地控制电气自动化的成本，也可以使整个电气自动化运行效率得到很大程度的提升。首先，人工智能技术是通过计算机进行相关数据的收集与分析，因此在运行过程中的稳定性较强，可以对电气自动化进行科学的控制与管理，然后利用操作系统平台执行相应的程序操作，能够显著提升设备的工作效率和企业经济效益。其次，在运用人工智能技术的过程中，由于计算机技术的精确度较高，在实际的应用过程中可以将其运用于电气自动化控制的构建，充分发挥互联网与计算机技术的优势功能，进而减少对传统设备和系统的应用，这可以在很大程度上提升电力系统的可操作性，并在一定程度上确保电气设备的实际运行效率得到全面提升，也确保各项数据的准确性，为后续的工作提供良好的保障。最后，人工智能技术在实际应用过程中还存在很大的安全性特征，这主要体现在电气自动化控制系统中的故障问题处理方面。人工智能技术可以利用故障捕捉功能来对实际运行中的故障进行智能化捕捉，以此来保证系统内部的稳定性，同时在出现相关问题时也可以进行处理。现阶段在电气工程行业的发展速度逐渐加快的背景下，电气自动化企业要全面理解人工智能技术的基本含义以及特征，以便后续在生产过程中进行合理的应用。通过人工智能来控制电气自动化的成本，并在提升电气自动化运行效率的基础上，更快地促进智能控制系统构建数字化体系，从而推动电气自动化企业的稳定、健康发展。

(二) 电气自动化控制中人工智能技术的作用和现状

1. 人工智能技术的作用

电气工程行业在实际的生产过程中所涉及的内容较多，且所涉及的工序较多，因此整个工作的复杂度较高。随着人工智能技术的不断成熟，其在电气工程中的应用显著提升了自动化控制效率，技术优势可以使整个工作流程连贯性更强，可以很好地规避生产过程中的一系列问题，以此来提升整个生产工作的质量与水平，还在一定程度上促进了电气自动化的发展，这对电气自动化企业的后续发展有着很大的现实意义。在电气自动化发展中运用人工智能技术，其具备快速收集和处理信息的能力，可以对相关信息进行及时的处理与反馈，从而减轻电气自动化相关工作人员的工作负担，且通过人工智能技术，可以减少人力的支出，使相应的工作人员投身于其他工作中，可以最大限度地节约资源，也使工作人员的工作强度减小，从根本上实现成本的降低，这对企业经济效益的获得有着重要的作用。此外，人工智能技术在电气自动化控制中的应用与加强，是电气自动化企业满足时代要求的重要举措，这可以使企业的技术水平得到很大程度的提升，为企业后续的发展奠定良好的基础。

2. 人工智能技术应用现状

人工智能技术的应用尽管已经受到越来越多企业的重视，但在实际的应用过程中，由于其应用会涉及较多设备的设计与管理，因此需要相应的工作人员对电气自动化控制工作有较多的经验，以便在实际的操作过程中可以及时、有效地处理出现的问题。在以往的电气自动化控制过程中，所采取的工作模式主要是以人力为主，在出现问题时需要工作人员及时进行分析与解决。但随着电气工程的复杂性增加以及工作环节的增多，其在实际应用过程中难免出现一些工作人员无法及时解决的问题，再加上一些工作人员缺乏专业技术能力，就会对整个生产工作的开展产生很大的阻碍，也会在一定程度上危及系统的稳定性。针对这一现状，相应的电气自动化企业就需要对人工智能技术在电气自动化控制的应用予以重视，后续采取合理的措施来改善其现状，从而最大化发挥人工智能技术的作用，使电气自动化企业的运行趋于稳定。

（三）电气自动化控制中应用人工智能技术的建议

1. 人工智能技术在电气自动化设备中的应用

在电气自动化企业对人工智能技术越发重视的背景下，要进一步凸显其重要性，就需要发挥其技术优势。这不仅需要企业内部采取合理的措施来应对，还需要相关工作人员对其应用现状予以关注，并在此基础上开展相应的工作。首先，由于电气自动化控制工程中所涉及的工作内容较多，且涵盖了较多的组成部分，其中的专业知识也非常多且广。在就需要相应的企业重视人工智能技术在电气自动化设备中的应用，在操作前期要合理设定人工智能的工作程序，使计算机可以很好地控制电气自动化，从而保证整个生产工作处于一个良好的状态。在现今的电气自动化控制中，为了满足其要求，需要相应的操作人员掌握相关技术，在实际生产过程中要对各方面工作进行协调管理。要达到这一要求，就需要相应的工作人员在操作的过程中不断提升自身的综合素质与能力，对实际操作过程中所出现的问题进行总结，以此来积累经验，合理解决问题。其次，在加强重视的同时，相关企业还应从运行成本、人力成本等方面进行更好的控制，这可以为企业节约一定的资源。目前在电气控制系统中运用的人工智能技术主要包括神经网络控制、专家系统以及模糊控制，在实际应用过程中工作人员也需要根据实际情况进行操作，从而保证整个生产工作的有效性。

2. 在平常操作中应用人工智能技术

在经过调查分析得知，人工智能技术的应用涵盖了电气自动化控制的平常操作过程。通过人工智能来进行控制，可以使电气自动化控制系统操作更加规范，也可以使相关工作人员了解其运行模式与操作方式。这可以为其后续的工作提供一些指导，进而保证整个系统运行的安全性。

3. 在电气系统故障诊断中的应用

为了加强人工智能技术在电气自动化控制中的应用，还需要对电气系统的各个环节进行分析，并充分利用人工智能技术，使其在电气系统故障诊断方面也发挥出自身的实用价值。由于电气自动化控制系统中所涉及的环节较多，在实际运行过程中也容易受到各方面因素的影响，因此要减少故障的发生，就需要在运行过程中对整个电气系统进行监控，以便对可能发生的故障进行预防。相关工作人员可以利用人工智能技术对电气系统中可能存在的风险和故障进行诊断并进行预检修，例如，发动机、发电机以及变压器等，在合理分析故障类型后进行及时预警，这可以规避电气自动化控制工程中的风险问题，提升整个电气系统的稳定性与可靠性。

总而言之，要发挥人工智能技术在电气自动化控制中的作用，相应的电气自动化企业以及工作人员就必须在加以重视的基础上，对人工智能技术应用现状予以分析，并在后续采取合理的措施来落实人工智能技术的应用，为我国电气行业及整个社会经济的发展提供更好的保障。

五、建筑电气应用中故障的检测及维修

(一) 我国电气应用中故障的检测与维修现状

1. 建筑电气的应用状况

建筑电气的使用为城市居民生活带来了便捷，特别是在人口快速增长的环境中，电气应用对于城市化有着十分重要的意义。与此同时，我国的新建工程量也大幅度增加。伴随这种数量的快速加大，对其的安全质检就直接影响了城市居民的日常生活质量，两者互相挂钩。而建筑电气一方面给群众的生活带来了便利，另一方面在其应用过程中也产生了一定的安全隐患，因此，电气的安全问题是建筑安全的关键模块。这其中，如何对各类故障问题进行准确的检测，并且判断故障发生部位就显得非常迫切，工作人员需要及时对故障进行维修检测。这是当今我国建筑电气的应用状况。

2. 电气应用故障的检测概述

在实际中，为了保证电气系统的正常运转以及家用电器的正常使用，日常就需要针对性地对建筑进行整体检修，对于其内部的电气应用更需要仔细、重点地检测。在这一现象的应对上，国家规定项目在电气应用上必须安装相应的检修设备，但是实际施工中仍旧有许多企业为了节省经济成本而未严格落实，因此给日常的检修带来了困难。对于电气应用故障的检测方式大概分为四种：① 直观检测。② 观察故障火花。③ 检查电器连接是否出现错误。④ 电压检测。具体应用策略需要结合实际状况来进行判断。

(二) 建筑电气应用中故障的检测及维修分析

1. 直观检测

直观检测就是根据居民建筑内所出现故障的电气进行分析，并且通过直接观察电器的结构找出故障原因和故障电路。在此种观察法中，检测人员要首先对使用人员进行询问，了解故障出现时电器的工作状态，并判断当时的电气应用的工作状态是否正常，是否会引起电气系统的故障。具体的问询内容包括实际操作中的应用模式、故障发生时环境中是否有异味或烟尘、是否有火花等具体故障情况，通过对各种现象综合判断，来分析故障原因并开展检测工作。一般来说，直观检测法用于故

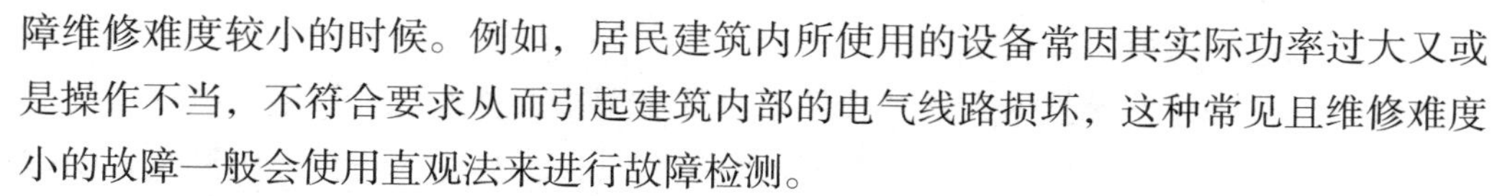

障维修难度较小的时候。例如，居民建筑内所使用的设备常因其实际功率过大又或是操作不当，不符合要求从而引起建筑内部的电气线路损坏，这种常见且维修难度小的故障一般会使用直观法来进行故障检测。

2. 观察故障火花与电器连接

日常生活中，除电气设备使用不当引发的电路故障之外，建筑的设计与施工过程中存在的问题也会在电气使用中造成故障。具体来说，一些建筑公司并不够重视其工程的安全条例，在施工操作中，其可能未进行安全防护就直接在危险场地进行电气施工，并且对于工程原材料的质量保证缺乏力度，为了应付任务而减少时间等都影响工程的最终质量，如此一来建筑的安全就难以保证。因此，电气工程建设对于其管理人员与施工人员的素质要求都是十分高的，必须严格落实规定，严谨执行才能真正保证其质量。施工人员需要加强电气工程建设方面的系统学习，重视其安全问题，在需要进行安全保护的施工环节不可缺乏关注，要规整其对于设备的安全操作，以此保证电气建设的高质量完成。除此之外，其施工与管理人员的专业素质低下还有可能会造成施工中的部分复杂项目难以完成，这就严重阻碍了电气系统的最终高质量完成。电路系统中产生的故障一般也是较为复杂的，在难以判定故障的情况下，需要检修人员通过观察电气触点在闭合或者断开时的火花来观察与判断其电气通路的实际故障问题。一般观察中，需要记录实际闭合、断开时火花的出现情况、大小位置等，根据火花的出现情况来判断具体的故障位置。比如，在电器的接头处出现故障时，可能会在导线与导电螺钉之间出现火花；而对电器连接状况也是检查的重点。由于现阶段建筑设计中存在的问题，住房之内的电气安装或者设计都可能有一定不足，因此线路的连接错误与缺陷也将直接导致电器使用故障。具体来说，需要仔细检查开关、插座等器件的安装，以及安装错误中的偏移现象，防止其在电气大量使用过程中造成电路故障。简言之，检修人员需要对建筑内部电气设备的接线质量进行检查，防止因为接线不当而造成电路故障。

3. 电压检测

电压检测也是一种常见的检测方法。它的应用，一般是电路的故障在经过基本的问询检查之后仍然难以知，又需要加快检测速度，所以为保证检测工作的质量与速度就需要相关的技术人员结合实际状况来选择具体的检测方法。电压检测设备也是电力技术人员使用最多的设备，在电路设备的深入测量中也经常使用，其最主要的检测思路一般有三种：分段测量、分阶测量以及点测。三种方法都是基于电路的实际供电方式，通过测试电流与电压，进行数值与理论计算值之间的比较，分析误差以此得出实际故障位置。电压测量法适用于电路中开关与电器距离较远的电路检测，它可以保证检测的安全不损坏电气设备。

4. 规范检修人员的技术操作

维修工作中，检修技术人员需要注意维修过程中的操作规范问题，电气系统的操作有着十分严格的操作标准，需要多加重视。具体过程中，不仅要检测设备的安全，还要注重工具的使用得当，时刻抽查检修工具，避免其在检修过程中损坏设备，且不要因为着急完成任务，而忽视自身的安全问题。

5. 元件置换完成故障维修

部分老旧建筑，其电器系统中的故障检修，很多情况下并不是系统设计上的问题，而是电器系统的使用时间过长导致其元件老化。因此，在实际的检修中，为了保证系统的使用时间，需要检修人员对元件的寿命期限管理有一定的整合性与科学性，需要及时置换元件，以新代旧来完成置换工作，以此进行整个电器系统内的故障维修。

6. 故障维修要点整合

一般来说，在发现故障问题之后，检修人员可以针对电路的故障原因来进行维修工作。在维修完成后，再对电路进行适当的监测，进行二次工作状态的核验。若使用过程中仍旧存在问题，就需要相关技术人员继续对电路故障进行检查。实际操作中，电路故障的维护有许多应该注意与遵守的原则规范，技术人员需要多加注意，规范其步骤要求，以此来维护整个建筑电气应用的安全状态。

六、高层建筑中建筑电气的应用

现阶段，民用建筑、写字楼以及大型商场都广泛应用建筑电气设备。建筑电气的应用，不仅可以满足各类型建筑的照明和用电需求，还能够促使建筑中融合相应的通信设备、智能工具等。在这种情况下，建筑设计人员必须对建筑电气进行科学的选择，确保建筑电气能够在高层建筑中充分发挥自身的功能。因此加强高层建筑中建筑电气的应用研究具有重要意义。

（一）高层建筑中建筑电气的选择

1. 电源选择

高层建筑由于规模较大，因此在实际运行过程中需要较大的用电量，要想实现可靠供电，通常需要将至少两个独立供电电源应用于高层建筑中。在选择电源时，应从高层建筑所需电压入手，并对电源的容量、性能以及接线方式等进行全面科学设计，建筑用电量是选择电源的基础性条件。同时，还必须对备用电源进行选择，从而促使适用性、合理性在供电系统中充分体现出来。

2. 变电站位置选择

① 高层建筑使用中，拥有较多的使用者和办公设备，因此拥有较大的用电负荷，在这种情况下，负荷中心位置应当是安放变电站的主要位置。② 放置地点的选择中，应确保相关位置拥有良好的空气环境，同时振动较低。③ 不可以在积水严重的位置安放变电站。④ 确保变电站位置不存在火灾隐患，同时具备健全的火灾应急措施。⑤ 完善的防水设施是选择变电站位置时的关键因素，严禁在地下室、地势低洼处设置高层建筑变电站。

3. 选择变压器

高层建筑用电量是确定变压器数量的关键因素，不同的季节会有不同的用电量。在用电高峰期，需确保至少两台变压器处于同时运行状态，而在选择变压器开关柜时，应对绝缘性、电流以及电压等因素进行充分考虑，确保相同的形式存在于高低压开关柜中。

（二）高层建筑中建筑电气的应用和施工

1. 照明工程应用与施工

规划设计高层建筑照明工程，应确保楼道内灯具具备自动延时熄灭的功能，因此对专门开关进行设置至关重要。在高层建筑中，楼道照明灯具的应急照明功能是照明灯具应用的基础，通过以下措施，可以实现定时照明：① 对延时熄灯控制系统进行设置。“人走灯熄”的目标可以通过普通灯来实现，三线开关是设计中的重点，同时还需要科学设置烟雾报警器位置，确保控制室可以由专用线路进行连接，并对双线供电法进行应用，确保在紧急状态下能够及时地切换到紧急供电模式，实现持续供电。设计中要求对控制线进行增加。② 在楼道中应用组合式应急灯，将两个光源放置于一个灯具中，有效连接控制室和应急供电系统，实现自动控制的目标。灯具在通常情况下是不会亮的，而在特殊情况下，会自动发挥照明功能。

2. 防烟系统应用与施工

高层建筑防火设计中，必须对防烟与排烟系统进行科学的设计和施工，通常，防火阀、排烟机以及鼓风机等是该系统的重要组成部分。系统正常运行，能够有效地排除有害气体，火灾紧急疏散，使建筑内部人员都能够正常呼吸，提升撤离速度。在开展防烟系统的设计过程中，应从以下环节入手：① 充分掌握耐火配线技术，严格遵守相关规定进行施工；② 采购电气设备时，确保将完善的接线盒应用于排烟设备中，严禁线路在排烟系统中暴露在外，从而提升系统运行安全性；③ 加强施工管理，确保施工人员严格遵守施工流程和规定，监理人员应定期检查、记录工程施工现状，及时更新发生故障的施工设备；④ 设计排烟设备电线、电缆时，应在确保排烟性能的基础上，努力减少长度，确保应用的电缆拥有较强的防火能力。

3. 电气间施工项目

电气间是由弱电间和配电间组成的，在设计中，必须保证配电间，拥有配电设施和各种输电线缆，并尽量缩短输电线缆长度。在用电网和配电网中，最核心的位置是配电间，因此，设计人员在开展工作的过程中，应保证在供电系统的中心位置对配电间进行安置，如果配电间无法在中心点进行配置，也应当尽量靠近中心点。同时，高层建筑热量和水分较高的环境不适合安置电气间。分开安放弱电间和强电间至关重要，如果二者需要在统一的时间内运行，应在电气间两侧对其进行设置，也可以在二者之间放置其他物体，实现隔离的目的。在实际施工过程中，应尽量避免对开放式电缆桥架进行应用，而是对屏蔽电缆进行应用，科学的接地处理至关重要，这样才能降低在弱电间和强电间之间的相互干扰。间隙、孔洞和线缆如果同电气间相关，应科学采用事故防范措施，密封电缆桥及周边环境，同时在使用防火材料的过程中，必须确保其质量。

综上所述，在社会经济不断进步的背景下，我国加快城市化建设的步伐，现阶段智能及高层建筑已成为衡量一座城市经济发展和现代化建设水平的重要因素。而在高层建筑中，要想更加有效地满足使用者的个性化需求，科学地选择并应用建筑电气至关重要。目前，在先进、科学的建筑电气被应用于高层建筑以后，人们的办公以及生活质量都得到了提升，因此，高层建筑中建筑电气的应用已经成为我国建筑业未来发展的方向之一。

七、低压电气安装技术在建筑电气中的应用

城市房地产业的快速发展，为建筑电气的发展提供了广阔的空间，使建筑电气向信息化、自动化，计算机及现代机电技术相结合的方向迅猛发展，也使我们的生活发生了巨大的变化。传统的建筑电气只包括供电和照明，现代建筑电气要满足建筑物的使用功能，即照明功能、减灾功能及信息功能。建筑电气是指在有限的空间内，以电气技术为手段，创造人性化生活环境的一门应用学科。凡是在建筑物中使用先进科学手段及电气技术的，统称为建筑电气。

（一）低压电气

低压电气是指在直流电压 1500V 和交流电压 1200V 以下工作的电气设备。低压电气可分为配电电器和控制电器，它能根据外界的信号和要求，手动或自动地接通、断开电路，以实现对电路或非电对象的切换、控制、保护、检测、变换和调节元件或设备。它是成套电气设备的基本组成元件。目前我国工业、农业、交通、国防以

及生活用电中，大部分采用的都是低压供电，电气元件的质量将直接影响到低压供电系统的可靠性。生产生活中常见的低压电器有刀开关、转换开关、熔断器、主令器、接触器、热继电器、自动开关以及漏电保护器等。

（二）建筑电气中低压电气的安装施工特点

受外界因素影响较大。建筑工程本身建设周期长，而低压电气的安装涉及整个建筑的角落，其工程进度受建筑工程进度的限制，它需要与土建、给排水、采暖通风等工程密切协同。如只考虑本身的工作，不仅自己的工作做不好，而且会影响其他工种的施工，即使在某一特定阶段，受其他工种的影响不大，就算完成了任务，也会给整个建筑工程施工带来巨大损失。

自身工期长，施工工序多。低压电气安装施工中，电气安装人员要与施工技术人员一起审核图纸，防止出现遗漏和差错，要进行预埋件、预埋管道、零配件的准备工作，在工程开始后，进行接地网以及线管、管件及线盒等的预埋工作，这些工作的验收则要等到土建工程完工后，才能交由质监部门验收。

安全隐患多。电气安装工程受多种因素的影响，建筑工程的每个工序都有可能存在隐患，刚预埋好的管件因为建筑工程其他工序的影响，可能出现损坏、挪位等现象，所以，在低压电气安装过程中，一定要加大检查力度，确保每个环节的施工质量，使整个工程顺利进行。

（三）建筑电气工程中的低压电气安装技术

首先要充分了解并领会施工图纸。图纸是正常施工的前提条件，贯穿并指导整个安装过程，施工人员要了解电气图的构成、种类和特点，掌握建筑电气施工图识图方法及图例，在能看懂电气专业施工图纸的基础上，做好图纸的审阅工作，尤其是图纸中变更的地方，要认真审阅。

配电盘、电柜、电箱安装。配电盘是集中、切换和分配电能的设备，又名配电柜，配电盘一般安装在发电站、变电站以及用电量较大的电力客户处，由柜体、开关、保护装置、监视装置、电能计量表及其他二次元器件组成。配电盘和配电箱、配电屏等是集中安装开关、仪表等设备的成套装置。配电箱的用途是送电及停电并计量。在安装过程中，配电盘盘柜接地要良好，其正面和背面各电器及端子排应标明盘柜编号、名称、用途和操作位置。电缆引进盘柜时，要整齐排列，不能交叉，应牢固固定，使所接的端子排不会受到机械应力。柜内的电缆线芯要有规律地配置，铠装电缆的钢带不能任意歪斜，其切断处的端部要扎紧。管线由孔内进入配电柜（箱）时，要用适当的护圈进行保护。

管件预埋。作为低压电气安装工程的主要内容，现场施工人员要根据图纸认真核对预埋件敷设的部位、数量及规格型号等，对钢管防腐、管口处理及焊接等要仔细检查；要按线管规定进行管间的连接、弯扁及弯曲，对施工质量要进行详细检查，对满足不了设计要求的部位，要积极采取补救措施。

避雷工程安装技术。避雷工程是保障建筑物安全及电气设备安全的重要措施，也是低压电气安装工程的一部分，避雷接地工程要保证配电箱、配电柜、电表箱及其他金属配件做好接地保护措施，接地装置必须在地面以上，并要按照施工图纸设测试点，其电阻值必须符合设计要求。防雷接地在干线敷设过程中，其埋设位置经人行通道处埋地深度必须大于 1m，接地模块应与原图层连通，并与地面保持水平或垂直方向，其引出线要大于两处，并集中引线。接地线在穿越墙壁、楼板和地坪处时，要加保护套管，确保钢套管与地线连通。

电线导管和线槽敷设的安装技术。电线导管和线槽敷设的安装施工主要包括金属电缆导管和线槽必须接地（PE）或者接零（PEN）可靠。镀锌的钢导管、可挠性导管和金属线槽不能熔焊、跨接接地线，以专用接地卡跨接的两卡间连线为铜芯软导线，并且铜芯软导线截面积大于 $4mm^2$。防爆导管连接有困难时，应采用防爆活接头，不能使用倒扣连接，严禁对口熔焊连接。绝缘导体应直接埋于混凝土内，其保护层厚度要大于 15mm，并且水泥砂浆抹面强度等级大于 M10。室外电缆导管的埋地敷设，其埋深不小于 0.7m。在穿入电缆和电线后，所有穿入管口要做密封处理。金属导管埋于混凝土内的，导管内壁要做防腐处理，外壁可不做防腐处理。暗配的导管，其埋设深度和建筑物表面的距离要超过 15mm；明配的导管，应该排列整齐，固定点间距均匀、牢固。导管和线槽在终端、弯头中点或柜、台、箱、盘等边缘距离 150 ~ 500mm 范围内应设有管卡等补偿装置。

（四）建筑电气中的低压电气安装工程通病及预防措施

楼板裂缝。楼板内多根管线集中容易导致混凝土裂缝。这些管线集中部位须铺设临时跳板，分散应力并减少人员踩踏钢筋，防止裂缝产生。

预埋管件浇捣混凝土时容易发生偏移或损坏，混凝土施工时要有线管电气专业施工人员监护，提醒混凝土施工人员注意预埋管件的保护，并在管路损坏时要及时修复。

在土建工程施工过程中，接线盒和套管容易被杂物填充和封堵。地下室套管口要采用软性物封堵；在防水套管一端端口采用钢板进行简易焊接封堵，待防水套管管道安装时再开启。

低压电气安装工程是建筑电气安装的主要内容，其质量好坏直接决定工程总体

质量。因此，做好低压电气安装工作，对现代建筑质量安全有着重大意义。

八、建筑电气消防设计与应用

我国建筑行业发展迅猛。同时，建筑安全与消防隐患也越来越严重，逐渐成为建筑设计中的“头等大事”。其中，电气火灾由于其广泛性与常发性更是建筑消防的重中之重。但是过去设计建筑电气时，往往由于主观上重视不够，导致建筑的消防能力较为薄弱。所以要加强对建筑电气设计的重视以预防电气火灾的发生。

(一) 建筑电气火灾的起因

在建筑中，有非常多的原因可以引起电气火灾。建筑电气火灾是由于电气系统的短路、超负荷等原因引起的电路起火，进而引起周边物品的燃烧最终酿成大火。我们将诸多原因归为以下几类：

1. 设计中的问题

建筑电气设计应该从用途、设备环境等方面出发进行设计。但总有部分设计师由于在建筑电气系统设计时考虑不够周全，对具体建筑使用条件与用途不了解，对国家规定的各项指标置若罔闻等原因，造成不合理设计与安装，从而引起建筑电气火灾。比如，在高温高压的环境中，应当使用耐高温高压的电缆；在需要防腐蚀的环境中，应当使用防腐蚀、耐腐蚀性的电气线路，避免产生线路短路等问题。

2. 安装中的问题

建筑电气安装应当严格按照合理的电气设计，严格遵从设计与施工图纸进行安装，当碰到无法安装的情况时，应及时与设计方沟通达成新的合理的安装方案，以确保各个设备能够长期稳定安全地运行。但在实际安装过程中，由于工人疏忽大意等原因，很多工人没有按照施工要求进行线缆连接，而是简单地对线路、电缆进行缠绕。通过这种方式连接设备会导致连接处电阻增大、电流过载、过热从而引起火灾。

3. 使用中的问题

很多建筑在建造之初设计功能为民房或简单营业。但在社会发展变迁中，建筑的用途会发生改变，过去设计的电气线路无法承载现实需要的用电设备。很多旧建筑中，电气设计非常简陋，居民缺乏用电常识，过量加装电器，使过去简陋的电气线路不堪重负。电路长期处于过载运行的状态下会导致线路过热从而引起火灾。据了解，由于增加的电器负荷过重、线路老化等原因已经成为我国居民住宅火灾的一大诱因。

(二) 建筑电气火灾的特点

1. 起火迅速，危害大

建筑内的电气设备往往都带有塑料、棉质等易燃外包装。当建筑电气火灾发生时，这些电气设备起火后，往往伴随着大量的烟雾与有毒气体，会对人体造成致命危害。据统计，窒息是火灾造成人员死亡的最主要原因之一。与此同时，一些电气设备本身在起火条件下会发生爆炸。建筑电气火灾发生时电气设备往往还处于带电状态，火灾则会造成周围用电设备与电路的损坏，对于建筑整体的电力系统破坏极大。同时，智能控制系统应用越来越广泛。火灾破坏智能控制系统后，会对整栋建筑的其他设备造成巨大的影响，甚至危害整栋建筑的安全，进而危害生产和生活。

2. 扑救难度高

建筑电气火灾往往是在带电情况下发生，这将会大大增加扑救难度。首先，在电气设备带电起火时，很容易发生漏电等事故，救援人员将很难靠近火灾区域进行灭火。其次，电气火灾会影响消防水枪的适用范围，由于水本身的导电性，如果使用不当则会发生触电等二次事故。

3. 电气火灾防范难度高

电气火灾多由线路老化、设备老旧、接触不良等原因引起电能超负荷而引发。在火灾的始发阶段，往往没有大量的烟雾或者明显的火星，这使得电气火灾很难及时发现，无法快速应对火灾，另造成火灾的扩大。

(三) 建筑电气火灾的扑救与防范设计

现实生活中，建筑电气火灾几乎是不可避免的。及时发现、快速反应、迅速扑灭，将火灾扼杀在萌芽之中，将火灾可能造成的损失降到最低是建筑电气火灾防范的最主要设计目标。常用的消防设计也是基于以下三个主要目标:

1. 火灾预警

在火灾发生初期，往往伴随着不同程度的烟雾、温度变化。火灾探测器是当今火灾预警中最常用的手段。由于火灾探测器主要由热感元件与烟雾感应元件作为核心，能够又快又准地识别探测器周围的火灾信号。这大大缩短了火灾预警的时间，可以在电气火灾发生初期就快速反应。除了常见的热感与烟感预警器外，还有光感、复合型等探测器。在设计时，设计人员应充分考虑电气设备的特性，对症下药，选用最合适的探测器。

在建筑电气火灾中，还可以利用电气设备与电气线路的特性进行电气预警。当被保护的线路与设备处于超负荷状态时，提前通过相关的电流测量、电压测量等进

行预警，发出报警信号，并可以更加精确地提示险情发生的位置。

火灾预警除了探测器以外还需要有联动装置与报警器。利用报警器可以将探测器探测到的信号传输给消防、管理部门，提醒相关部门及时做出反应。报警器也分为多个种类，在不同的区域应当选择不同形式的报警器。在设计中也应当考虑实际情况，确保报警器可以及时地传递信号。

2. 火灾扑灭

利用火灾预警器与相关联动控制系统的联合。现在的建筑中常用的联动装置包含电动防火门、排烟系统及自动喷淋灭火器等设备。其中，电动防火门可以将火源处与外部隔绝，防止火情扩散；排烟系统可以及时将起火后的烟雾排出建筑，防止人群由于烟雾引起窒息；自动喷淋装置可以及时响应，使火及早被扑灭，为人员和财产提供第一时间的保护。

当发生上述初级响应措施无法控制的火情时，需要更深层次的消防方案。主要包括以下几点：

(1) 消防水泵的电路设计

在我国，建筑中强制要求配备基本的消防水系统。较为大型的建筑都应当配备合适的消防水泵来对消防水进行加压，消防水泵的有效性与可靠性直接影响灭火的效果。消防水泵能否起作用则依赖于消防水管道与水泵供电电路设计。需要根据实际情况对水电进行合理配置，使消防水泵能够满足实际的使用要求。同时，还需要设计相应的备选系统，当常用配电系统出现问题时，可以及时地响应需求。除了常见的双电源供电系统以外，还可以采用双回路供电模式，甚至是多消防水泵并行模式，保证消防水的正常运行。

(2) 排烟设备的电路设计

排烟是除了灭火以外最重要的消防措施，其主要目的是保护人员的安全，使建筑物中的人员不至于窒息而死，为之后的救援工作提供时间。当前常用的排烟设备有抽风机、排烟机以及相关的管道通道。建筑物发生火灾时，这些设备会在收到火灾预警后及时开启以最大限度减少人员伤亡。当今的建筑多为复杂建筑结构，有空间大、分布广等特点，建筑中的人员往往分散地分布在建筑的各个角落，所以建筑中的排烟装置要尽量照顾到更大建筑面积。这些排烟装置的使用状态直接影响到建筑内人员的人身安全。在设计排烟设备的电路时，应当采用防火材料布线，设备也要尽量选用不会受到高温影响的排风扇等，以确保在火场还能正常工作。

(3) 防火门的电路设计

防火门也是一种用来保护人员财产安全的装置。现在的商场、工厂与写字楼等大型建筑中都会采用防火门来进行防火。在防火门的电路设计中，也应当采用防火

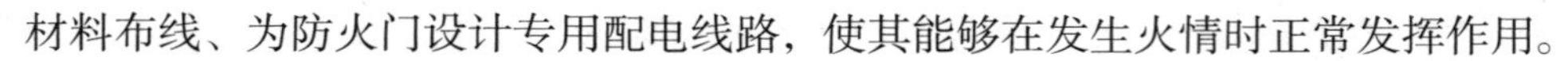

材料布线、为防火门设计专用配电线路，使其能够在发生火情时正常发挥作用。

(4) 应急照明的电路设计

除了上述的防火灭火措施外，建筑中还应当设置有效的应急照明设备。电气火灾发生时，由于电路损坏，普通的照明设备常常无法工作。而建筑物中还会有大量的浓烟浓雾，导致人员在建筑中无法正确找到逃生出路，增加了危险。而应急照明设备一般采用专用的电池，当发生火情断电时，紧急切换成备用电池，并与常规线路进行电路上的切割。将火灾对应急照明设备的影响降到最小，从而使人们能够找到合适的逃生通道。

建筑电气火灾离我们的日常生活并不遥远，建筑从业人员应将建筑电气防火设计放在心中时刻牢记，有效减少建筑火灾，进一步提高建筑中工作、生活的安全品质，保障人民的生命财产安全。

九、建筑电气中电气节能的应用

(一) 建筑电气节能标准的主要内容

1. 建筑电气照明的节能标准

一是建筑物应该尽量利用自然采光，在靠近室外的部分将门窗开大，同时优先采用透光率较好的玻璃门窗，尤其广泛适用于那些深房间、大厅与商场等大空间场所，并按照人流的多少自动调整照度的场合，对荧光可以利用调压的方式；二是采用高效光源，应该尽量减少对白炽灯的使用，因为它具有高耗能、发光率低的劣势，同时应该在路灯与广场照明中选用高压钠灯，而在建筑物的大厅内使用金属卤化物灯；三是满足现行的《建筑照明设计标准》所规定的功率密度值的要求，可以选用高效电子镇流器或节能型电感镇流器。高级会议室等场所采用智能照明控制管理系统，不仅有利于实现能源管理的实时化与动态化，还有利于接收 BAS 系统的各种控制信号。

2. 供配电系统的节能标准

一是不断提高用电设备的功率因数，及时采取抑制和消除谐波的措施，选择合适的地点及容量进行无功补偿；二是对供配电系统的构成进行技术经济分析并选择科学合理的配电方案，还要利用某些季节性负荷的线路，共用干线以减少线路和电阻，更要兼顾变压器初投资，对变压器选择适当的负载率，还要对变压器容量和数量的配合进行客观精准的计算比较；三是应使供配电系统整体分布合理并减少线路损耗，在高层建筑中应使低压配电室靠近竖井，变压器尽可能地接近负荷中心；四是选择节能产品及合适的线缆截面，对于比较长的线路，不仅要满足热稳定、载流

量与保护的配合界面等因素，还要考虑到充分利用有载调压变压器。

（二）建筑电气节能应遵循的原则

一是适用性原则，主要是为建筑整体提供符合生活工作需求的相关物质条件，保障建筑内部的良好环境，维持和保障相关工作正常运行，这不仅是衡量电气节能技术可操作性的重要指标，还是确保建筑电气节能顺利实施的重要理论支撑；二是环保节能原则，这要求建筑工程减少电气能源的损耗、优化电气系统结构，提倡使用环保用电设备，降低生产过程中能源浪费和环境污染，同时始终秉持“实事求是、与时俱进、开拓创新”的原则理念；三是符合建筑使用标准，具体要求就是在用电安全和基本用电保障上，不断优化电气系统结构，减少不必要的能源损失。

（三）建筑电气中电气节能标准的应用

首先是动力及配电系统标准的应用，通常为了尽可能满足供水、散热或是通风的需求，需要利用水泵、风机等设备，进行能源的有效化利用，还要充分考虑建筑现状并有针对性地选择相应设备；其次是电力线路标准的应用，在对电力线路进行设计和施工时，需要科学合理地设计其分布，尽可能缩短实际的电力传输距离，减少线路电阻造成的电力损耗；最后是空调系统与照明标准的应用，可以选择恰当的照明控制方式以及合适的灯源，尤其是在楼梯间、走廊采用声控开关，做好人工灯源与自然光源的有效结合。

（四）促进建筑电气中电气节能标准应用的有效对策

1. 优化电气设备选用，充分利用清洁能源

电气设备的合理选用是实现电气节能的一个重要途径，可以根据实际情况，优先使用低损耗、高效率的电气设备，能够最大限度地契合电气节能技术的理念，而且输送电距离过长引起的能源损耗可以使用电气节能技术的设计原则来解决。针对充分利用清洁能源而言，太阳能光伏供电系统的综合利用在提高建筑的整体节能性上效果比较突出，其主要应用在建筑电气设计中的太阳能照明、热水系统及锅炉系统中，可以实现将太阳能直接转换为电能从而达到节能效果。

2. 降低电动机耗损的电能，优化建筑照明节能设计

一方面，可以使用软启动器来平稳启动点，使得电网电压的波动符合要求，针对具备较大功率的电动机可以采取变频调速器，要依据负荷的特性来选取效率较高的电动机，还要不断提升电气施工者在节能标准方面的专业理论知识与实践操作经验，充分调动起内在的主观能动性与积极创造性，多鼓励组织一些关于建筑电气节

能标准应用方面的知识竞赛活动。另一方面，应优先选择节能效果较好的电器配件，尤其是在一些数量大、范围较广的照明设计中，采用带有节能效果的镇流器可以起到节能作用。

十、建筑电气工程漏电保护技术的应用

安全性是电气工程必须满足的最基本的要求，通过漏电保护技术的应用，可以防止漏电引发的相关安全事故。在建筑电气工程中，大量具有金属外壳的设备，一旦出现漏电，现场人员很容易触电，而漏电保护技术的应用，能消除漏电对人员的安全威胁。电气工程作为建筑工程中的基础工程，其自身运行的安全性会直接关系到建筑物的使用安全。在针对电气工程进行施工时，既要保障其自身的应用性能，又要保障运行安全，在其中设置漏电保护装置，可以有效地避免电气设备故障所引发的多种安全事故。具体工程中，工作人员应根据设计需求，对漏电保护技术进行合理应用，综合考虑电气工程中可能存在的隐患问题，采取适当的技术措施加以防护，从而保障电气工程的安全运行。

（一）建筑电气工程漏电产生原因

在建筑电气工程的施工中，有很多导致漏电现象的因素，主要包括以下两方面：① 熔断电阻丝问题。在施工过程中，如果正在为电气设备进行接线，一旦工作人员没有依据正确的方式对熔断电阻丝进行选择，就很可能会导致最终的电流不符合规定，降低电气设备运行的稳定性。同时，当电流流经导线后，还会产生热量并逐渐积累，最终会导致绝缘失效，进而发生漏电的问题。② 设备检查的问题。在建筑电气工程之中，所有设备都需要工作人员进行定期检查。究其原因，在设备运行的过程中，受多种因素的影响，设备很容易发生故障，假设工作人员未对其进行及时检查，就会在运行中导致零件发生故障。例如，设备中的电子元件等部件，经过长时间的使用，已经呈现出老化的状态，其中的绝缘橡胶发生裂痕、脱落的情况，就很可能会产生漏电的现象。

（二）漏电保护器的工作原理

当电气设备发生漏电现象或者有工作人员触碰到电源时，触发漏电开关就会阻断继续通过的电流，呈断路状态。这种保护器可应对反应触电和漏电事故等突发情况。安装设备时，在电源的输出端接入漏电保护器，也就是用电设备的输入端，其内部含有一个感应通过电流的变压器接入由通过交流电的导线组成线圈，线圈另一端接断电器，互感线圈内由弹簧和簧片组成，通路状态下簧片受磁场作用吸附至电

流通过处。闭合电路正常工作时，弹簧线圈两端流经的电流大小相同；当出现漏电或触电危险时，由于事故端导线负载增大，电流也随着增大，内部磁场发生变化，簧片反向吸附，触发断电开关闭合。完成这一任务的系统由一系列电子元件组成，包括互感器、放大器和比较器等。为了确保系统正常工作，要定期对其做检测，原理是通过人为操作模拟出现漏电事故，观察漏电保护器是否起到加载短路保护作用，以保障电气设备安全。

（三）电气工程漏电保护施工原则

1. 协同性原则

具体施工之前，技术人员需要对电气工程的施工特点以及工程设计的内容进行全面了解，在此基础上分析漏电保护的相应工序，通过选择合理的技术内容，保障漏电保护施工的顺利开展。在对建筑工程的基础施工状况进行全面掌握之后，所设计的漏电保护施工方案则表现出更好的适用性。需要特别注意的是，进行漏电保护施工时，应对各类临时用电的状况进行严格约束，以免用电功率过高，对电气工程系统的运行安全造成较大威胁。同时，还应做好相应的环保措施，以免对环境造成大范围的污染。

2. 组织性原则

电气工程施工中，应与土建施工部门建立有效的联系，确保各类电气设备的合理安装，这也要求进行施工之前，应组织土建部门对于一些基础施工环节和施工工序进行细致分析，结合电气工程的施工特性，制定一套组织性、协同性较强的施工方案。在后续施工中，严格按照相应的施工方案落实施工任务，从根本上解决因施工配合不到位所引发的电气安全问题。鉴于漏电保护技术的应用专业性较强，在施工时应注重对各个施工工序的合理配置，在确保电气工程稳定运行的基础上进行漏电保护施工。

（四）建筑电气工程漏电保护技术的应用要点

1. 漏电保护装置的合理选择

漏电保护装置主要包括继电器、插座和开关。漏电保护装置中继电器的主要作用为在发生事故时，立即做出响应、执行闭合操作，同时发出警报信息。另外，在电气工程长时间使用，产生电路老化问题时，也会直接发出警报。插座的主要作用为对用电过程中产生的用电安全线路进行有效阻断，一般会被设置在电气工程的公共空间内；开关则是在继电保护装置发现异常运行状况时操作开关闭合的设备。它们实际应用的过程中均是通过切断电源的方式来起到保护电气工程运行安全的重要作用。一般而言，电气工程中出现漏电或者短路现象时，漏电保护装置就会直接切断电源，缩小漏电或者短路故障的影响范围，同时也起到保障用电安全的重要作用。具体电气工程中，进行漏电保护装置选择时需要综合考虑电气工程的方案内容。在建筑电气工程中，通常以商业用电为主，对于安装位置的选择也需要给予重视。既要保障漏电保护的功能性，又要确保对电气工程运行中所产生的电流进行实时检测，一旦发现运行电流超出安全值的状况就需自动断电，避免给电气工程造成大范围的损坏。

2. 漏电保护器的安装

漏电保护器的安装位置也会直接影响到其自身的漏电保护作用发展。由于建筑电气工程存在复杂性的特征，使得在不同功能空间内的电气设备运行环境也不同，这给漏电保护器的安装施工带来了较大难度。在实际施工中，应综合分析各个空间的使用功能和用电特点，并在特定的空间设置漏电保护装置，从根本上提升漏电保护装置的应用性能。在一些建筑空间内的湿度较大，电路很容易在湿度大的环境下产生短路问题，为了提升该区域的用电安全，就需要在此处设置漏电保护装置，以便在发生短路的第一时间切断电源，以免对电气工程的运行安全造成更大的影响。进行漏电保护器安装时，需要遵循灵活性的原则，依据电气工程的运行特点以及电气设备的使用状况适当安装漏电保护装置，使其能够充分发挥自身的安全保护作用，保障电气工程的安全运行。

综上所述，对于建筑电气施工中的用电设备漏电保护措施的选择，必须结合工程的实际情况、施工特点、地质环境以及操作维护状况等，选择恰当的接地保护或者接零保护措施，再加上漏电保护器的附加作用，确保施工现场的设备用电安全，避免人身伤害及财产损失，确保顺利施工。在现代建筑电气中，漏电保护器的使用能够有效地避免居民触电的现象发生，同时能够提醒用户及时采取必要的防护措施。

第二节　建筑电气工程的设计与施工

电气工程的实施包括设计、施工、验收等阶段。设计阶段又分为方案设计、初步设计、施工设计、深化设计等。对于技术要求简单的民用建筑工程，经有关管理部门同意，并且合同有不做初步设计的约定，可在方案设计获批后直接进行施工图设计。

一、建筑电气初步设计规定

(一) 建筑电气文件编制规范

① 建筑工程设计文件的编制，必须符合国家有关法律法规和现行工程建设标准规范的规定，其中工程建设强制性标准必须严格执行。方案设计文件应满足编制初步设计文件的需要。注：对于投标方案，设计文件深度应满足标书要求；若标书无明确要求，则设计文件深度可参照有关标准。② 初步设计文件，应满足编制施工图设计文件的需要。③ 在设计中因地制宜地正确选用国家、行业和地方建筑标准，并在设计文件的图纸目录或施工图设计说明中注明被应用图集的名称，重复利用其他工程的图纸时，应详细了解原图利用的条件和内容，并做必要的核算和修改，以满足新设计项目的需要。④ 民用建筑工程一般应分为方案设计、初步设计和施工图设计三个阶段。对于技术要求相对简单的民用建筑工程，经有关部门同意，且合同中没有做初步设计的约定，可在方案设计获批后直接进行施工图设计。⑤ 当设计合同对设计文件编制深度另有要求时，设计文件编制深度应同时满足有关规定和设计合同的要求。

(二) 建筑电气初步设计内容

在初步设计阶段，建筑电气专业设计文件包括设计说明书、设计图纸、主要电气设备表、计算书。对于技术要求相对简单的民用建筑工程经有关部门同意，且合同中没有做初步设计的约定，可在方案设计获批后直接进行施工图设计。

过去设计文件所要列出的“主要设备及材料表”，其中“材料”的统计繁琐且复杂，其指导意义也不大，故按照当前实际情况，设计文件只要求列出主要电气设备表。主要电气设备一般包括变压器、开关柜、发电机及应急电源设备、落地安装的配电箱、插接式母线和其他系统的主要设备。提供的设备技术条件应能满足招标的需要。

1. 设计依据

① 建筑概况应说明建筑类别、性质、面积、层数、高度等。

② 相关专业提供给本专业的工程设计资料。

③ 建设单位提供的有关部门 (如供电、消防、通信、公安部门等) 认定的工程设计资料，建设单位设计任务书及设计要求。

④ 设计所执行的主要法规和所采用的主要标准 (包括标准的名称编号、年号和版本)。

2. 设计范围

根据设计任务书和相关设计资料，说明本专业的设计内容以及与相关专业的设计分工和分工界面。

拟设置的建筑电气系统。建筑电气所设计的系统，初步统计有二三十种之多，应根据工程的规模、重要程度、复杂程度等，表述本工程需要设置的电气系统，供建设单位选择和有关部门审查，最后确定取舍后作为施工图设计依据。当涉及两个或两个以上设计单位时，应说明各设计单位的设计内容以及各设计单位之间的设计分工与界面。

3. 照明系统

照明设计基本分为两大类，即正常运行所需的照明和非正常情况下的照明。其中，非正常情况下的照明，一般指供电系统故障和其他灾害（主要指火灾）时应提供人员疏散或暂时继续工作时需要的照明。

照明系统所需供电负荷等级，已在供配电系统项目交代，而照明应按国家《建筑照明设计标准》（GB 50034—2013）的有关要求，确定照度功率密度值及其他特殊要求等。

照明种类及照度标准，主要场所照明功率密度值。光源、灯具及附件的选择，照明灯具的安装及控制方式。室外照明的种类（如路灯、庭院灯、草坪灯、地灯、泛光照明、水下照明等）、电压等级、共光源选择及控制方法等。照明线路的选择及敷设方式（包括室外照明线路的选择和接地方式）。若设置应急照明，应说明应急照明的照度值、电源形式、灯具配置、线路选择及敷设方式、控制方式、持续时间等。

4. 防雷系统

① 确定建筑物的防雷类别，建筑物电子信息系统雷电防护等级。

② 防直接雷击、防侧击雷、防雷击电磁脉冲、防高电位侵入。

③ 利用建筑物、构筑物混凝土内钢筋做接闪器引下线、接地装置时，应说明采取的措施和要求。

5. 接地安全措施

工程各系统要求接地的种类及接地电阻要求。在建筑各电气系统中，很多系统均涉及不同的接地要求。现行规范推荐建筑物采用共用接地系统，故需将接地系统做单独说明。

① 各系统要求接地的种类及对接地电阻的要求。

② 总等电位、局部等电位的设置要求。

③ 接地装置要求，当接地装置需做特殊处理时应说明采取的措施、方法等。

④ 安全接地及特殊接地措施。

6. 网络通信系统

① 根据工程性质、功能和近远期用户需求，确定电话系统的组成、电话配线形式、配线设备的规格。

② 当设置电话交换总机时，确定电话机房位置、电话中继线数量及各专业技术要求。若电话系统不含电话机房设计，则仅有线路交接及配线相关内容。

③ 传输线缆选择及敷设要求。

④ 确定市话中继线路的设计分工及中继线路敷设和引入位置。

⑤ 防雷接地方式及对接地电阻的要求。

7. 综合布线系统

① 传输线缆选择及敷设要求。

② 确定综合布线系统交换配线设备规格。

③ 根据建设工程的性质、功能和近期需求、远期发展，确定综合布线的组成及设置标准。计算机网络系统和通信网络系统的布线若纳入综合布线系统，则相关内容需并入综合布线系统的条款中统一说明。

8. 电气节能与环保

① 拟采用的节能和环保措施。

② 表述节能产品的应用情况。

9. 计算机网络系统

① 系统组成及网络结构。

② 确定机房位置、网络连接部件配置。

③ 网络操作系统、网络应用及安全。

④ 传输线缆选择及敷设要求。

10. 智能化系统集成

① 集成形式及功能要求。

② 设备选择。

11. 变、配、发电系统

建筑电气变、配、发电系统的确定，应根据建筑物的情况，确定使用的国家有关标准，如《供配电系统设计规范》(GB 50052—2009)、《建筑设计防火规范（2018年版）》(GB 50016—2014) 等，确定各类负荷等级及相应所需容量，具体内容如下：

① 确定符合等级和各级别负荷容量。

② 确定供电电源及电压等级，要求电源容量及回路数、专用线或非专用线、线路路由及敷设方式近远期发展情况。

③ 备用电源和应急电源容量确定原则及性能要求：有自备发电机时，说明启动

方式及其与电网关系。

④ 高低压供电系统接线形式及运行方式：正常工作电源与备用电源之间的关系；母线联络开关运行和切换方式；变压器之间低压侧联络方式；重要负荷的供电方式。

⑤ 变、配、发电站的位置数量、容量（包括设备安装容量，计算有功功率、无功功率，变压器、发电机的台数、容量）及形式（户内、户外或混合），设备技术条件和选型要求、电气设备的环境特点。

⑥ 继电保护装置的设置：开关、插座、配电箱、控制箱等配电设备的选型及安装方式。电动机启动及控制方式的选择。

⑦ 电能计量装置：采用高压或低压、专用柜或非专用柜（满足供电部门要求和建设单位内部核算要求）、监测仪表的配置情况。

⑧ 功率因数补偿方式：说明功率因数是否达到供用电规则的要求，应补偿容量以及采取的补偿方式和补偿前后的结果。

⑨ 谐波：说明谐波治理措施。

⑩ 操作电源和信号：说明高压设备操作电源和运行信号装置配置情况。工程供电：高、低压进出线路的型号及敷设方式；选用导线、电缆、母干线的材质和型号，敷设方式；开关、插座、配电箱、控制箱等配电设备选型及安装方式；电动机启动及控制方式的选择。

12. 火灾自动报警系统

① 按建筑性质确定保护等级及系统组成。

② 确定消防控制室的位置。

③ 火灾探测器、报警控制器、手动报警按钮、控制台（柜）等设备的选择。

④ 火灾报警与消防联动控制要求、控制逻辑关系及控制显示要求。

⑤ 概述火灾应急广播、火灾警报装置及消防通信。

⑥ 概述电气火灾报警、应急照明的联动控制方式等。

⑦ 消防主电源、备用电源供给方式，接地及对接地电阻的要求。

⑧ 传输控制线缆选择及敷设要求。

⑨ 当有智能化系统集成要求时，应说明火灾自动报警系统与其他子系统的接口方式及联动关系。

13. 安全技术防范系统

① 根据建设工程的性质规模，确定风险等级、系统组成和功能。

② 确定安全防范区域及防护区域的划分。

③ 确定视频监控、入侵报警、出入口管理设置地点数量及监视范围。

④ 访客对讲、车库管理电子巡查等系统的设置要求。

⑤ 确定机房位置、系统组成。

⑥ 传输线缆选择及敷设要求。

14. 有线电视接收系统

① 节目源选择。

② 确定系统规模网络组成用户输出口电平值。

③ 确定机房位置前端设备配置。

④ 用户分配网络、传输线缆选择及敷设方式，确定用户终端数量。

⑤ 若设置闭路应用电视则应说明电视制作系统组成及主要设备选择。

15. 建筑设备监控系统

①系统组成及控制功能。

②根据调研，当前实际工程中，热工检测及自动调节系统通常已并入建筑设备监控系统，若设计文件中有热工检测及自动调节系统的设计内容，则并入建筑设备控制的条款中统一说明。

③确定机房位置、设备规格、传输线缆选择及敷设要求。

16. 其他建筑电气系统

① 系统组成及功能要求。

② 确定机房位置、设备规格。

③ 传输线缆选择及敷设要求。

（三）设计审批时需解决的问题

建筑电气专业在初步设计审批时应确定项目的各项设计原则和外部条件，如供电协议；当在该设计阶段未能获得项目的供电协议时，需在设计审批时提出，并要求予以解决，否则无法进行下一步供电系统的施工图设计。

（四）设计图纸

1. 电气总平面图

仅有单体设计时，可无此项内容。标示建筑物、构筑物名称、存量，高低压线路及其他系统线路的走向、回路编号，导线及电缆型号规格，架空线路灯、庭院灯的杆位（路灯、庭院灯可不绘线路），重复接地等。

当在该设计阶段未能获得项目的供电协议时，需在设计审批时提出，要求予以解决，否则无法进行下一步供电系统的施工图设计；变、配、发电站的位置、编号以及比例、指北针。

2. 变、配电系统平面图

高、低压配电系统图（一次线路图）。图中应标明母线的型号、规格，变压器、发电机的型号、规格，开关、断路器、互感器、继电器、电工仪表（包括计量仪表）等的型号、规格、整定值。

图下方表格标注开关柜编号、开关柜型号、回路编号、设备容量、计算电流、导体型号及规格、敷设方法、用户名称、二次原理图方案号（当选用分格式开关柜时，可增加小室高度或模数等相应栏目）。

平、剖面图。按比例绘制变压器、发电机、开关柜、控制柜、直流及信号柜、补偿柜、支架、地沟、接地装置等平面布置、安装尺寸等，以及变、配电所的典型剖面。当选用编号、敷设方式时，其配电和控制设计图随专项设计，但配电平面图上应相应标注预留的配电箱，并标注预留容量；图纸应有比例。

标示房间层高、地沟位置、标高（相对标高）。配电系统（一般只绘制内部作业草图，不对外出图）包括主要干线平面布置图、竖向干线系统图（包括配电及照明干线变配电站的配出同路及回路编号）。

照明平面图。其应包括标注建筑门窗、墙体、轴线、主要尺寸，标注房间名称，绘制配电箱、灯具、开关、插座、线路等，标明配电箱编号、干线、分支线同路编号；凡需二次装修部位，其照明平面图由二次装修设计，但配电或照明平面图上应相应标注预留的照明配电箱，并标注预留容量；标出有代表性的场所的设计照度值和设计功率密度值；图纸应有比例。

必要的说明：图中表达不清楚的，可随图做相应说明。

3. 照明系统平面图

对于特殊建筑，如大型体育馆、大型影剧院等，应绘制照明系统平面图。该平面图应包括灯位（含应急照明灯）灯具规格、配电箱（控制箱）位置，不需连线。

4. 火灾自动报警系统平面图

其应说明系统图及施工说明、报警及联动控制要求。

各层平面图应包括设备及器件布点、连线、线路型号、规格及敷设要求。电气火灾报警系统应绘制系统图以及各监测点名称、位置等。

5. 通信网络系统平面图

其包括电话系统图、电话机房设备平面图。

6. 防雷系统、接地系统平面图

绘制建筑物顶层平面，应有主要轴线号、尺寸、标高，标注避雷针、避雷带、引下埋线位置。注明材料型号规格，所涉及的标准图编号及页次，图纸应标注比例。

一般不出图纸，特殊工程只出顶视平面图、接地平面图。“特殊工程”是指单独采用滚球法或避雷带网格法不能满足防雷要求的工程，或者仅使用天然接地体不能满足接地要求的工程。

绘制接地平面图（可与防雷顶层平面重合）。绘制接地线、接地极、测试点、断接卡等的平面位置，标明材料型号、规格、相对尺寸及涉及的标准图编号、页次（利用自然接地装置时可不出此图），图纸应标注比例。

当利用建筑物（或构筑物）钢筋混凝土内的钢筋作为防雷接闪器、引下线、接地装置时，平面图应标注连接点、接地电阻测试点、预埋件位置及敷设方式，注明所涉及的标准图编号、页次。

随图说明可包括：防雷类别和采取的防雷措施（包括防侧击雷、防雷击电磁脉冲、防高电位引入）；接地装置类型，接地极材料要求、敷设要求、接地电阻值要求；利用桩基、基础内钢筋做接地极时，应采取的措施。

防雷接地外的其他电气系统的工作或安全接地的要求（如电源接地形式、直流接地、局部等电位、总等电位接地等）；如果采用共用接地装置，则应在接地平面图中叙述清楚，交代不清楚的应绘制相应图纸（如局部等电位平面图等）。

7. 其他系统平面图

其包括各系统所属系统图、各控制室设备平面布置图（若在相应系统图中说明清楚，则可不出此图）。

（五）主要电气设备表

主要电气设备表包含注明设备名称型号、规格、单位、数量。这些都需要有明确的说明。

（六）计算书

① 用电设备负荷计算。

② 变压器选型计算。

③ 电缆选型计算。

④ 系统短路电流计算。

⑤ 防雷类别的选取或计算，避雷针保护范围计算。

⑥ 照度值和照明功率密度值计算。需计算照度值和照明功率密度值的场所，包括《建筑照明设计标准》所列的场所，同类场所有多个，只需计算其中有代表性的一个或几个。

⑦ 各系统计算结果应标示在设计说明书或相应图纸中。

⑧ 因条件不具备不能进行计算的内容，应在初步设计中说明，并应在施工图设

计时补算。

二、建筑电气初步设计说明

(一) 强电设计说明

1. 设计范围

本设计包括建设红线内的以下内容：10kV/0.4kV 变、配电系统；电力系统；照明系统；防雷保护、安全措施及接地系统。

设计分工与分工界面。电源分界点为地下一层高压配电室电源进线柜内进线开关的进线端。高压电缆分界小室属城市供电部门负责设计，高压电缆分界小室内设备由供电局负责选型。本设计仅提供市电电源进入本工程建设红线范围内后至高压电缆分界小室的路径、高压电缆分界小室位置及由高压电缆分界小室至高压配电室电源进线柜的线缆路径。

2. 变、配电系统

(1) 负荷等级以及各类负荷容量

负荷等级的用电负荷为一级负荷中特别重要的负荷。对冷冻机空调、水泵风机、电梯等用电设备按其设备安装容量进行统计，对照明等设备的用电负荷按单位容量法进行统计。

(2) 供电电源以及电压等级

某工程负荷供电等级为二级，采用两路 10 kV 市电电源供电。从某处引两路专线 (非专线) 电力电缆，穿管埋地引入工程高压电缆分界小室，作为正常工作电源。

(3) 自备电源

某工程选用两台柴油发电机组作为自备电源。当两路市电停电或同一变配电所 2 台变压器同时故障时，从低压进线配电柜进线开关前端取柴油发电机的延时启动信号，信号延时 0 ~ 10s(可调) 自动启动柴油发电机组，柴油发电机组达到额定转速、电压频率后，投入额定负载运行。

当市电恢复 30 ~ 60s (可调) 后，由 A 至 S 自动恢复市电供电，柴油发电机组经冷却延时后，自动停机。

3. 高低压供电系统接线形式以及运行方式

(1) 高压供电系统设计

两路 10 kV 电源采用单母线分段方式运行，设母联开关；平时两段母线互为备用，分列运行，当一路电源故障时，通过自动操作母联开关，由另一路电源负担全部一级负荷中特别重要负荷及一二级负荷，进线母联开关之间设电气联锁，任何情

况下只能有两个开关处在闭合状态。

10 kV 断路器采用真空断路器，在 10 kV 出线开关柜内装设氧化锌避电器作为真空断路器的操作过电压保护。

(2) 低压配电系统设计

变压器低压侧采用单母线分段方式运行，设置母联开关。联络开关设自投自复、自投不自复、手动转换形式。自投时应自动断开非保证负荷，并保证变压器可正常运行。主进开关与联络开关之间设电气联锁，任何情况下只能有两个开关处在闭合状态。

应急母线与主母线之间设有应急联络段开关，当市电两段母线均失电后，操作应急联络段开关，启动柴油发电机组，保证重要负荷用电。

低压配电系统采用交流 220 V/380 V 放射式与树干式相结合的方式，对于单台容量较大的负荷或重要负荷采用放射式供电；对于照明及一般负荷采用树干式与放射式相结合的供电方式。

4. 变配电所

该工程变配电所设在地下一层，共设一处。每处变配电所设有净高为一定高度的电缆夹层，电缆夹层需采取防水和排水措施。

设备安装容量，计算有功功率、无功功率、视在功率，采用户内式变压器，共计多少台，容量为多少。

设备选型，户内式变压器按环氧树脂真空浇注节能型变压器设计，设强制风冷系统接线，保护罩由厂家配套供货。高压配电柜按不同类型进行设计，断路器额定电流操作。高压柜电缆采用上 (下) 进上 (下) 出接线方式，柜上设电缆桥架 (柜下设电缆沟)。

低压配电柜依据固定柜抽插式开关，落地式安装进行设计；断路器的分断能力，进出线电缆采用上 (下) 进上 (下) 出的接线方式。

柴油发电机机组为应急自启动型，其中应急自启动装置及相关成套设备由厂家配套供货。

5. 功率因数补偿方式

采用低压集中自动补偿方式，在变配电所低压侧设功率因数自动补偿装置。其中包括补偿容量、补偿前功率因数、补偿后功率因数。

荧光灯、气体放电灯采用单灯就地补偿，补偿后的功率因数分别为多少，都应有明确的规定。

6. 谐波治理

由于谐波分布的多变性和谐波工程计算的复杂性，在初步设计阶段就完全解决谐波问题是非常困难的，因此在进行变电所设计时要适当预留滤波设备安装位置，待系统正式运行后根据对谐波的实测和分析，再采取相应的、有效的谐波治理措施。对于变频等谐波含量超出标准的设备，可采取就地设置谐波吸收装置。

7. 低压保护装置

低压主进、联络断路器设过载长延时、短路短延时和瞬时保护脱扣器，其他低压断路器设过载长延时、短路瞬时脱扣器，部分回路设（分励）脱扣器。这些网路既可以在自动互投时，卸载部分负荷，防止变压器过载，又可以在火灾发生时，切断火灾场所相关非消防设备电源。

8. 照明系统

照明种类及照度标准、主要场所照明功率密度值设计如下。照明种类按国家《建筑照明设计标准》执行。同时主要场所照明功率密度值也按现行国家《建筑照明设计标准》执行。

光源灯具选择、照明灯具的安装及控制方式如下。一般场所为荧光灯或节能型光源，有装修要求的场所视装修要求而定，但其照度应符合相关要求。用于应急照明的光源采用能快速点亮的光源，应符合相关要求。

照明线路的选择及敷设方式如下。照明插座分别由不同的支路供电，除注明者外，所有插座支路（空调插座除外）均设剩余电流保护器；应急照明支路采用导线穿管敷设。

所有照明回路增设一根 PE 线。金属灯杆、灯具外壳等外露可导电部分应做保护接地。

应急照明设计如下。疏散照明：在场所设置疏散照明，照度要求，采用供电方式，持续时间等。安全照明：在场所设置安全照明，照度要求，采用供电方式，持续时间等。

变电所深入负荷中心，用电负荷供电半径控制，以减小电缆负荷损耗。合理确定变压器容量，变压器均采用低损耗、低噪声节能干式变压器，采用大干线配电的方式，减少线损，同时合理选用配电形式以减少配电环节。

无功功率因数的补偿采用集中补偿和分散就地补偿相结合的方式，在变电所低压处设集中补偿。荧光灯、金卤灯等采用就地补偿，选择电子镇流器或节能型高功率因数电感镇流器。当采用合理的功率因数补偿及谐波抑制措施后，可减少电子设备对低压配电系统造成的谐波污染，提高电网质量，降低对上级电网的影响，并降低自身损耗。

根据照明场所的功能要求确定照明功率和照度密度值，且必须符合《建筑照明设计标准》的设计要求，采用高光效光源、高效灯具。一般工作场所采用细管径直

管荧光灯和紧凑型荧光灯。采用建筑设备监控管理系统对给排水系统、采暖通风系统、冷却水系统、冷冻水系统等机电设备进行测量与监控，以达到最优运行方式，取得节约电能的效果。

选用绿色、环保且经国家认证的电气产品。在满足国家规范及供电行业标准的前提下，选用高性能变压器及相关配电设备和高品质电缆、电线，以降低自身损耗。

办公室分层计量，有条件时做到分户计量；商业建筑根据情况分层或分户计量；公共建筑对单位内部的照明、空调信息等系统根据用电性质分类计量。

9. 防雷系统

按一定的防雷措施设防。在楼座屋顶设避雷带作为防直击雷的接闪器，利用建筑物结构柱子内的主筋做引下线，同时利用结构基础内钢筋网做接地体。

为防侧向雷击，高度超过 45 米及以上的外墙上金属构件、门窗等较大金属物应与防雷装置连接；竖向敷设的金属管道及金属物的顶部和底部应与防雷装置连接。

为防雷电波侵入，电缆进出线在进出端应将电缆的金属外皮、钢管等与电气设备接地相连。

电子信息系统的各种箱体、壳体、机架等金属组件应与建筑物的共用接地网做等电位连接。

(二) 弱电设计说明

1. 设计范围

本设计包括以下内容：火灾自动报警系统、安全技术防范系统、有线电视和卫星电视接收系统、广播扩声与会议系统、呼应信号及信息显示系统、建筑设备监控系统、计算机网络系统、通信网络系统、综合布线系统、智能化系统集成，以及其他建筑电气系统。

2. 安全技术防范系统

① 工程的风险等级，防护级别。

② 通过统一的通信平台，管理软件将安防监控中心设备与各子系统设备联网，实现由安防监控中心对全系统进行信息集成的自动化管理。本系统由安全管理系统和如下子系统组成：入侵报警子系统、视频安防监控子系统、出入口控制子系统、电子巡查子系统、停车库 (场) 管理子系统。

③ 出入口控制主机和监视器、视频监控摄像机控制器、录像回放、入侵报警系统主机、对讲电话系统主机、操作键盘等均被装于监控中心内的控制台 (柜) 上。

④ 安防监控中心设置。安防监控中心设置为禁区，具有保证自身安全的防护措施和进行内外联络的通信手段，设有紧急报警装置并预留有与上一级接警中心报警

的通信接口。

⑤ 安全技术防范系统具有兼容性、可靠性。系统中采用的设备应符合国家法规和现行相关标准的要求，并经检验或认证合格。

3. 视频安防监控子系统

(1) 相关要求

该系统由前端（摄像机）、传输、处理和显示设备（硬盘录像、监视器等）组成。视频安防监控子系统功能应满足以下要求：

① 根据建筑物安全防范管理的需要对建筑物内（外）的主要公共活动场所，如通道、电梯及重要部位和场所等进行视频探测、图像实时监视和有效记录、回放。监视图像信息和声音信息具有原始完整性。

② 系统能独立运行也可与入侵报警系统、出入口控制系统、火灾自动报警系统、电梯控制系统等联动。

③ 矩阵切换和数字视频网络虚拟交换模式的系统具有系统信息存储功能，在供电中断或关机后，能对所有编程信息和时间信息进行保存。

④ 辅助照明联动与摄像机的联动图像显示应协调同步。

⑤ 预留与安全防范管理系统联网的接口，实现安全防范管理系统对视频安防监控系统的智能化管理与控制。

(2) 前端设备设置要求

① 采用彩色球形一体化摄像机。

② 走廊及各楼主要出口、电梯厅等部位采用彩色固定摄像机，配短焦距定焦镜头监视场景，有吊顶的部位采用半球形摄像机，吊顶嵌入安装。

③ 地下车库采用固定摄像机。

④ 电梯轿厢采用轿用专用彩色摄像机。

⑤ 摄像机的交流 220 V 电源，采用监控中心集中式供电，并配备 UPS 电源装置或由摄像机本身配置变电、整流及应急电池。

⑥ 系统配置数字记录器，能连续地记录摄像机的数据，以便记录所有监视区的活动情况，配置数字录像设备。

⑦ 中心主机系统，所有摄像点可同时录像。安防监控中心主机根据需要可实现全屏、多画面显示，监视器显示的画面包含摄像机号、地址、时间等信息。根据需要部分摄像机在安防控制室可控，如云台控制聚焦调节等。

⑧ 系统可做时序切换，切换时间 1 ~ 30 s（可调），同时可手动选择某一摄像机进行跟踪、录像。

⑨ 视频电缆选用，控制线选用，电源线选用，缆线敷设方式。

4. 入侵报警子系统

该系统由前端（探测器和紧急报警装置）、传输、处理、管理设备和显示设备组成。

入侵报警子系统功能应满足以下要求：系统具有自检、报警、故障被破坏、操作（包括开机、关机、设防、撤防、更改等）等信息的显示记录功能；系统记录信息应包括事件发生时间、地点、性质等，记录的信息不能更改；系统能手动设防、撤防，能按时间在全部及部分区域任意设防和撤防；设防、撤防状态有明显不同的显示。

负责对主要出入口、机房、重要房间和容易被入侵部位的探知报警并可与其他系统联网，实现相关设施的联动操作。

传输线路由安防监控中心经弱电金属线槽、弱电间引至各层，并由弱电间引至各前端设备的线路采用敷设方式。

5. 出入口控制子系统

该系统由钥匙（包括密码感应卡、人体生物特征等）、识读、执行传输和管理控制设备以及相应的系统软件组成。出入口控制子系统功能应满足以下要求：

① 对楼内各主要出入口、主要设备控制中心机房、贵重物品的库房、重要办公室等重点区域进行出入控制及监控管理。

② 当火灾信号发出后，系统自动打开相应防火分区的安全疏散通道上的电子门锁，以方便人员疏散。

③ 系统可结合巡查监察功能，与其他系统联网，实现相关设施的联动操作。

门磁开关、电子门锁及读卡器安装在各重要部位的通道口，出入口控制器就近安装在弱电竖井内。弱电间及由弱电间引出的线缆在弱电线槽内敷设，从线槽至控制器、读卡器、电控锁穿镀锌钢管。门磁开关、电子门锁的安装应注意与装修部门配合。控制系统总线采用哪种型号的导线，电源线就采用哪种型号的导线。系统电源采用主机集中供电的方式，并配备 UPS 电源装置。

6. 电子巡查子系统

该系统由前端设备（打卡器、信息纽扣等），传输、管理 / 控制、显示 / 记录设备以及相应的系统软件组成。

（1）电子巡视子系统要求

① 系统可独立设置，也可与出入口控制系统或入侵报警系统联合设置。

② 能编制保安人员巡查软件，在预先设定的巡查图中，用读卡器或其他方式采集信息，对巡查保安人员的行动、状态进行监督和记录。在线巡查系统的保安人员在巡查发生意外情况时，可以及时向安防监控中心报警。

巡查点设置在楼梯口、楼梯间、电梯前室、门厅、走廊、拐弯处地下停车场、重点保护房间附近及室外重点部位。巡查人员配置无线对讲机与安保中心保持联络。

(2) 停车库管理子系统

该系统由入口、场（库）区出口、中央管理组成。其中，入口设备主要由车位显示屏、感应线圈或光电收发装置、读卡器、出票（卡）机、摄影机、控制执行器（挡车）构成；出口设备主要由读卡器、费用显示器、内部电话控制执行器（挡杆）等组成。

(3) 停车库管理子系统要求

① 通过对停车场出入口的控制，完成对车辆进出的有效管理。如入口处车位显示、出入口公共场内通道的行车指示、车位引导、车辆自动识别、读卡识别、出入口挡车器的自动控制、自动计费及收费金额显示、分层停车场（库）的车辆统计与车位显示。

② 通过对停车场出入口的控制，完成对车辆收费的有效管理。如收费站或收款机根据收费程序自动计费，计费结果在显示屏上显示，驾驶车辆人员根据显示屏上所显示的金额付费，付费后资料存入计算机管理控制系统。

各车道出入口的控制主机与出票机、读卡机、内部电话、摄像机和挡杆等的管线采用敷设方式，各出入口之间的通信线也采用敷设方式。

7. 有线电视系统

该系统由前端设备、干线、放大器、分支分配器、支线及用户终端等组成。

工程的有线电视节目源由市政有线电视网引来。有线电视机房与卫星电视接收机房共用，设置在大楼顶层；有线电视的前端设备和卫星电视接收设备设置在机房内。

8. 广播、扩声与会议系统

该系统由音源、扩声设备、功率放大器控制设备、传输线路、音量控制设备及末端扬声器等组成。广播系统功能应满足以下要求：服务性广播用于大楼公共区域的背景音乐广播以及可能需要播放的场所；服务性广播和火灾应急广播合用系统确认火灾发生后，自动或手动将相关层正常广播立即转为火灾应急广播，用于指挥、引导人们迅速撤离危险场所；火灾应急广播和火灾警报装置交替播放。

广播机柜设置在消防中心，系统能提供多路背景音乐及火灾应急广播，并备有火灾应急广播备用功放。该系统可根据设置的优先等级进行广播，优先等级高的广播工作时可自动切断所选区域中优先等级较低的广播内容，其他广播音源可通过预先编程或即时手动输入控制，按需送至各个广播区域。区域划分满足消防广播区域的划分要求，按照建筑物及相应楼层划分为多个广播区域，话筒音源可自由选择对各区网的回路，或单独编程或全呼叫进行广播，且不影响其他区域组的正常广播。

根据平面图布置分为壁装式、嵌入式和管吊式三种。所有带音量控制开关区域

的广播系统应采用三线制，以确保消防紧急广播的音源不被关断。

扩声系统由传声器、音源设备、调音台、信号处理器、功率放大器和扬声器组成。扩声系统主要功能是将声信号转换为电信号，经放大、处理、传输，再转换为声信号还原于所服务的声场环境，并满足厅堂扩声学特性指标和语言清晰度的设计要求。扩声系统应包括以下部分或全部子系统：观众厅扩声系统、效果重放系统、立体混响系统、对讲联络系统。

（三）消防电气设计说明

1. 防护等级

该系统由触发器件、火灾报警装置、火灾警报装置以及其他一些辅助装置组成。

2. 设计范围

火灾自动报警系统设计范围包括：火灾自动报警系统、消防联动控制系统、火灾应急广播系统、火灾警报装置及消防通信系统、电梯运行监视控制系统、应急照明控制及消防系统等。

3. 集成系统

当该建筑设有智能化系统集成时，火灾自动报警系统通过 RS232 串行通信口或 TCP 向建筑设备监控系统传递信息，内容包括：系统主机运行状态、故障报警、火灾探测器的工作状态、探测器地址信息、相关联动设备的状态。当时，将在集成工作站上自动显示相应的报警信息，包括火警位置及相关联动设备的状态。

相关的联动应包括：联动开启报警区域的应急照明；联动开启相关区域的应急广播；视频监控系统将报警区域画面切换到主监视器，火灾所在分区的其他画面同时切换到副监视器；门禁系统将疏散通道上的门禁联动解锁，供人员紧急疏散；车库管理系统将提示并禁止车辆驶入，抬起出、入口的自动挡车道栏机供车辆疏散；当出现火警时，将在集成工作站自动显示相应的报警信息，包括火警位置及相关联动设备的状态。

4. 消防控制室

消防控制室设在哪一层，其入口处设置有明显的标志；隔墙的耐火极限不低于规定的高度，楼板的耐火极限不低于规定的高度，并与其他部位隔开和设置直通室外的安全出口。

消防控制室内设有火灾报警控制器、消防联动控制台、应急广播设备、中央电脑 CRT 显示器、打印机、电梯运行监控盘及消防专用电话总机、UPS 电源设备和直接报警的外线电话等。

5. 消防联动控制

消防控制室内设置联动控制台，其控制方式分为自动控制、手动直接启动控制。通过联动控制台，可实现对消火栓系统、自动喷水系统、防排烟系统、正压送风系统、防火卷帘门、防火门、电梯运行气体灭火、火灾应急广播、火灾应急照明等的监视及控制。火灾发生时可手动切断空调机组通风机及其他非消防电源。

(1) 消火栓系统的监视与控制

① 控制消火栓加压泵的启、停，显示运行状态和故障。

② 消火栓加压泵、消火栓稳压泵均可由压力开关自动控制。

③ 消火栓按钮动作直接启动消火栓加压泵，并显示位置。

④ 通过消防控制室能手动直接启动消火栓加压泵。

⑤ 消防泵房可手动启动消火栓加压泵。

⑥ 消防控制室能显示消火栓加压泵的电源状况。

⑦ 监视消防水池、水箱的消防警戒水位。

(2) 自动喷水系统的监视与控制

① 控制喷水加压泵、喷水稳压泵的启、停，显示运行状态和故障。

② 监视水流指示器、湿式报警阀的压力开关、安全信号阀的工作状态。

③ 报警阀处压力开关动作可直接启动喷水加压泵。

④ 在消防控制室能手动直接启动喷水加压泵。

⑤ 消防控制室的仪表能显示喷水加压泵的电源状况。

(3) 正压送风系统的监视与控制

① 控制正压风机的启、停，显示运行状态和故障。

② 控制正压送风口的开启及状态显示。

③ 自动或手动（通过消防控制室）直接启动正压风机。

④ 在消防泵房可手动启动喷水加压泵。

⑤ 消防控制室的仪表能显示喷水加压泵的电源状况。

(4) 排烟系统的监视与控制

① 专用排烟风机可实现以下控制：控制排烟风机的启、停，显示运行状态和故障；控制排烟阀的开启及状态显示；自动或手动通过消防控制室直接启动排烟风机。

② 排风兼排烟风机可实现以下控制：正常情况下该风机为通风换气使用，由就地手动或 DDC 控制；火灾发生时由消防控制室控制，并享有控制优先权，其控制方式与专用排烟风机相同。消防控制室能显示所有排烟阀、排烟口及正压送风阀、正压送风口的动作信号。

(5) 防火卷帘门的控制

① 用于防火隔离的卷帘门可一步落下，由其一侧或两侧的感烟探测器自动控制。

② 用于通道上的卷帘门分两步落下，由其两侧的感烟、感温探测器自动控制。

③ 卷帘门的动作信号要送至消防控制室。

④ 卷帘门两侧均设有声光报警及手动控制按钮。

(6) 防火门的监视与控制

防火门由火灾自动报警控制器自动控制其释放器，当发生火灾时，释放器自动释放，使常开防火门自动关闭，并将动作信号报送至消防控制室。

(7) 电梯的监视与控制

① 在消防控制室设置电梯监控盘，能显示各部电梯的运行状态：正常故障、开门关门及所处楼层位置等。

② 火灾发生时，根据火灾情况及场所位置，由消防控制室电梯监控盘发出指令，指挥电梯按消防程序运行，即对全部或任意一台电梯进行对讲，说明改变运行程序的原因；除消防电梯保持运行外，其余电梯均强制返回首层并将轿厢门打开。

③ 电梯运行监控盘及相应的控制电缆由电梯厂商提供。

④ 电梯的火灾指令开关采用钥匙开关，由消防控制室负责火灾时的电梯控制。

(8) 气体灭火系统的控制

① 具有手动控制及应急操作功能。

② 自动控制消防控制室能显示系统的自动、手动工作状态；能在气体灭火系统报警喷射各阶段有相应的声光信号，并关闭相应的防火门、窗，停止相关的通风空调系统，关闭有关部位的防火阀。

③ 对火灾自动报警系统的要求：气体灭火系统作为一个相对独立的系统，单独配置了自动控制所需的火灾探测器，可独立完成整个灭火过程。

6. 应急照明系统

应急照明系统采用专用回路双电源配电，并在末端互投；部分应急照明采用区域集中式供电。

应急照明系统干线采用阻燃电缆（电线）在强电间、吊顶内明敷于金属防火线槽；支线采用导线穿钢管或经阻燃处理的硬质塑料管暗敷于不燃烧体的结构层内，且保护层厚度不宜小于 30mm。

所有楼梯间及其前室、消防电梯前室、疏散走廊、变配电室、水泵房、防排烟机房、消防控制室通信机房、多功能厅、大堂等场所设置备用照明。变配电室、水泵房、防排烟机房、消防控制室通信机房的备用照明照度值按不低于正常照明照度值设置；多功能厅、大堂等场所的备用照明按不低于正常照明照度值的50%设置。

平时应急照明采用就地控制或由建筑设备监控系统统一管理，火灾时由消防控制室自动控制强制点亮全部应急照明灯。

7. 电气火灾报警

本建筑物火灾自动报警系统保护对象为一级。该装置自成系统，由现场漏电报警器、总线制传送仪、PC控制台和组态软件组成。消防控制室的PC可对现场的漏电火灾报警器进行控制、监测，可实现中心与现场的双向通信功能。漏电火灾报警系统控制器设在消防控制室（值班室）内。

8. 火灾自动报警系统

该工程为报警系统对全楼的火灾信号和消防设备进行监视及控制。在平时烟尘较大的场所设置点型感温探测器；在高大空间设置红外光束感烟探测器或空气采样早期烟雾探测器。

点型感温探测器、感烟探测器、可燃气体探测器、红外光束感烟探测器和缆线式线型定温探测器的设置要满足《火灾自动报警系统设计规范》（GB 50116—2013）的要求。如火灾警报装置及消防通信系统、电梯运行监视控制系统、应急照明控制及消防系统接地等。

火灾自动报警控制器可接收感烟、感温、火焰探测器等的火灾报警信号及水流指示器、检修阀、湿式报警阀、手动报警按钮、消火栓按钮等的动作信号，还可接收排烟阀、加压阀的动作信号。

消防控制室内设有火灾报警控制器、消防联动控制台、应急广播设备、CRT显示器、打印机、电梯运行监控盘及消防专用电话总机、UPS电源设备和直接报警的外线电话等。

9. 火灾应急广播系统

在消防控制室设置火灾应急广播机柜，机组采用定压式输出。火灾应急广播系统按建筑层或防火分区分路，每层或每一防火区分为一路。

在公共场所设置火灾应急广播扬声器。火灾发生时，消防控制室值班人员根据火情，自动或手动进行火灾应急广播，及时指挥、疏导人员撤离火灾现场。

播放疏散指令的控制程序如下：二层及二层以上楼层发生火灾，应先接通着火层及其相邻的上下层；首层发生火灾，应先接通本层、二层及地下各层；地下室发生火灾，应先接通地下各层及首层。含多个防火分区的单层建筑，应先接通着火的防火分区及相邻的防火分区。设置火灾应急广播扬声器的场所同时设置火灾警报装置，并采用分时播放控制，火灾报警装置与火灾应急广播交替工作。应急广播应设置备用扩音机，容量不小于应急广播时最大广播I区扬声器容量总和的1.5倍。

消防专用电话系统设计。在消防控制室设置消防专用电话总机；除在手动报警按钮、消火栓按钮等处设置消防专用电话塞孔外，在不同场所处还设有消防专用电话分机；消防控制室设置可直接报警的外线电话。消防专用电话网络应为独立的消防通信系统。

消防电源及系统接地。消防用电设备的配电装置采用专用的供电回路，并当发生火灾切断生产、生活用电时，仍能保证消防用电。火灾报警控制器配备 UPS 作为备用电源，此电源由设备承包商负责提供。该工程部分低压出线路断路器及各层插接箱内断路器均设有分励脱扣器，当消防控制室确认火灾发生后用于自动切断相关非消防电源。

消防系统线路的选型及敷设方式。传输干线、电源干线、传输干线沿防火金属线槽在弱电间、吊顶内明敷，支线穿钢管或经阻燃处理的硬质塑料管保护暗敷于不燃烧体的结构层内，且保护层厚度不宜小于 30mm。由顶板接线盒至消防设备一段线路穿耐火（阻燃）可挠金属电线保护套管。

10. 其他

消火栓泵、自动喷水泵设自动巡检装置，定期对消火栓泵、自动喷水泵进行检测、试车，以便确保火灾发生时消防泵能正常运行。

火灾自动报警系统的每个回路地址编码总数预留 15%～20% 的余量。燃气表间、锅炉房等场所燃气关断阀的控制，由燃气公司确定。

系统的成套设备，包括火灾自动报警控制器、消防联动控制台、应急广播设备、中央电脑、CRT 显示器、打印机、电梯运行监控盘及消防专用电话总机，以及对讲录音电话、UPS 电源设备等均由承包商成套供货，并负责安装、调试。

三、建筑电气施工设计

（一）建筑电气施工设计文件的原则

随着生活水平的提高，人们对于居住环境和条件的要求也在不断提升，在建设的过程中应用电气工程，对整个建筑来说具有非常重要的作用。例如，可以确保建筑工程的施工效率及施工质量，为居民提供舒适的居住环境。电气工程施工内容包括电缆桥架和保护管安装、电气设备安装、系统调试。工程验收的内容包括系统测试、竣工图整理、竣工资料整理、技术培训。各阶段设计文件编制深度应按以下原则进行：

1. 规范性原则

近些年我国经济实现了跳跃式的发展，国家的城市化建设工作越来越繁忙，相关部门也加大了对建筑领域的重视。为了使我国建筑电气工程的设计及施工工作更加规范化、科学化，国家陆续制定了相应的建筑电气设计节能规范。为了给居民提供舒适的居住环境，确保建筑工程的施工质量，在开展建筑电气工程设计工作的时候，一定要基于国家制定的相关规范要求进行施工操作。

2. 适用性原则

在开展建筑电气工程设计的过程中，适用性原则是非常重要的一项基本原则，直接关系到建筑设计功能是否可以稳定运行。在对建筑电气工程进行设计的时候，一定要确保人们的生活要求得到满足，保证建筑照明的稳定状态，为人们打造舒适的居住环境。

(二) 建筑电气施工设计的内容

在现代化的电气建设发展过程中，通过了解相关建筑层次的特性发展，改善相关的电气设计过程，提高建筑电气设计中的相关科学技术方法，逐步实现各类相关的施工技术过程。改善相关的设计工程内容，制定合理的建筑用电设备控制管理制度，从而减小电气的能耗，从而控制整体的运行成本。

1. 强电系统

在进行建筑电气工程设计的时候，强电系统的重要性不言而喻。其主要涉及的内容有照明系统、动力系统等。随着生活水平的提高，人们对于照明方面的要求也越来越高，这就需要在进行设计的时候，应预留适当的同路，当后期的线路需要改变时，就可以通过敷设设计方式完成改造工作。

2. 弱电系统

在对弱电系统进行设计的时候，一定要充分考虑之后的再分布，更要加强电视、电话、多媒体的设计工作。另外，一定要做好火灾报警、消防电源监控以及防火漏电的设计工作。随着近些年科学技术的快速发展，在建筑中应用弱电技术的案例越来越多，这也在一定程度上确保了电气工程的质量安全。

3. 接地系统保护装置

在设计接地系统保护装置的时候，必须严格按相关要求进行操作。随着技术的快速发展，在建筑工程设计中计算机技术越发重要，一定要按照建筑的实际情况设计对应的安保系统，设计合理的施工图，保证建筑的安全性及合理性。

根据建筑电气的相关施工内容进行合理分析，保证电气工程的特殊性控制，加强综合性的设计施工过程控制管理；根据相关的电气化设计，进行合理化的设备管理，并采用合理的软件技术分析，提高综合性软件控制水平；制定合理的电气设备自动化控制程序，实现电气设备的稳定控制过程，确保综合性的电气设备使用的稳

定控制；制定良好的建筑设备管线分配、输电线路控制、强弱电控制管理制度，实现良好的综合性设备控制；制定电气设备的稳定和安全控制程序，加强各项设计的施工质量控制管理。

4. 其他系统设计图

图纸目录应按图纸序号排列，先列新绘制图纸，后列选用的重复利用图和标准图。

各系统的系统框图绘制。基础钢筋做接地极时，应采取的措施：除防雷接地外的其他电气系统的工作或安全接地的要求（如电源接地形式、直流接地、局部等电位、总等电位接地等），如采用共用接地装置，应在接地平面图中叙述清楚；交代不清楚的应绘制相应图纸（如局部等电位平面图等）。

5. 主要设备表

主要设备表应注明主要设备名称、型号、规格、单位、数量。

6. 计算书

施工图设计阶段的计算书，只补充初步设计阶段应进行计算而未进行计算的部分，修改因初步设计文件审查变更后，需重新进行计算的部分。

（三）建筑电气工程的设计过程分析

设计中运用智能化技术。应用智能化技术在建筑电气工程施工中，能够使设计更加优化。相比较传统的计算机技术来说，智能化技术的计算效率还有精准度都有非常大的提高，在计算的时候通过高级算法，使计算效率得到提升。通过智能系统采集及分析收集的大数据，从而精准高效地计算复杂的电气施工，确保得到的电气施工设计方案是最完善的。在对建筑电气工程进行施工的过程中，智能化技术占据了非常重要的位置，能够使施工效率及质量得到提升，还可以在一定程度上降低成本。

在建筑的电气工程施工过程中，根据相关的电源配置进行合理的供电内容分析，从而加强整体建筑的安全可靠设计管理，制定合理的综合性技术分析制度，保证合理化的供电效果和正常的稳定供电过程。根据发动机组的相关发电过程，进行合理的分析，设计相关的配电系统，保证设计过程的准确性，加强网络化强电、弱电设计，根据电气相关的设计方法，进行科学的技术分析。通过对配电系统的相关设计过程，制定合理的标准电源数据供电控制和自动化的系统高压、低压供电效果控制办法，加强综合性配电计费标准分析。

加强施工方案的科学性。为了确保建筑发挥其使用功能，一定要确保施工方案的科学性，对可能影响电气施工的各项因素充分考虑，合理分配施工线路。对于需要并行、交叉的电气系统线路，一定要秉持科学设计的原则，对管线位置合理设置。通过科学的检验措施，保证选材的准确及安全，所有的选材都必须严格进行认证，仔细检查，从而确保工程能顺利高效地施工。

根据设备的相关选择进行合理的电压空间分析，加强整体建筑的配电分析，制定良好的自动化开关分配控制办法，采用高压配电技术，完成各项高压的过程数据控制。配置低压的相关配电结构，从而逐步改善电气容量的相关控制过程。制定良好的综合性应急预电控制管理方案，完善相关设备的合理化分析，加强综合性的配电设备故障控制管理，完善电机的整体大小、故障分析比例。制定良好的电机组自动化变化方案，在合理的时间内，完成相关配电设计过程。合理地配置变电设备的位置，完善接电线路的相关设计过程，设置合理的电压负荷控制程序，完善设备的便利运输过程，防止设备的相关技术核心内容的改变，逐步增加设计过程中的相关复杂性内容。

合理选择暗配管材料。在选择暗配管材料的时候，一定要结合项目的实际情况合理选择。另外，一定要充分考虑强电系统与弱电系统的要求，选取与管材的类型、规格搭配最为合适的材料。在利用暗配管进行并行、交叉线路安装的时候，不但要考虑材料的实用性和坚固性，还要充分考虑物理性能。通过严格、完善的检验措施，确保选材的质量，必须对每一种材料进行严格审查，确保施工的质量，从而确保施工进度。

验收中应用智能化技术。对建筑电气工程进行验收，是非常重要的一道工序，直接关系到整个工程后期的运行安全。在对建筑电气工程进行验收的时候运用智能化技术，能够及时发现工程施工中存在的问题。通过智能化技术检测设备，能够找出人眼无法找到的质量问题，使工作人员对整个工程有更加深入的了解。对出现的故障问题，需第一时间采取有效的措施进行处理，以降低后期的维修成本。

（四）建筑电气施工过程的注意事项

在施工的过程中，常常会出现偷工减料的问题，材料质量不过关或材料使用不合理会造成施工管线的相关厚度不合格，整体施工材料之间不能合理地完成结构解封控制管理，造成整体管子暴露在室外或出现内部管子泄漏的问题。防止因为材料质量问题影响施工，对设备的相关接地和联通过程进行分析，加强综合性的防雷支架控制，完善相关的防雷控制措施；运用相关的焊接技术改善相关的接线运用过程，提高综合性的焊接接口的控制管理，防止出现锈蚀现象。

（五）提高建筑电气施工的科学性

合理地完成接地保护控制、设备线路维护、强电弱电的综合性网络控制管理，从而完善综合性的墙壁控制安排过程，对电气的相关网络线路进行直角控制分析，提高整体设计的合理性、技术性、科学性，从而实现综合性的方位配置管理。注意相关的电气系统的线路分析过程，完善相关电气设备的合理配比控制，注重电气系统的综合性网络分析，完善整体施工过程，防止相关施工问题的产生，通过科学化的技术分析，实现良好的措施控制管理。针对电气线路的相关配管控制，对不同规格的钢管进行比例分析，对强电、弱电系统进行物理控制，改善管道的相关并行。

针对相关的电气线路的配线管进行分析，从而配置相关的刚性阻燃管，逐步完成相关管道的维护，防止出现阻塞、位置不正或管口脆裂等一系列的问题。制定合理的阻燃接口控制过程和凝固时间，实现良好的混凝土技术处理控制，并依据相关的电气施工技术要求，完善施工工艺的浇筑控制过程，实现配电管的合理化阻滞问题的分析，加强后期的相关强化验收质量控制过程。通过电气工程的施工管理，完善相关的工程验收管理，对电气的相关安全稳定性、材料密实程度进行合理的分析，保证整体设计过程的规范性，保证综合性的试运行控制管理，实现电气设备的环境适应程度。逐步检查管线的相关布局，保证合理化的技术分析过程控制，严格对相关的测试过程进行合理化的分析，对测试数据进行系统规划控制，制定合理化的运行规划环境测试标准，对管线进行布局分析，实现合理化的科学调配，防止出现避雷系统的不合理安全配合，并逐步检查安装效果，保证合理化的数据测试归档控制管理，加强综合性维护和系统控制管理。

总而言之，建筑设计人员在进行设计及施工的时候，一定要对影响因素进行充分考虑，制定完善的、有效的施工设计方案。建筑电气工程在施工的时候，施工人员也要对施工进度加强重视，确保施工安全和施工质量，为工程的顺利实施奠定坚实的基础。

通过对建筑电气工程的相关设计过程进行合理化的科学化分析，制定合理化的建筑施工设计特点规划，改善相关的质量安全分析管理，从而改善相关的综合性电气施工配置管理，保证安全性和施工质量的合理统一控制，实现综合性建筑施工的相关质量控制。

四、建筑电气工程施工质量控制

(一) 建筑电气工程施工质量控制的原则

1. 推进标准技术的实现与应用

建筑电气工程的施工，需要严格地按照建筑市场的需求进行全新的设计，才能进一步推进更先进的改造方案的实施，同时在第一时间真实地掌握施工情况。也应该在第一时间做好工程建设的实施，对一些老旧设备进行更替和创新，优化模式，整改不合理的设计方案，因地制宜，才能更好地实现建筑领域的现代化设计，保障电气工程在施工设备上的改造与发展效率。

2. 加强建筑电气工程的质量控制

建筑电气工程的施工，需要不断强化建筑电气材料的管理与质量检测，并在第一时间引进先进的设备和材料，才能保障施工质量与工程施工的共同进步，才能设计出更合理的施工方案。通过现代信息技术的应用，使建筑电气工程更符合现代化建筑工程的施工标准，这也是建筑电气工程领域的必然发展趋势。

3. 协调统一的施工规程

建筑电气工程施工，需要对工程设备进行改造和设计，因此对程序设备来说，也应该实施规范化的管理模式。另外，还应该充分结合实际施工条件和特点，争取做到规范化管理，制定符合实际情况的条件，才符合因地制宜的建设原则和理念，这也符合环境合理化开发的特点。

(二) 建筑电气施工质量控制的特点

建筑电气工程的质量控制是建筑工程项目整体质量控制非常关键的环节，主要体现在建筑系统的可靠性与安全性、实用性上。为了满足国家对建筑电气工程建设的需求，就需要在施工环节采取必要的措施，首先需要明确建筑电气工程质量控制的特点。

1. 控制标准难度大

对于建筑电气工程来说，具有一定的专业性。通过对具体的施工进行分析，建筑电气工程涉及很多的工作内容，比如管线、接线盒以及电缆的安装，这些都属于墙体内部的工作，隐蔽性较强。对于电气施工来说，预埋管线和预留孔洞都是比较复杂的工作内容，其中包含着电气专业、建筑专业和暖通专业的专业知识，不仅涉及范围比较广泛，而且对专业性的要求也非常高，在施工中需要多个部门的配合与沟通。再加上电气与人民群众的生活联系比较密切，在质量控制上就会更加严格，

只有所有的项目达到标准才算合格，因此需要做好大量的工作，才能完成这一任务。

2. 质量控制范围广泛

建筑电气施工由多个子系统构成，其子系统包括了施工的整体过程，其中有配电、动力、照明、消防、通信等多个步骤，范围非常广泛，需要得到各个部门的支持。由此可见，电气工程的质量控制范围足够广泛，同时各个部门还应该在保持独立运行状态的基础上，做好与其他部门之间的衔接，才能提升各个部门的运行稳定性。

(三) 建筑电气工程施工中质量控制环节的问题

1. 原材料和设备检验不合格

建筑电气施工中，材料和设备都是非常重要的环节，材料和成品的质量，也直接影响着电气工程的整体施工状况。因此采购部门需要采买高质量的施工材料和产品，并在施工过程中严格地按照设计要求来施工，确保每一环节都合情合理，才能生产出高质量的建筑产品。如果采买的材料质量没有达到标准，将会影响后续的工作，所生产出来的产品也无法达到合格的标准。因此施工人员一定要做好对原材料和设备的检查，避免不合格的材料和设备进入现场，否则将会影响工程机械设备的整体使用情况。

2. 施工技术未达到标准

建筑电气施工对专业性的要求比较高，为了更好地节约施工成本，一些建筑企业也在市场上聘请了一些人才。好的工程质量是由高素质员工完成的，但有些人员属于滥竽充数，没有经过专业的岗前培训就直接上岗，不仅专业能力较差而且工作经验也不足。在这样的人员参与下施工质量和水平与标准远远不够，这也在某种程度上影响了建筑工程电气工程的施工质量，同时也给电气工程领域带来了负面影响。

3. 缺乏专业的监督管理人员

质量监督是建筑电气工程非常重要的一项工作内容，其质量监督和管理对于技术的专业性要求非常高。但现阶段一些施工缺乏严格的管理和监督准则，同时缺少专业的管理人员，使电气工程的施工质量无法得到保障。如果长期发展下去，还会在编制和管理工作中出现更多的问题。建筑电气工程施工的专业人员不足，以及电气施工监督方式与现代社会不符，无法适应现代社会的发展要求，严重地阻碍了电气工程施工质量的提升，也严重地影响电气工程的施工效率，甚至会直接影响建筑领域的发展。

(四) 建筑电气工程施工质量的控制要点

1. 施工准备阶段的控制要点

首先要对施工人员的综合能力素质进行考核，只有不断地提升施工人员的技术能力和水平，才能保障电气工程的施工质量。因此在施工过程中，要做好人员素质的提升，培养工作人员的专业能力，才能真正地结合实际施工情况来施工。施工部门可以根据实际施工情况来进行专业的指导与培训，并引导工作人员做好技术交底，采取针对性的措施，为质量的提升奠定坚实的基础。这些都需要通过强化施工人员的技术与能力来控制质量。

在施工开始之前需要提前做好准备，要求全体施工人员要做好对现场的考察，并根据实际考察状况来设计施工方案，各个部门都要发表见解，避免后期出现施工方案改动的问题。同时还要做好技术交底，保持各个环节的有效衔接，这样不仅能使施工流程更加顺畅，也能实现节约成本、控制施工周期的目标。

2. 管理制度要点

管理制度的要点主要是根据现阶段存在的问题进行分析的，特别是初步图纸设计成果，更应该做好对这类目的了解和探索，才能保障建筑工程领域的稳定发展。另外，管理制度还应该从整体入手进行分析，对施工过程中可能存在的安全隐患进行排查。比如优化监督管理系统、制定奖励制度等，去分析现阶段管理制度可能存在的问题，并根据问题采取有效的措施，及时地规避综述性的管理体系和制度问题，并在进一步优化与分析中，不断地优化管理制度。

3. 人员管理要点

一般在建筑工程施工中分为两类人员，一种是现场施工管理人员；另一种是施工的工人，在一些特殊的环节中还会出现工程设计人员。对于一线工人来说，首先要提升自我保护意识，提升安全防御能力，要求人员具备专业的资质，以便能够更好地进行高空作业。另外，电器设备的安装资质和社会管理机制的搭建，需要符合新时期的标准。在确定所有的条件之后才能投入工程施工当中。对于非一线的工作人员来说，保障监理人员应发挥带头作用，及时地投入工作当中履行自身的职责，把以身作则真正地落实到工作当中，才能更好地落实监督任务，保障建筑工程电气施工的质量，通过对现场安全隐患的排除和分析，采取有效的施工措施，在第一时间进行处理。在避免安全事故发生的同时，能在第一时间做好施工质量检测，以此来确保施工设计理念符合实际标准。

4. 施工设备要点

在建筑工程施工中，需要多种施工设备的支持，其中包括钻孔设备、吊装设备等。只有保证所有的设备都保持在安全平稳的状态下，才能真正地提升建筑工程施工系统的稳定性，使施工质量得到保障。建筑管理部门可以配备专业的监理人员对设备的日常工作状态进行监督，也可以与厂家协商，要求厂家派遣专业人员来进行指导，以便能在第一时间判断出设备的异常，确保施工系统更加稳定安全。尤其是对于高空作业来说，无论是对吊装设备还是对安全防护设备，都应该时刻关注电动机、钢缆等一些基础设备的检查，避免因细小的问题影响设备正常的运行，导致设备出现严重的故障。

在施工过程中，需要对电气管材进行严格的质量监督，一般建筑施工都会采用阻燃型的重型管材，这样能够减少对主体建筑的影响。同时在管线预埋阶段，还应该充分考虑保护层的厚度，避免在钢筋外侧敷设电线管。只有严格地按照标准来满足触电保护工作的基本需求，才能保障施工的安全性。

另外，也要做好施工过程中的设备检测和人员的监督管理，这也是提升电气工程施工整体质量的途径。在结构转换的过程中，调整柱子的时候可能会出现错焊主筋和漏焊防雷线的现象，因此做好施工检查，能够更好地保障电气施工的绝对安全。

5. 施工环境要点

施工环境对现场工作人员的影响非常大，做好施工现场环境的控制与管理，也是非常重要的一个环节。保障施工环境的安全，保持施工环境处于安全的状态之下，同时也要根据现场施工情况进行判定，要求监督管理人员能够对施工区域内的问题进行分析，积极地排除安全隐患，尤其是在警示处理的时候，要对施工周边安装警戒线，避免外来人员的影响，并对与之无关的人员进行全面的隔离。另外，还应该考虑到自然环境对工作人员的影响，既要考虑生理影响也要考虑心理影响。例如，对于夏天的高温环境来说，很多施工人员可能会因为极端天气而出现身体上的不适，这也在无形中加剧了安全隐患的发生概率，也是影响建筑工程质量的因素。

6. 调试阶段控制要点

设备的调试也是建筑工程施工中非常重要的一部分，是对施工质量的综合性实验。首先需要对照明设备进行调节，明确配电柜开关是否能够控制照明回路，并根据实际情况进行标注。随后要按照图纸对设备进行调控，确保设备足够安全，提升电气消防设备的性能，做好对设备的调控和管理，保障其余设备也能有序地发挥功能，并保障各个设备都能满足基本的设计需求。

（五）建筑电气工程施工质量要点控制分析

1. 管理系统设置

管理系统的设置，主要是为了监督现场监理人员和第三方的监理人员，只有将这两个部分精准地对接，才能在第一时间将输出材料递交给监管人员。随后监管人员要根据施工情况进行签字，这些单据都可以为竣工阶段提供充分的参考依据，如果发现没有监理人员签字的项目，就可以视作施工手续缺失。工作人员在排查时，更应该倾向于管理人员的从业素养，能否在一定程度上满足施工的需求，也是判断是否需要个性化培训模式的标准，进而保障所有管理人员能够积极地履行个人职责。

2. 管理方式的革新

管理方式的革新主要体现在对管理制度的优化与完善上，特别是要避免综述性管理体系的出现，详细的管理制度才能够正确地找到施工人员，并提升施工质量。例如对于安全防护工作来说，就应该充分地考虑设备、人员、环境以及管理模式等方面，全面地分析之前的规章制度。例如在管理工作上就应该对老旧的管理制度进行优化，做好电动机故障、钢缆故障的排查，保障设备能够平稳地运行，使技巧评价的制度得到优化。其中也涉及一线的工作人员和监督管理人员，最终也是为了有效地提升整体工作效率，工作人员才会更积极地投入其中。

3. 加强对质量管理优势的推广

有些建筑工程施工企业并没有意识到质量管理的重要性，如果想要落实质量管理工作，就应该不断地加强施工单位对质量管理工作的认识。为了实现这一目标，可以借助成功案例进行宣传和推广，将实际的数据提供给相关施工单位，让更多的质量管理部门感受到质量管理的优势和经济收入增长的趋势，进而提升电气施工质量管理的主动性，才能实现将质量管理优势顺利推行的目标，也为落实电气施工管理制度提供充足的支持。

五、建筑电气工程智能化技术的施工策略

(一) 工程简介

某高层建筑占地面积 11256m^2，总建筑面积 35545m^2，该项目中供电系统按照供配电一级负荷进行设计和优化，选取三相五线制“TN-S”系统，供电方式为双回路，其中 10kV 电源系统数量设计为“一用一备”，中心配电室集中负荷设计于负二层，两路电源系统均能够负担满负荷。为了满足高层建筑用电需求，提升防火等级，该项目选取 2 台 1600kV 干式变压器，变压器负荷率平时要保持在 70% 左右。

(二) 建筑电气工程智能化施工优势

1. 施工中全过程监控

智能化技术在建筑电气施工中不仅可实现全过程监控，而且能够在施工全生命周

期中发挥最大作用，对优化施工资源配置、提升施工质量及其应用效果具有积极意义。

2. 提高建筑电气设备安装的安全性

智能化技术应用到建筑电气施工中，主要目的是实现和提高电力设备的安全性，减少电气设备使用过程中的故障。

3. 强化管理效果

智能施工管理技术可以在电气工程调控的全过程实施，同时，还可以利用网络平台形成联动模式，对各个系统进行统一管理和控制，如火控系统、安防系统等，建立不同系统之间的联动机制。

（三）建筑电气工程智能化技术实践策略

1. 施工前期准备工作

（1）电气施工设计

施工设计是基础，是对建筑电气工程各项安装及施工流程进行智能化管理，例如对施工安装技术指标、设计要求等文件进行细化，以实现电气施工安装的基础要求。设计的主要内容包含建筑电气设备类型、电源开关及电气辅助性设备等，这样能够实现对建筑电气智能化配置级别及控制的优化。

（2）做好施工图会审

在具体的建筑电气智能化施工设计中，要基于电气设计规范系数、电气设备应用具体指标数据及电气系统的布线设计等情况进行优化，做好施工图纸流程的会审，快速高效地解决建筑电气智能化施工技术中存在的弊端。

（3）电气设备型号的科学选取

在电气材料的选购中，应依据施工技术指标控制的具体要求，科学合理地配置和确定施工技术质量控制指标及数据，对试验的材料、产品合格证书及质量保证书等进行性能和设备使用质量的鉴别，以便实现对电气系统控制的检查。

2. 智能化系统及智能化子系统的施工技术方案优化

（1）基本要求及组成

从调研看，高层建筑智能化系统设计的要求主要包含实用性、成熟性、环境的人性化、效率的最大化等。从高层建筑智能化系统组成看，包含火灾自动报警系统、消防联动控制系统、智能照明系统、综合布线控制系统及医护对讲、门禁和视频系统。

（2）智能子系统的设计

首先在火灾自动报警及消防联动系统的设计中，联动控制系统一般由火灾探测、报警器、控制器、消防模块、消防设备等组成。

其次，在该高层建筑中的工程空间分配中共有17个电气智能化子单元、700多台分机，通过智能化系统的设计，每个系统中设置一台主机，实现报警信号能够及时准确地传递到住户中。

3. 安装施工要点

(1) 电缆敷设

① 施工前对电缆等设备型号进行详细的检查，对规格等进行查找，并做绝缘性测试，测试的结果一定要可控。电缆敷设过程中，应避免交叉，接头位置应做好醒目的标识标记处理。电缆顺序的配置及管理过程中，应按照自上而下的顺序进行配置，保证敷设地下环境干净、整洁、干燥。② 插座、开关等安装。线盒内引出导线及开关设备，插座面板结构应做好高效连接，将开关与插座对应的导线置于线盒中，面板结构应端正等。③ 烟雾电气监控。

(2) 监控内容

主控楼的监控室内消防是很重要的，如果发生火灾等警情损失将很惨重。在主控楼监控室内安装烟雾传感器可以免除这一隐患，一旦发生火灾，可以通过监控系统发出对外报警，让管理员随时可以监控主控楼监控室内消防的状态。

(3) 实现方式

根据主控楼监控室面积大小按每20 ~ 30m^{2}安装一只带开关量信号输出接口的烟雾探测器，烟雾探测器的开关量信号输出接口与信息采集模块的开关量采集接口连接，再由信息采集模块的以太网接口接入环境监控服务器所在网络，最后由环境监控软件将实时监测采集的现场信号进行数据实时分析处理及数据存储，系统自动记录报警信息，并将报警指令发往内置的电话语音报警模块。

(4) 智能电子围栏

普通的电子围栏由高压电子脉冲主机和前端探测围栏组成。高压电子脉冲主机是产生和接收高压脉冲信号的，并在前端探测围栏处于触网、短路、断路状态时能产生报警信号，并把入侵信号发送到安全报警中心；前端探测围栏由杆及金属导线等构件组成有形周界。电子围栏是一种主动入侵防越围栏，对入侵企图做出反击，击退入侵者，延迟入侵时间，并且不威胁人的生命，并把入侵信号发送到安全部门监控设备上，以保证管理人员能及时了解报警区域的情况，快速作出处理。

第七章　电力调度自动化系统运维管理技术

第一节　电力调度自动化系统运维管理技术概述

一、电力调度自动化系统运维服务

所谓调度自动化，是由传统的运动技术发展而来的，主要服务于电网调度的自动化系统。随着变电站数字综合化的发展和无人值班的推广，调度的工作压力和工作量显著增长。降低调度员工作强度，提供丰富的技术支持手段，进一步提高调度员的调度能力和素质一直是调度自动化工作的目标，也是调度自动化作用于电网运行的方向。电网地理分布辽阔，结构复杂，已成为人类制造的最复杂的系统之一，要管理如此庞大的系统，仅依靠一次设备和继电保护已不能完全满足电网的安全运行。在美国加大停电力度后，各国都加强了电网管理，强调统一调度，力图通过调度自动化系统的重要作用来提高电网的安全运行水平。

电力调度自动化系统是指直接为电网运行服务的数据采集与监控系统，包括在此系统运行的应用软件，是在线为各级电力调度机构生产运行人员提供电力系统运行信息、分析决策工具和控制手段的数据处理系统。电力调度自动化系统是保证电网安全和经济可靠运行的重要支撑手段之一。随着电网不断地发展，电网的运行和管理需求也在不断地变化，要保证电力生产安全有序进行，作为重要支柱的调度自动化系统应适应电网需求的发展。

电力调度自动化系统的主要功能包括数据采集、信息处理、统计计算、遥控、报警处理、安全管理、实时数据库管理、历史库管理、历史趋势、报表生成与打印、画面编辑与显示、Web 浏览、多媒体语音报警、事件顺序记录、事故追忆、调度员培训模拟等。重要节点采用双机热备用，以便提高系统的可靠性和稳定性。当任意一台服务器出现问题时，所有运行在该服务器上的数据自动平滑地切换到另一台服务器上，保证系统正常运行。调度主站是整个调度自动化监控和管理的核心，从整体上实现调度自动化的监视和控制，分析电网的运行状态，协调变电站内 RTU 之间的关系，对整个网络进行有效的管理，使整个系统处于最优的运行状态。

电力调度自动化系统在进入正常运行后，就进入系统运行和维护阶段，即运维阶段。系统维护的目的是要保证系统正常和可靠地运行，并使系统不断得到改善和提高，以充分发挥其作用。因此，系统维护要有计划、有组织地对系统进行必要的改动，以保证系统中的各个要素随着环境的变化始终处于最新的、正确的工作状态。

系统维护在整个生命周期内容易被忽视，因为人们热衷于系统开发，而多数情况下开发队伍在系统完成后容易被解散或撤走，系统开始运行后并没有配置适当的系统维护人员。这样，系统发生问题或运行环境发生改变后，用户就无法正常使用。随着系统应用的深入及使用寿命的延长，系统维护的工作量越来越大，费用也越来越多，再加上系统维护工作的挑战性不强，成绩不显著，使很多技术人员不安心于系统维护工作，也是造成人们轻视维护的原因。但系统的维护是系统可持续运行的重要保障，必须重视运维。

（一）电力调度自动化系统运维服务的内容

电力调度自动化系统运维服务根据运维对象的不同，其内容可分为以下5个方面：① 系统应用程序维护。自动化系统的业务处理过程是通过应用程序的运行而实现的，一旦程序发生问题或业务发生变化，就必然引起程序的修改和调整，因此，系统维护的主要活动是对程序进行维护。② 数据维护。业务处理对数据的需求是不断发生变化的，除了系统中主体业务数据的定期正常更新外，还有许多数据需要进行不定期的更新，或随着环境或业务的变化而进行调整，以及数据内容的增加、数据结构的调整。此外，数据的备份与恢复等，都是数据维护的工作内容。③ 代码维护。随着系统应用范围的扩大、应用环境的变化，系统中的各种代码都需要进行一定程度的增加、修改、删除，以及设置新的代码。④ 硬件设备维护。主要是指对主机及外设的日常维护和管理，如机房设备里的机器部件的清洗、润滑，设备故障的检修，易损部件的更换等，这些工作都由机房人员负责，定期进行管理，以保证系统正常有效地工作。⑤ 机构和人员的变动。自动化系统虽然自主性很高，但也需要人工处理，人的作用占主导地位。为使自动化系统的工作更加可靠、高效，有时涉及机构和人员的变动，需定期进行业务关系协调。

（二）电力调度自动化系统运维服务的特点

电力调度自动化系统运维服务的目的是确保系统能够安全稳定运行，其工作任务存在整个运维服务生命周期内的所有阶段和方面，服务职能也涉及服务实施的所有方面。因此，电力调度自动化系统运维服务根据不同情况设置相应的运维服务管理机构，如机房管理部门、系统维护部门等。

电力调度自动化系统运维服务采用信息技术，实现半自动化的目的，解放了大量人力资源，部分解决了厂商服务技术覆盖面窄的问题。而且采用信息技术，专业技术性强，解决了企业维护技术力量不足的问题，使企业从技术复杂、整合难度高的基础设施运维中解脱出来，专注于自身业务的发展。除此之外，电力调度自动化系统运维服务成本低，能降低用户高昂的服务费用。在系统内部，信息技术的不断创新与应用还使得电力调度自动化系统运维服务的内部结构不断调整，推进价值链分工不断细化。

尽管电力调度自动化系统运维服务有以上优点，但其管理方法却是被动式的应急服务管理，即由应用专业主导，提出需求，自动化专业被动接受任务，与厂家协调开展系统应用运维，在专业应用与运维过程中，发现缺陷，处置缺陷。管理对象有厂商及运维人员、基础设施、软件、硬件等；管理内容包括信息安全管理、厂商及人员管理、运维工作管理和机房管理。

（三）电力调度自动化系统运维服务存在的问题

系统运维的管理方法存在业务众多、管理落后的现实状况，电力调度自动化系统涵盖范围广，专业系统众多，是由多种硬件、软件共同构成的一个复杂的运行系统，各种硬件装置较多，而且这些系统分布于各个地域，通信环境非常复杂。监管这样的系统，需时刻关注大量繁杂数据：机房环境参数、设备运行状况、网络流量、厂站数据采集情况等。这些数据数量巨大，分布分散，且格式不一，可理解性差。

对管理人员来说，查看数量巨大的数据费时费力，且会遗漏重要信息。管理员容易湮没在大量的运行数据中，无法从这些数据中快速获取所需的管理与安全信息，对系统中各种故障也无法准确识别、及时响应，以致直接影响整个安全防御体系效能的有效发挥。各级电力部门一般都采用一些通用的安全产品，如防病毒系统、入侵检测系统等。这些安全产品大都是以传统的元素监控为出发点，基于各自独立的派系模式，即使在同一网络的不同区域也是各自为政，甚至普遍存在同一机房中同时使用多套分散监控工具的局面，更谈不上从电力应用业务的宏观角度去主动管理整体的架构。电力部门缺乏对电力系统中特有的业务系统与安全产品等的监管。现有运行维护与安全管理基本还停留在人工管理与制度约束阶段，缺乏人员、技术、流程有效结合的机制与技术手段。运维管理水平较低，不能完成故障和问题的闭环处理，同时运维经验与知识无法以有效方式积累。

二、电力调度自动化系统运维管理面临的新形势

目前，从全国电网企业来看，省级调度部门既要从事自动化专业的管理工作，又要承担自动化系统大量的日常运行维护工作，面临人员短缺、工作复杂繁琐等一

系列困难，无法专注于自动化专业管理。因此，迫切需要整合运行监视、机房管理、厂商管理、安全管理、缺陷处理等运维工作，探索运维管理新模式、新方法，从而将省级调度部门从繁杂的运维工作中解放出来，专注专业管理和专业发展，完善提升调度控制系统的功能，提升主站系统的运维水平。

总体来讲，电力调度自动化系统正朝着数字化、集成化、网络化、标准化、市场化、智能化的方向发展。

数字化。随着信息化的普及和深入，越来越多的目光投向了数字化变电站和数字化电网的研究开发。电网的数字化包括信息数字化、通信数字化、决策数字化和管理数字化 4 个方面。

集成化。集成化是指要形成互联大电网调度二次系统，这种系统需要综合利用多角度、多尺度、广域大范围的电网信息以及目前分离的各系统内存在的各种数据。调度数据集成化就是要实现调度数据的整合，实现数据和应用的标准化，实现相关应用系统的资源整合和数据共享，实现电网调度信息化和管理现代化，从而为实现调度智能化服务。

网络化。互联网络化体现在两个方面：一方面是指不同层次的调度中心主站间的广域网通信，例如，地调和省级电网调度（以下简称“省调”）、地调和县级电网调度；另一方面是指调度主站与直属电厂和变电站间的远程通信。

标准化。标准化包括遵循标准和制定新标准两个方面的含义。遵循标准并不是目的，而是一种技术手段，只有标准化才能实现真正意义上的开放。目前与调度自动化系统相关的重要的国际标准包括 IEC 61970、IEC 61968 和 IEC6 1850 等，国内相关厂家均对这些标准给予了高度的重视。随着对这些标准的研究理解、相互操作实验及实际应用的不断深入，标准化的目标已经渐行渐近了。

市场化。未来的调度自动化系统和电力市场的运营系统需要紧密地结合在一起，在传统的 EMS 和 WAMS 应用中更多地融入市场的因素，包括研究电力市场环境下电网安全风险分析理论，以及研究市场环境下的传统 EMS 分析功能，如面向电力市场的发电计划的安全校核功能、概率性的潮流及安全稳定计算分析、在线可用输电能力（ATC）的分析计算等。

智能化。智能调度是未来电网发展的必然趋势。智能调度技术采用调度数据集成技术，有效整合并综合利用电力系统的稳态、动态和暂态运行信息，实现电力系统正常运行的监测与优化、预警和动态预防控制、事故的智能辨识、事故后的故障分析处理和系统恢复，紧急状态下的协调控制，实现调度、运行和管理的智能化、电网调度可视化等高级应用功能并兼备正常运行操作指导和事故状态的控制恢复，包括电力市场运营、电能质量在内的电网调整的优化和协调。调度智能化的最终目

标是建立一个基于广域同步信息的网络保护和紧急控制一体化的新理论与新技术，协调电力系统元件保护和控制区域稳定控制系统、紧急控制系统、解列控制系统和恢复控制系统等具有多道安全防线的综合防御体系。

三、运维服务的概念

运维（Operation）一般是指对已经建立好的大型组织的网络软硬件的维护，传统的运维指信息技术运维（IT 运维）。

随着信息化进程的推进，运维管理将覆盖整个组织。它支持管理信息系统涵盖的所有内容，除了传统的 IT 运维，还拓展了业务运维和日常管理运维。其参与的对象也从 IT 部门和人员，拓展到组织的管理层和各部门及其相关的业务骨干。运维的最终结果是对软件运行中各种性能的维护。

运维的职责覆盖了产品从设计到发布、运行维护、变更升级及至下线的生命周期，其职责内容为：保证服务的稳定运行；考虑服务的可扩展性；从系统的稳定性和可运维性的角度，提出开发需求；定位系统的问题，甚至可以直接修正 bug；对突然出现的问题做到快速响应和处理。运维最基本的职责是保证业务能够稳定运行。大型公司对运维工作的要求很高，需要有精细的分工，因此，机房、网络和操作系统相关的底层工作分离出来由专人负责，成为系统管理部；而上层和应用产品相关的工作则由运维负责，成为运维部。运维工作的开展方式一般取决于所维护的业务特点需求，形成所需的多个主题方向进行开展。通常的解决方案中包括事件管理、配置管理、变更管理、容量管理等主题方向。其日常工作主要有：对系统的需求和设计方案进行分析，在保证稳定性的前提下，思考有哪些地方可以加强，并与系统的开发人员进行有效的沟通；使用工具或编写程序对运营数据进行分析；编写程序建立相关平台，进而加强系统的稳定性。

运维服务以项目的形式进行管理，依据项目内的作业与要求，采用一定的手段和方法对项目内的系统运行环境、业务系统等提供综合服务。狭义的运维服务的服务内容主要是系统日常运行保障和系统维护。其中系统维护包括硬件系统、软件系统和运行环境等。广义的运维系统服务内容除了上述服务内容外，还包括人员技术培训服务、咨询评估服务和系统优化改善服务等内容。

四、运维服务的管理理论

管理的基本职能是计划、组织、领导和控制。

（一）计划

计划是根据环境的需要和自身的特点确定在一定时期内的目标，并通过计划的编制协调各类资源以期顺利达到预期目标的过程。计划是管理的首要职能，计划职能的根本任务是确定目标、制定规则和程序、拟订计划并进行预测。

（二）组织

组织是为了实现某一特定目标，经由分工与合作及不同层次的权利和责任制度而构成的人群集合系统，是依据管理目标和管理要求把各要素、各环节、各方面从劳动分工和协作上、从纵横的相互关系上、从时间过程和组织结构上合理地组织成为一个协调一致的整体，最大限度地发挥人和物的作用。

（三）领导

领导是领导者为实现组织的目标而运用权力向其下属施加影响力的一种行为或行为过程。领导工作包括领导者、被领导者、作用对象、职权和领导行为5个要素。领导的本质是影响，领导者通过影响被领导者的判断标准来统一被领导者的思想和行动。

（四）控制

管理中的控制职能是指管理主体为了达到一定的组织目标，运用一定的控制机制和控制手段对管理客体施加影响的过程。

运维管理是指单位部门采用相关的方法、手段、技术、制度、流程和文档等，对运行环境（如软硬件环境、网络环境等）、业务系统本身和运维人员进行的综合管理。在运维过程中需要建立一套科学的管理制度，比如运维服务管理体系、运维服务管理方式及流程、运维组织及日常管理制度和运维服务外包管理等，以保障整个运维服务管理工作切实发挥其实用性、高效性。

运维服务管理主要包括运维平台和运维手段建设，岗位职责规范，制度及流程的制定、变更和执行，工作监督、检查和绩效考核，人员素质的培养和提高，数据交换及应用，系统安全及容灾管理等。其要按故障处理规程做好各种故障的审核审批和处理工作，协调运维各岗位间的工作关系和顺畅联系，落实上级下达的运维工作任务，不断提高运维工作质量和效率。

完善的运维组织与管理不仅是运维体系稳定运行的根本保证，同时也是实现运维服务管理人员按章有序地进行信息系统运维服务、减少运维中不稳定因素、提高工作质量和水平的重要保障。

五、基于 ITIL 的电力调度自动化运维管理技术的探索

由于电网调度自动化系统涵盖面广，业务系统众多，软硬件平台各异，网络通信复杂，电网和自动化系统数据利用率低，IT 运维信息分散、可理解性差等诸多原因，运维人员难以快速获取运维所需的关键信息，对系统中各种故障与事件无法及时响应、准确定位和快速处理，以致直接影响整个自动化系统运维效能的充分发挥。因此，电力企业需要规范、高效的电力调度自动化运行维护体系和资源。

如何在有限的投入下尽快建立高效、规范的电力调度自动化运维体系，提高电力调度自动化管理水平，改善电力业务系统的运行质量，已经成为当前各电力公司自动化主管面临的重要问题。ITIL（信息技术基础架构库）是管理科学在 IT 基础架构的应用，并以结构化方式编写了一套丛书。ITIL 做到了基于最佳实践为企业提供 IT 服务管理的指导，为企业的服务管理实践提供了一个客观严谨、可量化的标准和规范。ITIL 具体提供的内容及其特点如下：

第一，关于 IT 基础架构、战略、战术、运作管理的指导性丛书。

ITIL 从发布的第一天起就免费供企业和政府部门参照使用。同时，任何公司均可以 ITIL 为基础提供增值产品和服务，比如培训指导和开发支持 ITIL 的软件和工具。

第二，一套系统化、给予最佳实践的流程框架。

ITIL 各部分之间并无严格的逻辑关系，与一般的标准——先设计整体框架再细化各部分的“自顶向下”的设计方式不同，ITIL 的开发过程“自下而上”。ITIL 来源于实践，经过合理的提炼，反过来又可以指导实践。

第三，质量管理方法和标准。

由于 IT 部门是从技术而不是业务的角度考虑问题，故往往业务的运作效率不高，而运作成本却不低。ITIL 提供了解决这些问题的办法，即 ITIL 贯彻质量思想，应用质量的方法和标准来管理信息技术服务。整个过程关注的不仅仅是 IT 部门是否提供了某种服务，更重要的是 IT 部门是否提供了让客户满意的服务。

ITIL 目前已在全世界范围内被广为采用，趋于成熟。ITIL 提供的指导性框架可以保留组织现有 IT 管理方法中的合理部分，还可以增加必要的技术，方便各种 IT 职能间的沟通和交流。

除此之外，ITIL 还具有很高的商业价值，具体如下：① 确保 IT 流程支撑业务流程，在整体上提高了业务运作的质量。② 通过故障管理流程、变更管理流程和服务台等提供了更可靠的业务支持。③ 客户对 IT 有更可靠的期望，并更加清楚为达到这些期望所需要付出的成本。④ 提高了客户和业务人员的生产效率。⑤ 提供了更加及时有效的业务持续性服务。⑥ 客户和信息技术服务提供者之间建立起更加融洽的工作关系。⑦ 提高了客户满意度。

总之，企业实施 ITIL，有助于进行完善的服务管理。在 ITIL 的各个流程管理中，可以直接与各个业务部门相互作用，实现对业务功能及流程的重新设计，达到降低成本、缩短周转时间、提高质量和增进客户满意度的目标。

电网企业应充分发挥科技创新对精益运维的先导作用，根据精益运维的实际需要，引进国内外先进技术。根据 ITIL 的特点，基于国际先进的运维流程底层引擎支撑技术和运维流程可视化管理技术的 ITIL 自动化系统运维模型符合当前电网公司的需求，成为电力调度自动化系统运维服务的最佳选择。

六、ITIL 简介

（一）ITIL 的概念与由来

ITIL（Information Technology Infrastructure Library）即 IT 基础架构库，是英国国家电信局于 20 世纪 80 年代开发的一套企业 IT 服务管理标准库，主要适用于 IT 服务管理（ITSM），为企业的 IT 服务管理实践提供一个客观、严谨、可量化的标准和规范。ITIL 主要包括 6 个模块，即业务管理、服务管理、ICT 基础架构管理、IT 服务管理规划与实施、应用管理和安全管理，其中服务管理是其最核心的模块，该模块包括“服务提供”和“服务支持”两个流程组，形成了“以流程为中心”的 IT 服务管理方法理论思想。

20 世纪 80 年代末，英国政府为了提高政府部门信息技术服务的质量，邀请国内外知名 IT 厂商和专家共同开发一套规范化的、可进行财务计量的 IT 资源使用方法。这种方法独立于厂商并且可适用于不同规模、不同技术和业务需求的组织，最终演变成现在被广泛认可的 ITIL。

ITIL 虽然最初是为英国政府部门开发的，但它很快在英国企业中得到了广泛认可。此后，英国政府中央计算机与电信管理中心（CCTA）又在 HP、IBM、BMC 等主流信息技术资源管理软件厂商多年来所做的一系列实践和探索的基础之上总结了信息技术服务的最佳实践经验，形成了一些基于流程的方法，即如今的 ITIL，用于规范信息技术服务的水平，旨在解决信息技术服务质量不佳的情况。

由于 ITIL 为企业的 IT 服务管理实践提供了一个客观、严谨、可量化的标准和规范，企业的 IT 部门和最终用户可以根据自己的能力和需求定义自己所要求的不同服务水平，参考 ITIL 来规划和制定其 IT 基础架构及服务管理，从而确保 IT 服务管理能为企业的业务运作提供更好的支持。对企业来说，实施 ITIL 的最大意义在于把 IT 与业务紧密地结合起来，从而让企业的 IT 投资回报最大化。

（二）ITIL 的实施步骤

ITIL 是一套 IT 服务管理的方法论，它来源于实践，是从众多企业在 IT 服务管理方面的成熟和优秀实践中提炼而来的，具有一定的抽象性。其在应用时不能生搬硬套，应根据企业的具体情况加以必要的调整和改进，并制定出一套行之有效的实施和推广措施，才能让它焕发出应有的光彩。要想 ITIL 能够很好地实施，可以按照以下几个步骤进行：

1. 争取领导层的同意

ITIL 的引入将会给企业带来巨大的变革，无论是对企业文化，还是原有的工作模式，甚至企业的组织结构都会带来变动，要在企业得到广泛认可和接受需要一个过程。在初期，这种变革必定会带来质疑，甚至是抵触，这些抵制情绪或行为可能会严重阻碍 ITIL 的推行，带来的影响可能是致命的，这个时候领导的决断至关重要。因此，如能获得领导层的认可与支持，甚至是能让领导层亲自参与，对消除或缓解推行过程中的不利因素尤为重要，从而保障 ITIL 的成功引入。

只要改变了 IT 部门传统的以技术为中心的运营模式，不再以技术为中心，而是以流程为中心，以服务为导向，必将会带来企业文化与运营模式的变革。

2. 实施前充分铺垫

对于企业中的大部分员工来说，ITIL 可能是新生事物，对它的了解还不够具体和充分，因此在着手实施之前就应做好充分的“铺垫”，即对 ITIL 进行宣传和介绍，让员工充分认知，明白 ITIL 是什么、能带来什么益处等，继而认可它。这样才能在实施和推广时获得员工的认可和支持，减少潜在的抵触因素。

“铺垫”的方式可多样，如印制宣传画报或台历，制作 ITIL 知识小手册等分发给所有员工；举办培训班，培训内容最好根据不同阶层员工加以区分，因为他们的关注点会有差异；开展 ITIL 知识竞赛、沙盘演练等。在准备实施之前，对 ITIL 进行充分“预热”，营造氛围，提升员工对 ITIL 的认知度，将会给后期的实施和推广工作带来很大的帮助。

3. 递进式部署

“罗马不是一天建成的”，同样 ITIL 的实施也不是一蹴而就的。ITIL 的引入会改变员工原有的工作模式，如一次实施过多的流程、涉及过多的业务系统，员工会极不适应，容易引发抵触情绪，不但达不到预期的效果，反而会导致流程混乱，流程整合水平低下，员工怨声载道。

在确定引入 ITIL 时，首先应对企业的现状和愿景予以充分的评估，找出现状与愿景间的差距，制定远景规划和目标。然后依据企业实际情况，将远景目标进行拆分，分成若干个阶段实现，循序渐进，递进式部署。

通常情况下，一般先从实施服务台、事件管理、配置管理开始，然后实施配置、变更、问题管理，再实施发布和服务级别管理，后续再根据实际需要逐步部署。而在具体推广应用时，初期所涉及范围也不应过大，最好采用先局部后整体、由点及面的方式。

4. 结合实际设计流程

服务流程是 ITIL 的核心内容，服务流程设计的好坏，往往能对一个 ITIL 项目的成功与否起到决定作用。

在企业中通常业务系统众多，各业务系统的部署和运维模式各有其特点，如何从众多的业务系统中梳理出一套统一规范、又能符合各业务自身特点的流程成为关键。最常见的误区是：ITIL 既然是最佳实践，是业界事实上的标准，那么它所定义的就是最好的，即使设计出来的流程与业务系统的实际不符，那也得遵从。最终，流程虽是标准、统一、规范了，但实际上根本没人用它，员工极度抵制，形同虚设。

正确的做法：首先，要承认并允许这种差异性存在。因为 ITIL 虽是从众多企业最佳的 IT 服务管理方法中提炼而来的，但对于一个企业来说，符合自身需要、并能切实提升 IT 部门的运营效率和服务水平的才是“最佳的”。其次，ITIL 中只列出了各个服务管理流程的“最佳”目标、活动、输入和输出，以及各个流程之间的关系，而如何具体实现这些功能，却没有具体说明，企业需要根据实际需要采取不同的方式。

在具体设计流程时，各服务流程的主体结构设计应遵照 ITIL 所定义的目标、主要活动、输入和输出，确保各流程实现其应有的功能并能与其他流程相协调。同时，在不与这些主体流程设计内容造成冲突的情况下，充分考虑到各业务系统自身特点，进行个性化的定制，尽量符合或贴近 IT 员工实际工作需要。

5. 建立考核机制

ITIL 是一整套方法论，核心是服务流程，而流程本身从某种意义上来说也是一种规范或制度，既然是规范或制度，就必定带有一定的约束力和强制执行力。诚然，在推广应用之初，服务流程可能会存在一定的缺陷，但这不应成为员工不接受 ITIL 的借口，任何事物在最初都不可能是完善的，存在的缺陷和不足会随着应用的过程不断得以修复和改进。如果 ITIL 的推广应用仅仅靠正面的推广和宣传来实现，力度是微弱的，员工可能仍然漠然视之；一定要建立相应的机制来保障 ITIL 的推行，最有效的方法就是制定考核指标进行考核。只有影响到员工切身利益时，才能更好地引导和推动 ITIL 的应用。

考核指标应依据不同服务流程的不同流程角色来制定。在推广初期，可先以激

励为主，只对考核结果较好的员工予以奖励。之后随着推广的不断深入，逐步采用奖惩结合的方式来强制和约束。

6. 持续改进

ITIL 的实施不是一劳永逸的，要想让它落地生根，并结出果实，必须持续性地对其进行改进，与实际需要保持吻合。由于业务系统自身技术的不断更新（ITIL 本身也在不断更新），以及部署结构和运营模式的调整，各服务流程会变得越来越不适应实际需要，这就必然需要持续对各服务流程进行优化，从而与实际保持一致。在流程设计之初应设置流程负责人，定期负责对涉及的各业务系统不同层次的用户进行回访，广泛收集需求和建议，汇总分析，对各服务流程进行改进，确保流程的实用性和合理性。

7. 后期使用成熟的软件

企业对 IT 系统的管理是通过 IT 管理软件实现的，因此，选择适当的软件对成功实现 ITIL 的目标至关重要。虽在规模较小的企业里，由 IT 部门自身研发用于记录、跟踪事件之类的工具，甚至是纸质的记录可能就足够了，但对于具备一定规模的企业，尤其在大型企业中，IT 系统纷繁复杂，更加注重服务流程的自动化和电子化程度以及服务流程运转的高效性，这种方式显然不能满足其实际需要。市场上各大主流 IT 厂商都开发了相应的软件产品，并得到市场的验证。ITIL 的实现不一定完全依赖于工具，但工具的使用，可实现流程运转的电子化和自动化，更能凸显流程运转的易控性和高效性，更能彰显 ITIL 所带来的好处。

第二节　自动化系统运维组织与管理

一、自动化系统日常运维管理

电力调度自动化系统本质上是信息系统，具备信息系统所具有的基本特质。信息系统的日常运行管理工作量巨大，包括数据的收集、例行信息处理及服务、计算机硬件的运维和系统安全管理等任务。

（一）数据的收集

数据的收集一般包括数据收集、数据校验及数据录入三项子任务。

如果系统数据收集工作做不好，整个系统的工作就成了“空中楼阁”。因此，系统的主管人员应努力通过各种方法，提高数据收集人员的技术水平和工作责任感，对他们的工作进行评价、指导和帮助，以便提高所收集数据的质量，为系统有效的运行打下坚实的基础。数据校验的工作，在较小的系统中往往由系统主管人员自己来完成；在较大的系统中一般需要设立专职数据控制人员来完成这一任务。数据录入工作的要求是及时与准确。录入人员的责任在于把经过校验的数据录入计算机，他们应严格地把收到的数据及时、准确地录入计算机系统，但录入人员并不对数据在逻辑上、具体业务中的含义进行考虑与承担责任，这一责任由校验人员承担，他们只需保证录入计算机的数据与纸面上的数据严格一致即可。

（二）例行信息处理及服务工作

常见的工作包括例行的数据更新、统计分析、报表生成、数据的复制及保存、与外界的定期数据交流等。这些工作一般来说都是按照一定的规程，由软件操作员定期或不定期地运行某些事先编制好的程序。这些工作的规程应该在系统研制中已经被详细规定好，操作人员应经过严格的培训，清楚地了解各项操作规则，了解各种情况的处理方法。组织软件操作人员完成这些信息处理及信息服务工作，是系统运行中又一项经常性的任务。

（三）计算机硬件的运维

如果没有人对硬件设备的运行维护负责，设备就很容易损坏，从而使整个系统的运行失去物质基础。这里所说的运行和维护工作包括设备的使用管理、定期检修、备品备件的准备及使用、各种消耗性材料（如软盘、打印纸、硒鼓等）的使用及管理、电源及工作环境的管理等。

（四）系统的安全管理

这是日常工作的重要部分之一，目的是防止系统外部对系统资源不合法的使用及访问，保证系统的硬件、软件和数据不因偶然因素或人为的因素而遭受破坏、泄露、修改或复制，从而维护正当的信息活动，保证信息系统安全运行。信息系统的安全性体现在保密性、可控制性、可审查性、抗攻击性 4 个方面。

上述 4 项程序性的日常运行任务必须认真组织，切实完成。作为信息系统的主管人员，必须全面考虑这些问题。组织有关人员按规定的程序实施，并进行严格要求，严格管理。否则，信息系统很难发挥其应有的实际效益。另外，常常会有一些例行工作之外的临时性信息服务要向计算机应用系统提出，这些信息服务不在系统的日常工作范围之内，然而，其作用往往要比例行的信息服务大得多。随着管理水平的提高和组织信息意识的加强，这种要求会越来越多。领导和管理人员往往更多

地通过这些要求的满足程度来评价和看待计算机应用系统。因此，努力满足这些要求，应该成为计算机应用系统主管人员特别注意的问题之一。系统的主管人员应该积累这些临时要求的情况，找出规律，把一些带有普遍性的要求加以提炼，形成一般的要求，对系统进行扩充，从而转化为例行服务。这是信息系统改善的一个重要方面。当然，这方面的工作不可能由系统主管人员全部承担，因此，信息系统往往需要一些熟练精干的程序员。

总之，信息系统的日常管理工作十分繁杂，不能掉以轻心。特别要注意的是，信息系统的管理绝不只是对机器的管理，对机器的管理只是整个管理工作的一部分，更重要的是对人员、数据、软件及安全的运行维护管理。

（五）信息系统运行情况的记录

系统的运行情况如何对系统进行管理、评价是十分宝贵的资料。人们对于信息系统的专门研究还只是刚刚起步，许多问题有待探讨。即使对某一组织或单位来说，也需要从实践中摸索和总结经验，以便进一步提高信息处理工作的水平。而不少单位缺乏系统运行情况的基本数据，只停留在简单的经验上，无法对系统运行情况进行科学的分析和合理的判断，难以进一步提高信息系统的工作水平。信息系统的主管人员应该从系统运行的一开始就注意积累系统运行情况的详细资料。

在信息系统运行过程中，需要收集和积累的资料包括以下 5 个方面：

1. 有关工作数量的信息

例如，开机的时间、每天（周、月）提供的报表的数量、每天（周、月）录入数据的数量、系统中积累的数据量、修改程序的数量、数据使用的频率、满足用户临时要求的数量等反映系统的工作负担、所提供的信息服务的规模及计算机应用系统功能的最基本的数据。

2. 工作的效率

工作的效率即系统为了完成所规定的工作，占用了多少人力、物力及时间。例如，完成一次年报报表的编制用了多长时间、多少人力；又如，使用者提出一个临时的查询要求，系统花费了多长时间才给出所要的数据；此外，系统在日常运行中，例行的操作所花费的人力是多少，消耗性材料的使用情况如何等。

3. 系统所提供的信息服务的质量

信息服务和其他服务一样，应保质保量。如果一个信息系统生成的报表并不是管理工作所需要的，管理人员使用起来并不方便，那么这样的报表生成得再多再快也毫无意义。同样，使用者对于提供的方式是否满意，所提供信息的精确程度是否符合要求，信息提供得是否及时，临时提出的信息需求能否得到满足等，也都在信息服务的质量范围之内。

4. 系统的维护、修改情况

系统中的数据、软件和硬件都有一定的更新、维护和检修的工作规程。这些工作都要有详细及时的记载，包括维护工作的内容、情况、时间和执行人员等。这不仅是为了保证系统的安全和正常运行，而且有利于系统的评价及进一步扩充。

5. 系统的故障情况

无论故障大小，都应该及时地记录以下情况：故障发生的时间、故障的现象、故障发生时的工作环境、处理的方法、处理的结果、处理人员、善后措施、原因分析。需要注意的是，这里所说的故障不只是指计算机本身的故障，而是对整个信息系统来说的。例如，由于数据收集不及时，使年度报表的生成未能按期完成，这是整个信息系统的故障，但不是计算机的故障。同样，收集来的原始数据有错，这也不是计算机的故障，然而这些错误的类型、数量等统计数据是非常有用的材料，其中包含了许多有益的信息，对于整个系统的扩充与发展具有重要意义。

为了使信息记载得完整准确，一方面要强调在事情发生的当时、当地由当事人记录；另一方面，尽量采用固定的表格或本册进行登记，不要使用自然语言含糊地表达。这些表格或登记簿的编制应该使填写者容易填写，节省时间。同时，需要填写的内容应该含义明确，用词确切，并且尽量给予定量的描述。对于不易定量化的内容，则可以采取分类、分级的办法，让填写者选择打勾。总之，要努力通过各种手段，详尽、准确地记录系统运行情况。

对于信息系统来说，各类工作人员都应该担负起记载运行信息的责任。硬件操作人员应该记录硬件的运行及维护情况；软件操作人员应该记录各种程序的运行及维护情况；负责数据校验的人员应该记录数据收集的情况。

二、自动化系统运维团队建设

自动化系统覆盖生产控制大区和管理信息大区，具有提供应用多、服务专业多、设备种类多等特点，运维工作技术含量高，组建专业运维管理团队，有助于支撑自动化主站系统的运维。

（一）人员配置

1. 多渠道配置运维人员

通过专业人才调配、引进新进大学生、兄弟单位交流借调等多种渠道，配置运维人员，解决人力资源缺乏问题。

领导班子为领导负责的核心管理机构；副总工程师对重大事项的决策和管理提

供技术协助；中心部室负责专业运作及日常管理；人资部、发展部、科技部等职能部门负责提供人力、安全、技术等协助。

自动化调度机构组成两人一班、5班3运转的值班团队，负责24小时自动化系统运行监视，管控主站及站端自动化工作许可，履行主站及站端现场工作安全监督职责，开展现场工作人员安全资格认证，编制周、月、年自动化系统运行和月度缺陷分析报告。

2. 推行现场跟班培训

开展“师带徒”新进人员跟班培训，不定期邀请自动化运维专家现场教学，使新进人员在实战中迅速提高专业技术水平。

3. 开展上岗资格考试

不定期开展运维人员上岗资格考试，运维人员应经过专业培训，考试合格后方能上岗工作。

(二) 人才培养

企业的人才培养体系实质就是为员工胜任力提升提供定向辅助的管理系统。员工从新入职到成为企业期望的人才中间有时间段，一般来说，员工的初始胜任力水平与企业要求的理想胜任力状态会有一个差距，而人才培养的过程正是这样一个胜任力提升的过程。在这个过程中，一方面，从员工的角度来讲，员工应该努力学习相关的知识以及在实践中熟悉相关技能；另一方面，从企业的角度来说，企业应该为员工的成才提供良好的外部条件支持，用机制来引导员工走向成才之路。

人才培养看似对公司的发展无立竿见影的成效，却是促进公司持续发展的捷径。人才是经营的关键，甚至决定了企业的兴衰。如何更有效地识别人才、培养人才、留住人才、真正发挥人才的作用，已经成为企业可持续发展中不容忽视的问题。因此，探索人才培养的模式成为企业发展的必由之路。

为此，实施人力资源“四大工程”：

一是人才规划。科学分析人才需求，合理规划人才类型、层次、数量，编制岗位人才需求说明书。

二是人才开发。制定人才选拔方案，通过院内专业人才调配、引进新进大学生、兄弟单位交流借调等多种渠道、多种方式引进人才，做好人才储备。

三是人才培育。实行全员岗位培训、轮岗培训，开展“师带徒”新进人员跟班培训，不定期邀请自动化运维专家现场教学，把业务骨干送到国网系统各培训机构、高校等进修深造。

四是人才激励。建立“考核奖惩机制”“竞争机制”“退出机制”三大机制，真正实现“能者进、弱者退”，多劳多得。

（三）文化建设

企业文化是企业全体成员共同认可和接受的、可以传承的价值观、道德规范、行为规范和企业形象标准的总称，是物质文化和精神文化的总和。其中物质文化是外显的文化，包括企业的产品、质量、服务以及企业的品牌、商标等；精神文化主要指隐性文化，包括价值观、信念、作风、习俗、行为等。当前，世界多极化和经济全球化趋势仍在深入发展，企业文化对企业的生存和发展的重要作用尤为突出，企业文化已经成为企业软实力及核心竞争力的重要组成部分。企业文化是企业对其成长环境和发展经验的总结和概括，是企业经营管理文化性、艺术性特征的反映，是决定一个企业成长发展的最持久因素。

我国企业文化建设的现状仍然不容乐观。企业投入很大精力、人力、物力建设企业文化，也的确出现了“轰动效应”，但是，企业文化对企业生产力发展与全面建设的实际效果究竟如何？答案是：不确定，看不清楚。出现这一现象也在情理之中，因为企业文化对于多数企业而言仍是新生事物，而且理论新、知识深、内容多、操作难。一方面，企业文化发展规划与企业发展战略仍然存在表里不一的现象；另一方面，文化理念缺乏制度落实，企业文化创建载体缺乏创新性。另外，以人为本的情感管理仍有待加强。所以，当前企业应从实际出发，系统思考，全面规划，抓住关键，找准难点，采取有效的对策，企业文化建设才能卓有成效地开展起来，文化建设的方针分为以下 3 个方面：① 企业文化建设必须为企业发展战略服务，才能发展和提升。企业文化是调动全体员工实施企业战略的保证，是“软”管理的核心，企业要实现战略目标，就必须以先进文化打造企业品牌、传播企业信誉、树立企业形象和提升核心竞争力。② 企业文化建设必须解决“落地”问题，才能体现其作用和意义。一要靠制度落实。要制定相应的制度和规则，并通过操作流程实施，固化为实实在在的物质形态。二要靠创新载体落实。合适的载体是企业文化创新的良方。企业文化建设的本质要求是以先进的文化影响人的思想观念，进而影响人的行为，要以“文化强企、塑形育人”为主题的实践活动为载体。③ 企业文化建设必须以人为本，才能注入生命力。要充分尊重人、关心人、爱护人，为每一位员工提供参与决策、参与管理、发挥才干的公平机会。在企业内部应当形成一种良好的人际关系，把价值的认同、目标的共识、心灵的沟通和感情的交融，作为形成企业凝聚力的基础，以提高员工的责任感、自豪感和使命感。

对于电力企业而言，企业文化建设对提高人本管理水平具有举足轻重的作用。为建设优秀的企业文化，应积极开展文化建设工作，建立一套科学、系统、有效的

企业文化建设评价体系，实现对企业文化建设的有效、准确评估，发掘企业文化建设过程中存在的问题及薄弱环节。主要方针为积极践行“诚信、责任、创新、奉献”的核心价值观念，大力培育以“敢于担当、善于合作、勇于争先，建设高、精、尖运维团队”为主题的“三于一建”的特色文化，大力推进班组建设，通过“讲、控、学、建”的具体措施进行文化熏陶和行为养成，推动全员精益运维实践的深化。

1. 讲责任

为使“三于一建”文化被员工所认知、认同，企业应开展“电网事故就在身边”“生命最宝贵”“安全重于泰山”等专题讲座，引导员工结合工作实际谈认识、说体会、讲心声。通过主题鲜明的宣传，特色文化逐步深入人心，员工责任意识明显提高。

2. 控安全

“安全、优质、经济、环保”是电网运行的目标，其中安全是前提，是重中之重，没有安全，其他都是缘木求鱼、空中楼阁。因此，始终把安全放在自动化运维工作的首要位置，实行“安全一票否决”制度，对缺陷进行分级处理，对安全隐患零容忍，对人为安全事故进行严肃处理，大力弘扬“人人讲安全，事事讲安全，时时讲安全”“谁主管，谁负责，谁出事，谁负责”的安全观。

3. 学典型

自动化运维是一个涉及多学科的专业，要求员工在知识技能上既要拓展广度，又要钻研深度。号召员工积极学习行业典型的经验和事迹，并通过理论讲座、现场培训、应急演练等形式增长员工知识，锻炼员工技能，努力建设学习型团队。

4. 建班组

发起以“我为班组献一策，我为班组出点力，我为班组添份光”为主题的“三为”活动，激励员工投身精益运维行列，培育员工的责任感、使命感、集体荣誉感，全体人员团结协作，共同建设优秀班组。

企业文化建设，在不断深化和创新文化管理的过程中，要不断强化文化引领，注重营造企业“人气”，用精神凝聚人，用愿景鼓舞人，用机制激励人，用模范引导人，用真诚取信人，用环境熏陶人。只有这样，才能使企业文化理念成为员工进步和企业发展的动力，才能为企业创造更好的经济效益，才能使企业实现又快又好地发展。

三、自动化系统运维班组管理

（一）班组管理的概念

企业班组是企业机体的细胞，是企业从事生产、经营、服务或管理工作，激发员工活力的最基层组织单位，是培育企业文化和实施企业战略的最前沿阵地，是提升企业管理水平、构建和谐企业的落脚点。加强班组建设，提高班组长的管理技能，培育高素质、高技能的一线管理者和员工队伍，是增强企业核心竞争力的关键环节。

班组管理的核心工作是做好内部协调，充分调动班组全体员工的积极性，团结一致，紧密配合，合理组织人力、物力，优化配置各种资源，使生产或工作均衡合理地推进，做到安全、保质、保量和及时地完成各项工作任务和计划指标。

（二）班组管理的任务和内容

电网企业班组的中心任务是：以岗位责任制和目标管理为基础，以提高效率和效益为核心，狠抓安全生产和质量监控两个关键，不断提升员工素质，推动班组建设和持续发展，全面完成上级部门下达的生产任务和各项技术、经济考核指标，促进文明单位和学习型组织的建设，为实现企业战略目标作出贡献。这一中心任务大致可分为以下几个方面：① 切实做到安全生产、文明生产。贯彻“安全第一、预防为主”的方针，牢固树立安全规范意识，认真执行安规，杜绝违规行为，有效地防止设备安全事故、人身伤亡事故和检修质量事故。② 完成各项任务，落实责任指标。认真贯彻落实岗位责任制、安全责任制和经济责任制，全面完成上级下达的各项任务，确保绩效管理各项考核指标的实现；扎实推行目标管理，把各项任务指标分解到人，管理工作做到年度月度有计划、每周每日有安排、月末季末有总结。③ 抓好工作监督，提高队伍素质。结合班组工作实际，认真搞好班组教育培训工作和工作督导训练，大力提高班组成员的岗位技能和综合素质，努力建设技艺高超、战斗力强的卓越团队。④ 实行民主管理，搞好建章立制。抓好班组内部民主管理，发挥“五大员”的作用，充分依靠群众，实行班务公开，严格执行企业规章，建立班组内部各项管理制度。⑤ 树立成本意识，提高效益。搞好班组经济核算和成本控制，开展增产节约、增收节支和节能降耗等活动，加强物资、费用和劳动定额管理。⑥ 强化质量意识，加强质量管控。树立“质量第一”的意识，按照质量管理国家标准、行业标准和企业标准的规范，推行全员、全面、全过程的质量管理，开展质量管理小组活动和合理化建议活动，不断提高工作效率和工作质量。⑦ 加强专业管理，提升技术水平。班组管理的专业性体现在劳动管理、生产管理、技术管理、设备工具管理、物资管理、营销管理等方面，不同班组有不同的侧重面。班组管理者应在各项管理工作中，严格执行电网企业标准化作业规范，不断改善班组生产作业流程，积极采用先进技术和手段，提高分析和解决问题的能力。⑧ 做好思想政治工作，营造和谐积极氛围。要坚持政治理论学习，加强普法教育和思想政治工作，关心班组成员的生活和思想状况，调动班组成员的积极性和创造性，努力把班组建设成为和谐

班组和学习型班组，建设成为不断进取建功立业的基层组织。

班组管理大致分为班组基础管理和班组业务管理两大领域。

班组基础管理就是对班组基础工作的管理，是指为了充分发挥班组的管理职能，围绕班组各项业务工作而开展的一系列基础性和保障性的管理活动。电网企业班组管理基础工作是企业管理基础工作内容的具体化。班组基础管理的内容大致包含：① 班组目标管理、绩效管理及各类计划的制定和实施。② 班组民主管理、制度建设与管理。③ 班组组织管理与团队建设、人员管理和思想政治工作。④ 班组标准化工作，特别是标准化作业指导书的执行和实施。⑤ 班组文化建设、各类创先争优活动的组织与管理。⑥ 班组基本建设、基础资料管理和信息化管理等。⑦ 班组培训工作，主要包括班组培训项目的设计、实施和质量管理，各类现场培训活动的组织与实施等。

班组业务管理是指班组管理工作中与企业主营业务相关联的内容。主要有以下几个方面：① 班组生产管理。主要包括生产管理的任务和内容、生产制度管理、生产的组织与技术准备、生产分析会和生产管理改善等。② 班组技术管理。主要包括技术管理的任务与内容，技术管理制度，新技术、新设备、新工艺的推广使用，技术台账的建立与管理等。③ 班组设备、工具和物资管理。主要包括设备管理的任务与内容、设备管理制度，以及设备定级等。④ 班组安全管理。主要包括安全管理五要素、安全规程规范、安全保障与事故预防措施、安全性评价、安全生产奖考核与奖惩、班组有关安全责任人的管理职责等。⑤ 班组质量管理。主要包括质量管理基本知识、质量管理标准和原则、质量管理的意义和要求、质量管理的内容与方法等。

（三）班组安全管理

班组安全管理是针对班组生产过程中的安全问题，运用有效的资源，充分发挥班组成员的智慧，通过实施有关决策、计划、组织和控制等活动，实现生产过程中人员与设备、物料及环境的和谐，达到安全生产的目标。安全管理是班组管理的首要任务和重要组成部分。

班组安全管理的目标是减少和控制事故、危害及各种风险因素，尽量避免生产过程中由于事故所造成的人身伤害、财产损失、环境污染及其他损失。

班组安全管理的内容包括安全教育、安全生产、劳动防护、职业卫生、安全检查、安全台账及事故管理 7 个方面，具体如下：① 安全教育。班组安全管理中，最重要的工作之一就是安全教育。安全教育包括两个方面：一是安全思想教育。通过安全生产法律法规、方针政策和劳动纪律的教育培训和管理手段，帮助员工认识安全生产的重要意义，促使员工树立安全理念和意识，提高安全生产责任心和自觉性。二是安全知识技能教育。既包括一般的安全常识和基本安全技能，也包括与员工本专业有关的安全生产知识和技能。② 安全生产。安全生产包括3个方面的内容，即人身安全、设备安全和环境安全。要实现安全生产，必须贯彻执行《安全生产法》《电力安全工作规程》等安全法律法规和企业规程，通过日常的安全管理工作，如安全性评价、班前会、班后会、安全日活动、反习惯性违章、危险预知、事故预想、事故演习等，防止事故发生。③ 劳动保护。劳动保护是指对员工在生产活动中的安全与健康所采取的保护措施。劳动保护的目的是消除有损员工安全与健康的危险因素，以保证员工在生产过程中的安全与健康。电网企业属于危险程度较高的行业，其生产过程中存在大量潜在的危及员工健康与安全的因素。在具体工作安排中，应遵守法律规定的劳动和休息时间，综合考虑工作量、工作强度以及员工的身体状况。在生产、工作中应做好员工个人防护，正确使用和管理劳保用品，做好工伤事故现场分析和处理，推动现代安全生产和劳动保护技术在班组的应用。④ 职业卫生。结合本班组的实际情况，制定防范职业病危害的对策，保证在防护设备正常运转的情况下作业，并督促员工佩带职业防护用品。配合企业做好定期健康体检，配合有关部门进行职业病危害因素现场检测。及时发现职业病，一旦发现应做到及时治疗。⑤ 安全检查。安全检查是指对生产系统中潜在的危险与有害因素进行调查，掌握其一般规律，对安全设施和安全措施的有效性进行核查，以达到安全生产的目的。班组的安全检查可借助详细的安全检查表完成。班组安全检查的内容包括安全技术规程和安全管理制度的执行情况、设备和工具的状态与安全运行情况、员工个人保护措施、员工身心健康状况、劳动条件和工作环境等。班组安全检查的方式包括综合性检查与专业性检查、日常安全检查与季节性安全检查、互相检查与自我检查、定期检查与随机检查、通知检查与突击检查等。⑥ 安全台账。班组安全台账是班组安全工作的记录，是班组安全管理的基础资料和检查评比的依据。其主要内容包括：安全组织结构，安全生产计划和总结，安全日活动记录，违章、事故及异常情况记录，安全检查评比记录，隐患治理记录，消防台账，月度安全情况小结，安全工器具检查登记表，安全培训与考核，安全工作考核与奖惩记录，班组长工作日志，现场设备、安全设施巡查记录，外来人员安全管理记录，安全学习资料等。安全台账由班组安全员负责建立和管理，安全台账必须忠实记录班组安全工作情况，做到账实相符，不能虚构浮夸。⑦ 事故管理。在发生事故的情况下，班组长应首先组织抢救伤员，并及时向部门（工区）、上级安全责任者和安监部门报告。在处理事故时坚持“四不放过”原则，即事故原因未查清楚不放过、事故责任未落实不放过、整改措施未制定不放过、班组人员未受到教育不放过。

（四）班组质量管理

电网企业班组质量管理的主要内容包括基础质量管理、现场质量管理和精细化管理等。

第一，基础质量管理重点包括以下 3 个方面：

① 质量教育。产品和服务质量是由企业员工的劳动实现的，而员工首先需要认识和了解质量的意义，才能自觉地将质量管理方法应用到生产实际。因此，班组应坚持开展质量教育，使班组成员充分了解质量对企业生存和发展的重要意义，树立“质量是企业的生命”的观念，在生产过程中坚持“质量第一”和“服务至上”，不断增强全面质量管理和现代化管理的意识。同时，员工的技术水平在很大程度上也决定着产品的质量。因此，班组在进行质量意识教育的同时，还应加强员工的技术业务培训。

② 质量责任制度。以企业的质量方针和质量计划为依据，班组应建立健全一套涵盖各工作岗位的质量管理制度，使每位员工明确自己的质量责任。在实施质量管理制度过程中，将员工的工作结果与其经济收入进行挂钩，促使员工自觉遵守质量方面的操作规程和管理制度。

③ 标准化工作。企业标准化的基本任务就是通过制定和贯彻标准，优化工作程序，提高效率，获得稳定的产品质量和服务质量，从而降低生产成本和经营成本，以最少的投入实现企业的目标。班组标准化工作的重点是作业标准化，即一切生产作业均应以工艺流程、操作规程、标准化作业指导书为基本依据。班组在贯彻执行企业的质量方针过程中，应组织员工认真学习和掌握企业的质量标准，并在实践中严格执行标准。

第二，班组现场质量管理主要包含以下 5 个方面的内容：

① 人员管理。任何生产制造、运行操作和服务提供都离不开人的劳动。作业人员的技能和质量意识对于最终产品质量起着关键作用，因此人员管理非常重要。人员管理包括以下内容：a. 严格上岗审查。班组应确定不同岗位对人员素质和技术水平的要求，确保每位上岗人员能够胜任其工作。对于人员的上岗资格评定应从教育、培训、技能和经验 4 个方面着手，使资格评定切合工作实际。b. 加强培训。在班组内提供必要的岗前培训或在岗培训，组织业务学习，或者安排员工参加企业提供的有关质量管理的培训，在质量意识、生产技能、检测技能、统计知识和质量控制方法等方面提高上岗人员的任职能力。c. 鼓励员工参与。通过班组学习，使每位员工了解自己的岗位职责和权限，了解企业和班组的质量目标，认识到自己所承担工作的重要性。对于生产、技术、服务和管理方面的问题，开展班组群众性的质量管理

小组（QC 小组）活动，使每位员工均有机会发挥自己的经验和聪明才智，参与班组的过程控制和改进，切实提高生产效率和产品或服务质量。

② 设备管理。设备管理的关键在于建立和执行设备使用、维护和保养制度。首先，规定设备的操作规程，确保设备的正确使用。其次，制定设备检查制度，包括对设备关键部位的每班检查和定期检查，确保设备处于完好状态，对于设备故障作好相应的记录。最后，班组长应制定和落实设备的维护保养制度，安排专人负责设备精度和性能的定期检测，对于发生问题的设备应及时维修或更换。

③ 作业方法。作业方法是指生产和服务的方法，它既包括对工艺流程编排、工程之间的衔接、生产环境、工艺参数、机工具的选择，也包括对服务规范的确定。是否严格按照正确的作业方法或操作规程从事生产，对于班组生产效率、最终产品质量、服务质量和安全生产影响很大。作业方法管理一般按下列几个步骤进行：a. 制定适宜的作业方法、工艺流程和服务规范；选用合理的工艺参数和设备，编制必要的作业文件，如标准化作业指导书、操作票、工作票、操作规程、服务规范等。b. 确保作业人员熟悉和了解标准化作业指导书的内容，通过培训和技术交底掌握操作标准和工艺要求。c. 提供作业所需的一切资源，如人员设备、生产设备、物料、检测设备、记录表等。d. 严格执行工艺纪律，确保作业人员在作业过程中严格执行标准化作业指导书所规定的流程，对于服务而言，应严格执行服务规范，以提高顾客满意度。

④ 工作环境管理。工作环境是指工作时所处的条件的综合，包括物理的、社会的、心理的和环境的因素。工作环境的管理首先要提供一个确保现场人员健康和安全的环境，然后确保生产环境达到产品和服务的要求。在日常管理中，坚持开展“6S”活动，即整理、整顿、清扫、清洁、素养、安全，以确保作业环境整洁安全、场地宽敞、设备保养完好、物流畅通有序、工艺纪律严明、操作遵守规程。

⑤ “三分析”活动与“四不放过”。生产或服务出现质量问题时，班组长应及时组织员工召开质量分析会，对质量问题进行“三分析”，即分析质量问题的危害性、分析产生质量问题的原因、分析应采取的措施，同时，应遵循“四不放过”的原则。

精细化管理是建立在全面质量管理基础上的一种管理理念，其核心是对现有的标准化流程进行系统化和细化，以标准化和数据化的手段实现精确管理，力求生产过程的高效、节约，以达到效益最大化的目的。班组的精细化管理实际上是实现基础质量管理和现场质量管理的具体方法。

根据《国家电网公司员工守则》第七条关于“勤俭节约，精细管理，提高效益效率”的规定，班组层面的精细化管理应做到精确定位、精益求精、细化目标、细化考核。“精确定位”是指对岗位设备、人员配备以及每个岗位的职责都要定位准确；“精益求精”是指对每道工序和每个环节都要规范精细、衔接有序，对待工作质量要

以高标准从严要求；“细化目标”是指对工作任务进行细化分解，指标落实到人；“细化考核”是指考核时要有准确的量化指标，考核及时，奖惩兑现。精细化管理的目的是想尽办法降低成本、改进产品服务质量。

四、自动化系统运维外包管理

（一）自动化系统运维外包原因分析

电力企业将自动化系统运维服务进行外包，一般是出于人员和经营管理的需要。

1. 企业人员管理分析

企业内部的IT部门往往很难留住IT方面的人才，这是由企业的信息化工作和IT人员的自身原因决定的。企业对IT的投入在很大程度上未能得到应有的回报，累计效率损失严重，不能实现对核心业务的有力支援和保障，这是由于：①信息技术的广泛性、复杂性决定了企业不可能配备技术很全面的专业人员从事企业自身的IT工作。②企业自身网络的狭隘性难以留住一流的IT技术人才，造成实际运维人员专业化程度不够，有可能影响企业IT工作的科学性、系统性和经济性。③企业对自身IT工作人员的专业工作管理很难做到专业IT服务公司对其技术工程师的严格、系统的管理程度。

网络经济也带来了人员自身流动的问题。人才流动会给企业的网络稳定性带来负面影响，引起中小型企业系统管理员频繁流动，这主要是因为：①企业内部网络专业人员的升迁机会相对较少，没有一个明确的奋斗目标。②企业网络技术人员经常做些琐碎的工作，如安装操作系统、常用的办公软件、移动线路等，时间一长他们就比较麻木，没有工作动力和热情。③中小企业的环境让网路技术人员的技术水平很难得到充分的发挥和提升，长此下去他们的技术视野比较狭窄。因为IT行业是一个高度发展的行业，要求IT技术人员要不断地了解行业的新知识和新动态，要在好的工作环境里不断学习、摸索和实践才能不被淘汰。④企业网络技术人员的工作成绩难以被肯定和认可。⑤中小企业配备的专业技术人员数量有限，无法保证网络及设备正常运行，造成他们工作思想压力大。⑥网络应用开发程度不高，因为企业日常琐碎的维护工作让系统管理员根本没有时间开发网络应用，导致系统应用处于一个低层次。

2. 企业经营管理分析

从企业经营管理角度分析，信息技术资源外包是一种战略性的商业常新方案。对许多企业来讲，技术复杂性的增加、对高可用性系统及分布式系统支持的需求，使得企业越来越难以同时实现满足业务需求和控制IT服务成本的目标。在这种情况下，资源外包开始发挥其固有的优势。

（1）业务方面

外包推动企业注重核心业务，专注于自身的核心竞争力，这是信息技术资源外包的最根本原因。从理论上讲，任何企业中仅做后台支持而不创造营业额的工作都应外包。

（2）财务方面

财务方面的考虑是选择外包的另一个重要原因，外包可以削减开支，控制成本，重构信息系统预算，从而解放一部分资源用于其他目的，避免“IT 黑洞”的现象发生。另外，对于那些没有能力投入大量资金、人力从硬件基础开始构建企业信息框架的企业而言，外包可以弥补企业自身的欠缺。

（3）技术方面

获得高水平的信息技术工作者的技能，改善技术服务，提供接触新技术的机会，使内部信息技术人员能够注重核心技术活动。通过外包，企业可以将价值链中的每个环节都由最适合企业情况的专业公司完成。

（4）企业战略

通过外包可以提高服务响应速度与效率，来自外包商的专业技术人员可以将企业信息技术部门从日常维护管理这样的负担性职能中解放出来，减少系统维护和管理的风险，同时也提高了该部门的信誉度。另外，对于一项新技术的出现，大多数企业由于费用和学习局限的缘故，很难立即将新技术纳入实际应用。因此，信息技术外包的战略性考虑因素之一便是：借助外包商与现有的、未来的技术保持同步的优势，改善技术服务，提供接触新技术的机会，来实现企业以花费更少、历时更短、风险更小的方式推动信息技术在企业中的应用。

（5）人力资源方面

通过外包，企业无须扩大自身人力资源，减少因人才聘用或流失而花费的精力、成本以及面临的压力，节省培训方面的开支，并增加人力资源配置的灵活性。

（二）IT 服务外包实施过程及准备工作

在服务外包实施过程中，需要完成以下关键性的工作：

1. 完善 IT 设备基础信息

作为 IT 设备外包的基础，IT 部门需要掌握目前现有设备状况并提供较为准确的资产状况清单，这些信息是评估外包需求的基础。由于目前 IT 部门 IT 设备型号种类较多，因此，要提供较为准确的设备信息比较困难，但作为外包评估的基础，这些信息是不可缺少的。根据以往客户外包所遇到的问题，建议 IT 部门先进行一次比较彻底的设备资产清查并进行相关详细信息初始化。

IT 资产设备系统初始化的主要内容包括：① 了解客户现有 IT 服务状况、服务需求和 IT 部门的组织架构。② 搜集用户信息（客户的部门、职务、电话、办公地点、邮箱地址等），形成客户地图。③ 搜集桌面 IT 设备信息（采购年限、是否过保、使用是否正常、设备型号、使用地点、使用人、使用部门等）。④ 搜集 IT 环境的准确信息（客户端硬件设备配置、操作系统配置信息、邮件系统配置信息、网络结构、客户端网络配置规则、客户名及计算机命名规则、应用软件安装标准及配置信息、防病毒软件配置规范及使用标准、打印机安装规范和配置信息等），形成规范的技术文档和设备地图。

2. 定义 IT 服务支持范围

根据初始化的设备基础信息与 IT 服务支持预算投入，选择合理的设备维护对象。建议对业务重点发展区域的设备优先考虑，过保且年限使用较长、不可升级的设备可先不列入外包设备内。

在定义 IT 服务支持范围时，需要明确以下内容：① 设备外包支持年限（一年、两年等）。② 设备使用健康状况（如正常、不能使用等）。③ 外包维护支持用户（VIP 用户、普通用户、重点业务部门用户等）。④ 设备保修状况（如保内、保外等）。⑤ 设备分布地域状况（如按分布数量多少、重点业务区域、非重点业务区域等）。⑥ 设备支持所需方式（上门支持、驻场支持、短期驻场支持、远程支持等），是单一方式还是组合方式。⑦ 设备支持管理方式（本地直接支持、异地集中支持等）。⑧ 设备维护内容（硬件、备件、基础 OS、基础应用、专用应用等）。⑨ 现有服务方式转换的难易程度。

3. 定义 IT 服务支持标准

根据所设定的设备维护范围与 IT 服务支持预算投入，制定合理的设备维护对象的服务级别协议（SLA）：① 正常服务支持时间（M 工作日 ×N 工作小时），周末、节假日是否需要支持。② 协助新的 IT 桌面设备的采购，包括决定软硬件的需求和规范，提供对升级和迁移计划的支持和指导等。③ 服务响应时间、到达现场时间、修复时间等。④ 热线支持服务时间、现场服务支持时间、紧急事件处理时间、VIP 用户处理时间。⑤IT 桌面软件支持列表（操作系统 / 办公软件 / 常用应用软件）。⑥IT 硬件设备配备标准及升级标准（简化设备采购型号，统一标准）。⑦IT 报修识别标准（正常报修、非正常报修、事件初级过滤等）。⑧ 外包维护修复验收标准。⑨ 非人为损坏事件范围。⑩ 设备报废评估标准。⑪ 事件服务响应、现场响应及修复率等。

4. 合理评价 IT 服务外包绩效

建议针对 IT 部门 IT 服务支持现状，量化内部服务支持的效果，并通过获取一段时间对服务效果的测量数据，更有针对性地对目前服务支持的薄弱环节进行有效改善，并合理地进行支持人员的资源分配。因此，定期对服务支持数据进行统计整理，对 IT 部门信息服务提升到新的台阶十分重要，如提供周、月度、季度、年度 IT 内部服务报告。在评价 IT 服务外包绩效时，可以基于以下相关的表单记录和报告：① 现场服务单，并向客户签字确认。包括换机单、升级单、验机单、报废单、系统安装单、病毒补丁升级单、迁移单等。② 服务周报：每周实际发生服务的详细服务信息汇总。③ 服务月报：运维服务量、服务质量、SLA 达成率、客户投诉、关键问题分析、改进计划等。④ 服务季报：年度大事件回顾、项目实施总结、服务效果分析、差异分析和建议等。

第三节　自动化机房巡检技术

一、巡检模式

巡检员巡检时，首先利用巡检 App 扫描工牌上的身份条码，完成身份识别后，系统显示巡检员个人详细信息，单击确认进入巡检流程。

巡检员按规定线路进入机房对机柜内设备进行巡检，首先扫描机柜上的条形码，对 App 上出现的该柜内设备巡查项目进行记录。如该项为正常状态，点击确认；如为异常状态，则根据实际状态填写，并照相。

巡视完成后，通过 USB 接口将巡检手机上采集的数据上传到自动化运维管理平台。平台根据每次巡检记录中的扫描条码的顺序，确定巡检人、巡检用时及巡检路径是否正常，并根据异常记录产生运维工单，启动事件处理流程。

二、巡检标签规范

（一）标签分类

根据自动化机房巡检范围和类型将巡检设备的标签分为以下几类：① 机房标识：粘贴在自动化机房门口处标识机房编号及所属的标识。② 机柜标识：粘贴在每个机柜上的机柜信息标识。③ 设备标识：粘贴在自动化机房内自动化设备上的标识。④ 线缆标签：自动化机房内各种线缆上的标签，表明线缆两端所连接位置。按照电力调度自动化专业管辖范围和设备分区规定，将巡检范围分为生产控制区（Ⅰ区）、非生产控制区（Ⅱ区）、生产管理区（Ⅲ区）、管理信息区（Ⅳ区）和辅助区（Ⅴ区）共 5 个区域。⑤ 辅助区：为调度自动化提供辅助作用的各类设备，如大屏幕、电源等。

（二）标识、标牌及图例规则

1. 标识条形码

条形码将使用在机柜标识和设备标识上。使用相应结构的数据代码生成，条形码读取设备读取到代码后翻译为现场人员可识别的标识内容。条形码使用 code-128 编码格式。

机房所属代码：表示机房属于哪个调度机构。

标识类别：标识的分类，约定 01 代表机柜标识，02 代表设备标识。

机房号：代表机房编号，一般为两位数。

机柜号：代表机柜的编号，一般为三位数，G21 即表 Z5 第 G 列第 21 号柜（机房标识则没有机柜号和其后面的代码）。

设备位置：代表设备在机柜内的水平位置，设备位置定义参看设备标识位置码命名，01 即表示设备位置为 1U（机房及机柜标识没有此项）。

设备位置正背面代码：正面为 0，背面则为 1。

塔式设备代码：使用 01 代表Ⅰ，02 代表Ⅱ，以此类推；非塔式设备则为 00。

2. 机房定置图

机房定置图包括机房定置图和机房电源定制图，分别表示机房内机柜设备位置示意和电源走向示意。

3. 机柜标识位置码命名

使用数字加字母方式表明机柜所在位置，每个字段之间使用短横线隔开（如 1 号机房第 G 列第 21 号机柜：1H-G21R）。

H：代表机柜所在的机房编号，如 1 号机房就标示为 1H。

R：代表机柜在机房内的编号，如 G21 号机柜标示为 G21R。电力各级调度机构可根据专业机房不同的情况，按机房机柜排列方式顺序使用英文字母自行编码，如编码为 A01R 含义为第 1 列第 1 面机柜，编码为 C16R 含义为第 3 列第 16 面机柜。

1H-G21R：此为完整机柜位置代码，代表第 1 号机房的第 G 列第 21 号机柜。

4. 设备标识位置码命名

使用数字加字母方式表明设备所在位置，每个字段之间使用短横线隔开（如 1 号机房第 G 列第 21 号机柜 1U 位置：1H-G21R-1U）。

与机柜标识中相同字母代表相同意义。

U：代表设备下沿所在位置。

B：代表设备在机柜背面安装。

Ⅰ、Ⅱ：代表塔式设备所在位置，约定为面对机柜从左至右依次为Ⅰ、Ⅱ、Ⅲ、

Ⅳ等，以此类推。非塔式设备则没有此字母。

1H-G21 R-1U（1H-G21 R-1U Ⅰ，1H-G21 R-1U B）：此为设备完整位置代码；1H代表本单位的第一个机房；G21R代表在本机房内的第G列第21个机柜；1U表示设备下沿所在的位置是机柜的1U位置。

（三）标识、标牌信息内容

设备名称：在所有标识中出现的设备名称都是设备日常使用的名称按照系统名+业务名+设备类型（如D5000+历史记录+服务器）的规则进行描述。

1. 机房标识信息内容及含义

XXX自动化机房 机房编号：01 安全责任人： 联系电话：

标签尺寸：85mm × 140mm。

标识材质：金属。

内容要求：机房名称、机房编号、安全责任人、联系电话。

2. 机柜信息标识

系统名称：填写机柜内主要设备所支撑的业务名称。

机柜位置：代表机柜所在的机房及机柜本身编号。

投运时间：填写此机柜的投运时间。

运维专业：填写所归属的运维部门。

维护责任人：填写此机柜维护人员名字。

联系电话：填写维护人员联系方式。

备注：填写特殊信息。

标识尺寸：100mm × 180mm。

粘贴位置：粘贴在机柜正上方醒目位置处。

色号：R-65，G-120，B-100，允许5%色差。

条形码：按照条形码规则进行生成和打印。

3. 机柜设备信息标识

粘贴位置：此标签粘贴于机柜正面上方正中位置。

标识尺寸：210mm × 297mm（外壳尺寸根据实际情况制作，可以放入A4纸标识为准）。

绿色部分着色要求：色号为 R-65，G-120，B-100，允许 5% 的色差范围。

打印格式：需要打印内容的位置为留白，中间用绿色条纹隔开。

设备名称：系统名 + 业务名 + 设备类型（如 D5000+ 历史记录 + 服务器）。

设备型号：填写设备型号，如 HW1270 等。

设备位置：填写设备所在位置，用代码表示。

材质：外壳使用甲基丙烯酸甲酯，内部标识使用普通 A4 纸进行打印。

（四）设备标识信息内容及含义

1. 粘贴式标识

设备名称：系统名 + 业务名 + 设备类型（如 D5000+ 历史记录 + 服务器）。

设备型号：填写设备型号（如 HW1270 等）。

设备位置：填写设备所在位置，用代码表示。

投运时间：填写此设备投运的日期。

维护责任人：填写维护人员名字。

联系电话：填写维护人员联系方式。

维保技术支持负责人：针对此设备的厂家和运维第三方负责人姓名。

联系电话：维保技术支持负责人的联系方式。

响应时间：维保技术支持负责人的响应时间，如 7 x24 代表每天 24 小时都响应。

标签尺寸：50mm × 70mm。

材质：符合 UL 969 标准、ROHS 指令，基材为聚酯类材料，背胶采用永久性丙烯酸类乳胶，室内使用 5 ~ 10 年。

条形码：按照条形码规则进行生成和打印。

粘贴位置：统一粘贴在设备正面右上角或者设备上下底面右边靠外侧醒目位置。如确实无法粘贴到醒目位置请使用悬挂式标识。

2. 悬挂式标识

设备名称：系统名 + 业务名 + 设备类型（如 D5000 历史记录服务器）。

设备型号：填写设备型号（如 HW1270 等）。

设备位置：填写设备所在位置，用代码表示。

投运时间：填写此设备投运的日期。

维护责任人：填写维护人员名字。

联系电话：填写维护人员联系方式。

维保技术支持负责人：针对此设备的厂家和运维第三方负责人姓名。

联系电话：维保技术支持负责人的联系方式。

响应时间：维保技术支持负责人的响应时间，如 7 x24 代表每天 24 小时都响应。

标签尺寸：50mm × 70mm（侧带长方形吊孔）。

材质：表面粘贴材料符合 UL 969 标准、ROHS 指令，基材为聚酯类材料，背胶采用永久性丙烯酸类乳胶，室内使用 5 ~ 10 年。悬挂底板材质符合 UL 969 标准、ROHS 指令，基材为聚烯烃类材质或者甲基丙烯酸甲酯。

条形码：按照条形码规则进行生成和打印。

悬挂位置：适用于 1U 设备和正面无法粘贴标识的设备，统一悬挂在设备右上角位置。

（五）机房电源定置图

机房电源定置图制作要求：需根据各单位实际现场电源走向进行制作，需对机房内电源进行分层描述（外部电源、市电配电、UPS 及通信电源、设备等多层次的描述），大小以机房实际放置位置为参考，需做到清晰醒目。

机房电源定置图：包含机房内所有电源屏间实际线缆走向（每一路电源的来源与去向必须清晰明确）和电源最终到设备侧的大致走向（到设备的哪个功能区）。

第四节　自动化运维服务质量评价

随着电力调度自动化技术的快速发展，自动化系统运维服务外包已经成为电力企业降低成本、提高核心竞争力的普遍选择。然而由于第三方运维服务质量的参差不齐，因此客观评价调度自动化系统运维服务的工作质量成为企业有效管理运维承包服务商，保障其调度自动化系统稳定运行的一个重要手段。

那么要如何提高调度自动化系统运维服务外包工作质量呢？研究数据表明，在 IT 服务过程中有 20% 的问题来源于 IT 技术或产品方面；80% 的问题来源于企业 IT 运维管理方面，因此，如何加强电力调度自动化系统运维外包服务能力，提高运维服务外包的服务质量成了外包业务的管理部门应解决的首要问题，而运维服务质量评价是管理好运维服务提供商，提升其承担的运维服务质量的重要手段。

一、运维服务质量定义

（一）运维服务质量模型

电力调度自动化系统运维服务质量由交互质量、实体环境质量和结果质量共同构成。交互质量的影响因素包括员工态度、员工行为和员工具备的专业知识，实体环境质量的影响因素包括服务氛围、服务设计和其他各种社会因素，结果质量的影响因素包括服务的等待时间、服务的有形性和服务的评价。

（二）调度自动化系统运维服务外包内容

调度自动化系统运维外包服务主要包括两个方面，即基础性运维服务外包和增值性运维服务外包。

1. 基础性运维服务外包

基础性运维外包主要包括3个层面：IT基础设备运维外包、应用系统运维外包和业务服务运维外包。

IT基础设备运维外包的对象分为两大类：调度数据网所包括的各类网络设备，如路由器、防火墙、交换机、VPN设备等；调度技术支持系统所包括的服务器，如Linux、Windows、Unix、存储等。主要任务如下：① 提供对硬件设备的安装、调试，以确保能正常使用，保障应用系统业务的正常进行。② 提供内部网络搭建和调试服务，确保网络通信能够在调控中心内部正常运行。③ 提供基础设备的巡检、更换问题零部件及相关设备调优等方面的运维活动，确保这些已经过了原厂保修期的IT硬件设备（如PC服务器、存储设备、网络设备等）能够维持正常的运行能力。

应用系统运维外包的对象是各类通用的应用系统，如各类数据库、各类中间件和各类Web应用。其主要任务如下：① 按照业主的要求，为企业进行相关应用软件的安装和配置工作，确保安装完成后应用系统可以正常运行。② 能够保证应用系统在企业正常的运营时间范围正常运行，并确保能够在系统出现异常情况后的最短时间内将系统恢复正常，使企业内部活动不受影响。③ 能够在运维过程中主动地发现系统问题，并提交问题报告，明确问题产生的根本原因，确保业务流程的正常运行。④ 能够及时处理应用系统用户提出的相关问题，并对问题的类型和解决方式进行相关的记录和跟踪。⑤ 能够对应用系统进行定期巡查，如数据库的配置与性能健康安全检查、备份完整性检查、空间使用情况检查、错误隐患排除检查等。

业务服务运维外包的主要对象是智能电网调度技术支持系统所包含的各类子业务系统，如EMS、OMS、ELS等专用业务系统。其主要任务如下：① 能够保证业务系统正常运行，并确保能够在系统出现异常情况后的最短时间内将系统恢复正常，使电网调控业务不受影响。② 能够在运维过程中主动地发现系统问题，提交问题报告，并从问题产生的根源是由于操作过程还是系统本身、是功能性还是技术性、是否与客户化开发有关3个方面查清问题，确保业务流程的正常进行。③ 能够及时处理业务系统用户提出的相关问题，并对问题的类型和解决方式进行相关的记录和跟踪。④ 能够对业务系统进行定期巡查，如系统的配置与性能健康安全检查、备份完整性检查、空间使用情况检查、错误隐患排除检查等。

2. 增值性运维服务

服务提供商除了提供基础性运维服务外包外，还提供相关的增值性运维服务外包活动，如为相关的用户提供系统应用规划、设计和评估等 IT 基础层面和应用层面的咨询服务，以及设备的安装、配置、硬软件升级、硬件设备优化、信息安全测评、系统整体迁移或升级、培训、风险评估等 IT 硬件和网络设施层面的部署服务。

(三) 电力调度自动化系统运维服务的支持方式

运维服务提供商为调度自动化系统业主提供运维服务时，根据服务内容不同、客户特殊要求、时间地点限制等相关因素的影响提供不同的运维支持服务方式，具体的有在线支持服务、远程支持服务、现场支持服务、关键时刻值守服务和驻场服务。

① 在线支付服务，是服务提供商借助如邮件、论坛、客户知识库等交流工具与业主方进行相关的技术交流，并及时进行问题解答，为业主提供快速运维服务的方式。② 远程支持服务，是服务提供商由于地点、时间限制，无法在业主提出需求的时候及时赶到而采用的服务方式，它主要是通过各类远程协助工具来实现，可以及时响应业主需求。③ 现场支持服务，是服务提供商根据业主需求而提供的，安排技术人员在业主指定的服务现场进行运维活动的一种服务方式，一般服务提供商会到现场后对其进行相关的故障恢复工作和预防性的巡检工作。④ 关键时刻值守服务，是服务提供商根据业主提出的特殊需求，对那些发生故障后对业务产生深远影响的 IT 硬软件设施设备提供关键时刻的安全值守保障服务。⑤ 驻场服务，是服务提供商根据服务协议的规定或业主的需要而提供的 5×8 小时常年驻守服务。

二、调度自动化系统运维服务质量评价指标体系

(一) 评价指标体系创建原则

由于调度自动化系统运维服务涉及内容的多样性，因此在建立调度自动化系统运维服务质量评价指标体系时，参考 IT 行业成熟的运维服务流程进行设计，以保证

运维服务质量评价指标体系对电力调度自动化系统运维服务也适用。其在选取评价指标上应遵循6项原则，即目的性原则、系统性原则、灵活可操作性原则、科学性原则、重点性原则和经济性原则。

目标性原则。设计运维外包服务质量指标评价体系的目的在于检测调度自动化系统运维服务提供商的服务质量水平，指导服务提供商提高服务水平，保障调度自动化系统运行稳定。

系统性原则。影响运维外包服务质量的因素有很多，例如，在运维服务初期的设计阶段，服务提供商是否能够全面考虑电力调度自动化专业的需求；在交互阶段服务提供商能否友善和客户进行交流、能否高效及时地处理客户的投诉等；在实施阶段能否有效地进行运维的控制、服务监督、测量和改进工作；在结果阶段客户能否收到承诺的服务质量。这些因素都会影响运维外包的服务质量，因此，在对电力调度自动化系统运维服务质量指标体系进行设计时，要本着系统全面性原则，从设计、实施、交互和结果多视角出发，设计服务质量评价指标体系，而不是仅仅局限于运维某个控制实施过程，这样才能对服务提供商的服务水平进行科学、合理的评价。

灵活可操作性原则。由于调度自动化系统运维服务内容的多样性，电力调控中心会根据自身需要向服务提供商提出不同的服务内容，因此，对响应的运维评价指标也会发生相应的变化。这就要求运维评价指标能够具有一定的弹性，能够随着实际的运维服务适时作出对应的指标调整，提高评价指标的可用率。

科学性原则。科学性原则是成功建立评价指标的根本保障，实际中需要评价指标能够科学反映调度自动化系统运维外包的实际情况。指标体系能够从衡量服务质量的水平出发，结合各类可能会影响服务质量的因素和相关理论研究，逐步建立在各阶段影响服务质量的评价指标，从而建立综合评价指标体系。

重点性原则。由于影响服务质量的因素众多，如果在选取调度自动化系统运维外包服务质量指标时，把每个影响因素都全面考虑到，那么最终设计的评价体系就过于庞大，对服务质量的评价工作会过多地注重于细节方面，会给人一种冗余繁重、主次不分、逻辑不清的感觉，难以全面准确衡量运维外包服务质量水平。如果对影响服务质量的因素考虑较少，那么，最终设计的指标体系就太小，难以真实地反映服务提供商的运维服务质量水平。因此，在评价指标的选取过程中，应该尽可能选取与调度自动化系统运维外包服务关联最紧密的重要指标，使评价指标能够具有代表性和概括性。

经济性原则。对于评价指标的选取应该遵循经济性的原则。如果在指标的获得上难度较大，花费成本较高，应该尽量舍去，对于舍弃的指标应该选取内容上比较接近，实际上比较容易获得的评价指标取代。

(二) 指标体系的维度

运维服务质量由交互质量、实体环境质量和结果质量共同构成。要想全面提高调度自动化系统运维服务质量，要先从服务质量设计开始，在这个环节上从电力调度自动化系统运行需求出发，考虑好需要的服务质量要素，是业主对服务提供商质量评价的第一环节。再从服务的交互环节入手，这一环节贯穿运维服务的全部过程，是企业在进行相关运维活动中关注的重点之一，如果没有好的交互质量就不可能提供优良的运维服务过程。接着从服务的实施环节入手，这一环节是运维服务的核心过程，企业能否享受到优良运维服务在这一环节得到集中体现。最后从服务的结果环节入手，这是企业对服务提供商运维服务质量的最终评价，主要关注服务提供商是否能够对运维存在的隐患进行持续跟踪、是否能达到预先规定的效果等活动。因此，评价质量指标体系的建立应从4个维度进行，即设计质量、交互质量、实施质量和结果质量。

1. 设计质量

服务是否优质、是否能够得到用户的认可，取决于服务提供商是否能够根据客户需求设计特定的运维服务。在运维服务提供初期，影响设计质量因素有很多，如服务提供商的企业形象、服务费用、员工素质和服务内容等。

① 企业形象。良好的企业形象是服务提供商专业能力和整体实力的客观反映。② 服务费用。合理的服务费用是业主关心的重要因素，也是影响服务质量的关键条件之一。③ 人员素质。优秀的人员素质，是保障服务质量的关键因素。④ 服务内容。详细周全的服务内容，能够让服务提供商清楚运维服务工作的全部内容和流程，组建符合业主要求的服务团队，确定合理的服务报价。同时，细致的服务条款也是服务质量评价的依据。

2. 交互质量

交互过程在服务提供过程中一直存在，交互质量的高低直接影响服务沟通过程中服务质量的好坏。因为具体运维服务工作的开展是通过业主与服务提供商长时间的沟通协调来完成的，在双方沟通协调过程中影响交互质量的因素有沟通能力和投诉处理能力、应急能力。

人员沟通能力。良好的沟通态度可以使服务提供商在实施运维服务前主动向业主全面了解实际的运维状况，从整体上把握运维活动。高质量的信息传达可以在与业主进行交流的过程中清晰、全面地了解用户需要，清晰把握问题关键，根据相关实际情况有条理地表述自己的观点，引导业主向正确的方向进行。

投诉处理能力。快速有效的投诉服务处理能力，能够让服务提供商在实施过程中

及时了解服务过程中的问题，有针对性地进行改进，保证运维过程中的服务质量。

应急能力。应急能力是对服务提供商在处理运维服务过程中处理突发事件的反应能力、业主多样化需求的满足程度、积极面对问题的态度等状态的一种综合描述。

在实际运维服务过程中服务承包商处理突发事件的能力越高，服务质量满意度就越高，最终反映的运维服务水平就比较高。

3. 实施质量

运维实施过程是运维外包服务质量的关键环节，实施质量的高低，直接影响到运维服务质量的好坏。将运维的实施质量按运维外包服务内容分为 3 个模块，即基础服务质量、应用服务质量和增值服务质量。

基础服务质量。基础服务是服务提供商为用户进行 IT 硬件设备安装、调试及巡检，内部网络搭建、调试及升级，以确保设备能正常使用的基础服务。提高基础运维服务质量可以保障 IT 硬件设备及网络在企业内部的安全正常运行，为企业业务流程的正常运转打下基础。

应用服务质量。应用运维服务是服务提供商根据运维外包服务的管理流程，对企业的应用信息系统进行相关的事件管理、问题管理、配置管理、变更管理、发布管理、知识库管理和服务台管理等活动，能及时监控企业信息系统的运行状态，主动发现信息系统运行时存在的安全隐患，并在系统故障发生时能够在最短的时间内将系统恢复正常。应用运维服务质量直接关注企业业务系统是否正常运行，对其正常开展非常重要。

增值服务质量。增值服务指服务提供商根据企业用户的需要提供信息安全测评、评估、咨询、用户培训、系统的优化升级等活动。增值服务质量的提高为 IT 运维外包服务在企业的顺利开展打通了道路。

4. 结果质量

对运维结果质量的评估是最有效反映运维外包服务质量的手段，根据运维外包服务后期的工作内容，将结果质量评价分为后期服务质量和服务效果质量两部分。

① 后期服务质量指在运维外包服务后期工作中，需要对运维过程中遗留的运维问题进行持续跟踪处理活动，并将一些保密文档进行安全处理。② 服务效果质量重点关注的是运维服务是否达到预期的运维服务水平，是否保障企业信息系统正常运行两个方面的内容。

（三）服务质量评价指标选择

1. 设计质量指标

设计质量指标的因素包括企业形象、服务费用、员工素质和服务内容 4 个方面。

(1) 企业形象

企业商誉是企业价值的整体体现，它主要包括企业在业内的口碑和以往客户的评价等。优质的企业商誉代表着企业在业内的口碑较好、客户对提供服务的满意度较高，这样就会吸引更多潜在的客户。

(2) 服务费用

服务费用是指业主获得 IT 运维服务所需要支付的费用。很多情况下，合理的价格是决定用户是否消费的关键因素，面对众多 IT 运维服务提供商，业主会“货比三家”，根据自身的成本效益进行分析，最终选择一家最优的服务提供商。

该指标体系中运维服务费用的收取主要体现在两个方面，即日常运维服务项目收费和异常运维的额外收费。

(3) 员工素质

员工形象是服务提供商形象的代表，员工的得体穿着、谈吐、积极向上的工作态度等都是员工形象的综合体现，优质的员工形象代表着服务提供商对员工的有效管理。

员工综合技术是专业运维知识、专业运维技能和运维经验的综合体现。综合技术水平偏低会使员工在运维过程中提供低水平的运维质量，从而影响员工与业主交互过程质量。运维知识主要包括从事运维服务所必备的专业知识，如在为客户提供 D5000 运维服务时，必须了解 D5000 系统运维专业相关的解决方案体系和相关系统的操作流程等知识；运维技能是体现员工是否具备专业运维活动所具备的能力，因为运维过程中难免会有突发事件的发生，专业的运维技能能够使员工在短时间内快速地解决问题，避免对业主的业务造成影响；运维经验是体现员工从事运维服务时间长短或曾参加过什么运维项目等的体现，具备一定经验的员工能够将以前运维服务提取的精华运用到现在的运维服务上来。较高的综合技术水平能够保证业主的运维业务有效平稳地进行，而衡量员工综合技术水平的高低主要是从相关的技能证明材料和工作经验中进行综合考评。

(4) 服务内容

① 详细性

服务提供商在为业主提供调度自动化系统运维服务的初期，需要对运维的每个运维实施阶段、运维实施活动、运维实施工作内容、交付成果和运维服务的优先级别进行详细的描述，如对常规的运维巡查服务，需要每月对 PC 设备、网络运行状况、IT 变更发布进行相关巡查，在每月月末提交《月巡查报告》。对运维服务内容的详细描述能够使运维有效合理地进行，并对其进行有效的跟踪。

② 创新性

创新性是从业主的个性化需求角度出发建立的运维服务创新。具体地说，服务

创新是指服务提供商在为业主提供运维外包服务时，并不是单一地提供基础运维外包服务、应用运维外包服务和增值外包服务，而是根据业主个性化需求和实际情况，提出基于这 3 种运维外包服务上最优化运维解决方案。

2. 交互质量评价指标

影响交互质量指标的因素包括人员沟通、投诉处理和应急能力 3 个方面的内容。

(1) 人员沟通

人员沟通是指服务提供商在进行运维服务时需要时刻与业主进行交流的过程。沟通质量的高低直接影响到服务提供商与业主之间的关系，而在此过程中业主一般会关注服务提供商与用户沟通中的态度和信息传递质量。

① 沟通态度

沟通态度包括在沟通过程中服务提供商是否能积极主动向业主了解实际运维环境、状态和存在的问题，能否在业主遇到问题时以及时、友好、专业的姿态帮助业主化解此次问题危机，能否在运维服务后期主动、及时了解运维效果的一种综合状态描述。因此，服务提供商在开始提供运维服务时表现的任何状态都可以被业主认为是运维服务过程中沟通态度的表达因素。沟通态度好反映的结果就是沟通质量高，可帮助服务提供商及时了解运维方面的相关信息，准确找到运维服务时相关的应对方案。

② 信息传递质量

信息传递质量是业主对服务提供商能否准确无误理解所传达信息的一个衡量指标。高质量的信息传递代表着服务提供商能够理解业主目前的需求，从而帮助服务提供商提升沟通过程的质量水平。相反，如果信息传递质量较低，则表明服务提供商需要反复与业主进行交互确认，这样会使业主怀疑服务提供商的服务能力水平，降低运维服务质量。

(2) 投诉处理

在运维的过程中，业主对服务提供商的服务有时会产生不满情绪，在提供服务时，服务提供商需要对相关的投诉进行控制和处理，其中，最主要的指标就是投诉处理的及时性和有效性。

① 投诉处理的及时性

及时性是指服务提供商能否在业主能够承受的时间范围内及时处理业主投诉事件占业主投诉事件数的比率值的一种描述。如果投诉处理得及时，虽然不能提升业主对服务提供商运维服务质量的满意度，但是能够帮助服务提供商及时了解运维过程中出现的问题，如服务台是否设置合理、员工是否能够有效帮助业主解决问题等。相反，低效率的投诉处理，会加深业主对服务提供商的不满情绪。因此，投诉处理的及时性应该成为衡量服务质量的一个环节。

② 投诉处理的有效性

有效性是指业主对服务提供商在运维服务进行投诉时，实际上是由服务提供商引起的，经过查证确实属于服务提供商过失的业主投诉的一种描述。因此，通常会用投诉处理的有效率来衡量这一指标。有效投诉率是指有效投诉的总数占总投诉数量的比重，它可以明确地告诉服务提供商在实际运维过程中由自己过失产生的投诉有多少，从而帮助服务提供商从侧面控制运维服务的质量水平。

(3) 应急能力

应急能力是对服务提供商在运维服务过程中处理突发事件的反应能力、对业主多样化需求的满足程度、积极面对问题的态度等状态的一种综合描述。在实际运维服务过程中服务提供商处理突发事件的能力越强，服务外包商的满意度就越高，最终反映的运维服务水平就比较高。

3. 实施质量评价指标

影响实施质量评价指标的因素包括基础性运维服务质量和增值性运维服务质量两方面的内容。

(1) 基础性运维服务质量

基础性运维外包涉及的范围较广，主要包括3个层面，即IT基础设备运维外包、应用系统运维外包和业务服务运维外包。

IT基础设备运维外包的对象分为两大类：各类网络设备，如路由器、防火墙、交换机、VPN设备等；各类服务器，如Linux、Windows、Unix、存储等。它的主要任务是对相关网络设备和服务器进行安装、调试和巡检。此时运维强调的是服务的及时性和服务的保证性。因此，对IT基础设备运维的评价指标为及时安装IT设备、保证设备可用和定期进行设备巡检。

应用系统运维外包和业务系统运维外包的对象分别为各类通用的应用系统，如各类数据库、各类中间件、各类Web应用；各类业务系统，如D5000、OMS、PMU、ELS。为了保证它们的正常运行，降低故障发生率，服务提供商都会实施运维管理流程控制。运维管理流程是依据ITIL理论建立的运维服务管理方式，一般包括服务台管理、事件管理、问题管理、变更管理、发布管理、配置管理和知识库管理。

服务台管理：主要是为了与用户保持沟通，处理用户的多种询问和请求。其主要的任务是：通过电话、电子邮件等方式接受用户的请求；记录并跟踪用户的请求；及时通知用户其请求的当前状况和最新进展；及时通过请求级别协调解决方式。

事件管理：主要是确保当运维服务对象出现故障时能够尽快恢复服务。它主要

是服务提供商为了业主能够在最短时间内恢复正常的工作状态而设计的，将对业务的影响降到最低。其主要任务是：跟踪识别已发生的事故；对事故进行初步分析并提供支持；调查并识别引发事故的潜在原因；解决事故并恢复服务。

问题管理：主要是为了避免问题的再次发生，寻找发生问题的根本原因，并找到彻底解决的方法，从而尽可能减少对业务系统运行造成的影响，维护业务系统正常运行状态。其主要任务是：识别并记录问题；分析问题，并将其进行归类处理；找到问题的根源；终止问题。

配置管理：主要是识别和确认系统的配置项，记录并报告配置项的状态和变更请求，检验配置项的正确性和完整性等活动。其主要任务是：识别相关信息的需求，包括目的、范围、目标、策略和程序；识别配置项；记录配置项；保证配置项被记录和可追述的历史记录是有效的。

变更管理：主要是通过在调度自动化系统运维服务中对硬件、软件、网络、应用系统以及相关的文档等进行标准化管理，对它们的变动进行有效监控，确保变更顺利进行，从而消除和降低变更过程中所引起的相关问题。其主要任务是：记录及筛选变更请求；分类并确定变更的优先级别；评价变更的影响；实施变更时所需的资源；获得变更的正式批准；安排变更进度；实施变更请求；评审变更请求的实施。

发布管理：主要是从全局监督调度自动化系统运维服务的变化，确保经过完整测试的正确的调度自动化系统运维服务流程版本得到授权后进入正式的运作环境中。它的主要目的是通过标准化的方法对将进行变更的流程进行一系列的规划、设计、建设、配置和测试等，确保即将发布的质量。其主要任务是：制定发布计划；进行发布测试并检查其合格性；制定首次运行计划；通知相关的用户；结束发布。

知识库管理：主要是用来实现采集、更新、恢复和修改运维过程中的相关知识，向用户提供使用和查询知识库的服务能力。

在这些运维管理服务中，还是着重强调提供服务的及时性、响应性、系统的可用性。这里的及时性是指服务提供商能够在短时间内响应用户需求，在有效的时间内解决故障问题；响应性是指服务提供商能够主动为用户提供系统健康检查等服务；系统的可用性是指保证系统各种类型数据库的完整性，能够有效地为用户提供支持。

因此，在该环节评价应用运维服务质量重点关注的指标应该为：服务台快速响应；事件处理的及时性；问题定位的准确性；事件监控的有效性；变更的有效性；信息发布的及时性；配置数据的正确和完整性；知识库的有效使用性；定期对系统进行巡检。

综上所述，可以评价基础性运维服务的评价质量指标如下：① 及时安装硬件设备。硬件设备安装的及时性，是强调在业主提出需求后立刻响应。② 保证硬件设备

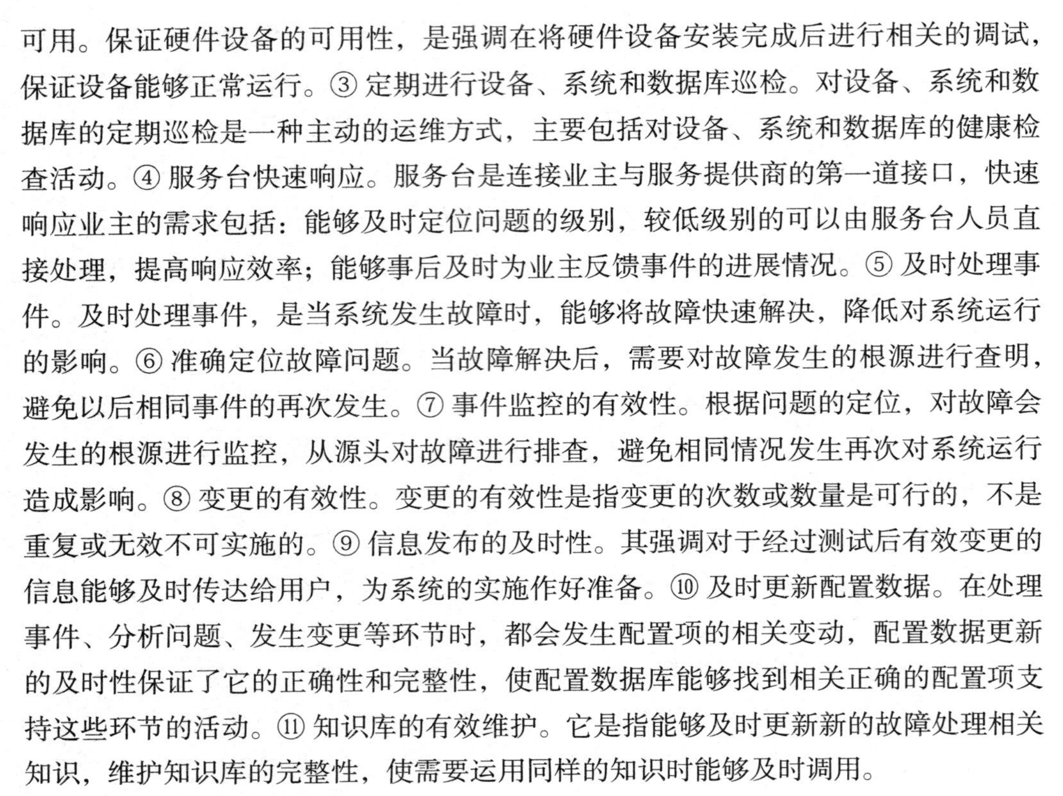
可用。保证硬件设备的可用性，是强调在将硬件设备安装完成后进行相关的调试，保证设备能够正常运行。③ 定期进行设备、系统和数据库巡检。对设备、系统和数据库的定期巡检是一种主动的运维方式，主要包括对设备、系统和数据库的健康检查活动。④ 服务台快速响应。服务台是连接业主与服务提供商的第一道接口，快速响应业主的需求包括：能够及时定位问题的级别，较低级别的可以由服务台人员直接处理，提高响应效率；能够事后及时为业主反馈事件的进展情况。⑤ 及时处理事件。及时处理事件，是当系统发生故障时，能够将故障快速解决，降低对系统运行的影响。⑥ 准确定位故障问题。当故障解决后，需要对故障发生的根源进行查明，避免以后相同事件的再次发生。⑦ 事件监控的有效性。根据问题的定位，对故障会发生的根源进行监控，从源头对故障进行排查，避免相同情况发生再次对系统运行造成影响。⑧ 变更的有效性。变更的有效性是指变更的次数或数量是可行的，不是重复或无效不可实施的。⑨ 信息发布的及时性。其强调对于经过测试后有效变更的信息能够及时传达给用户，为系统的实施作好准备。⑩ 及时更新配置数据。在处理事件、分析问题、发生变更等环节时，都会发生配置项的相关变动，配置数据更新的及时性保证了它的正确性和完整性，使配置数据库能够找到相关正确的配置项支持这些环节的活动。⑪ 知识库的有效维护。它是指能够及时更新新的故障处理相关知识，维护知识库的完整性，使需要运用同样的知识时能够及时调用。

(2) 增值性运维服务质量

增值性运维服务是指服务提供商根据业主的特殊需求对相关运维服务进行优化、系统进行二次开发、培训等的过程。衡量增值性服务的指标有数据采集的有效性、瓶颈定位的准确性、培训的有效性和方案设计的全面性 4 个方面。

① 数据采集的有效性

数据采集的有效性是衡量服务提供商工作效率的指标，它可以通过服务提供商实际使用的数据量和采集数据总量的比率来衡量。

② 瓶颈定位的准确性

瓶颈是业主在运维服务过程中遇到的发展障碍，此时需要服务提供商根据业主的需求进行系统优化、二次开发等活动。准确定位能够使服务提供商快速找到系统瓶颈存在的关键点，快速准确的瓶颈定位建立在高效的数据采集、分析的基础上，因此，定位得越准确代表着服务提供商的服务能力越强，能使业主准确地了解到自己的发展障碍在哪里。

③ 培训的有效性

服务提供商在提供相关运维服务时，总会涉及一些专业的运维知识，为了业主能够更好地进行运维，需要对他们进行一些相关的运维知识培训。培训的有效性是

指服务提供商能够根据业主的实际情况进行培训，并能够及时更新培训内容和培训方案。

④ 方案设计的全面性

方案设计的全面性是指服务提供商能够在制作方面全面考虑服务中存在的各种风险，并能够结合以前成功的优化案例全面地优化或开发方案。

第八章　储能在电力系统中的应用

第一节　储能在微电网中的应用

一、微电网中储能的作用和微电网的主要应用形态

微电网是以分布式发电技术为基础，以靠近分散型能源或用户的小型电站为主体，结合终端用户电能质量管理和能源梯级利用技术形成的小型模块化、分散式的供能网络。微电网可以孤岛运行、并网运行，以及实现两种模式的无缝切换。对于大电网，微电网可以视为一个“可控单元”，具有一定的可预测性和可调度性，能够快速响应系统需求；对于用户，微电网可以视为定制电源，能够满足多样化的用电需求，如增强局部供电可靠性、降低馈线损耗、提高能效、校正电压下限，或不间断供电。目前，微电网已经成为解决电力系统安全稳定问题，实现能源多元化和高效利用的重要途径。

与传统电网不同，微电网中的微源大多基于逆变器或小容量异步发电机发电，系统惯性小，阻尼不足，不具备传统电网的抗扰动能力。在微电网中，风电或光伏等可再生能源发电的间歇性与随机性、负荷的随机投切以及微源的并网 / 离网等过程会给系统稳定运行和电能质量造成较大影响，引起电压和频率波动，甚至系统失稳。

储能通过 PCS 可以实现功率的四象限灵活运行，实现微电网有功和无功功率的瞬时平衡，其效果相当于增强了系统惯性和阻尼，提高了系统稳定性。由于储能的作用，微电网可以实现微源和负荷这两组不相关随机变量的解耦，有效削减风电和光伏等间歇性电源对微电网及大电网的负面影响，提高可再生能源发电的并网接纳能力。此外，储能还是微电网定制电力技术的物理基础，能够满足用户对电能质量、供电可靠性、安全性和经济性的多种要求。

（一）微电网中储能的作用

微电网的目标首先是稳定运行，这是微电网发展的基础；其次是保障重要负荷的电能质量和可靠性，这是满足用户高质量用电需求的关键；最后是容量可信度，

能够实现适度的可调度性与可预测性，这是微电网能够规模化接入大电网的保障。

作为微电网的重要功能单元，储能是微电网实现稳定控制和能量管理的核心与载体。储能在微电网的作用可以从系统启动、稳定控制、电能质量改善，以及适度的容量可信度等几个方面分析：

1. 系统启动

微电网的启动可以在独立运行模式下进行，需要稳定的组网电源来完成系统启动。储能通过 PCS 可以实现稳定可控的交流电压输出，具有担任组网电源的技术条件。以储能组网的微电网，常见的有光储微电网、风光储微电网等。

微电网启动完成后，在独立工作模式下，储能可以实现或参与系统的电压和频率控制，并实时监控电网状态，调整自身输出电压的幅值和相位，在满足条件后并网。在并网工作模式下，储能单元则可以实现自身能量优化管理，并可以对微电网与大电网公共耦合点（PCC）处的潮流进行优化控制，以提高微电网并网运行可控性。当微电网在离网和并网两种模式之间转换时，储能则需要参与实现系统的平滑过渡。

2. 稳定控制

微电网中的微源以逆变型为主，不具备传统电网的系统惯性和抗扰动能力，微源的间歇性变化和负荷的随机投切会造成有功或无功的瞬时不平衡，进而引起系统电压、频率的波动，影响系统的稳定运行。

此外，由于微电网线路的 R/X 参数值较大，系统有功和无功功率不能充分解耦，使得传统的稳定控制手段不能有效运行。

储能可以快速吞吐有功和无功功率，影响微电网内部的节点电压和潮流分布，实现对微电网电压和频率的调节控制，等效于传统电力系统的一次调频。储能系统进行稳定控制时，其所需的支撑时间一般为秒级至分钟级，需要的储能量较少，在技术上和经济性上均较为可行。

随着微电网的规模化发展，储能系统的稳定控制作用日益重要，其意义不仅限于微电网自身的稳定运行，还可以通过对 PCC 的灵活控制，为公共电网运行提供重要技术支撑。

3. 电能质量改善

微电网的运行机制及分布式电源的特性，决定了微电网在运行过程中容易产生电能质量问题。分布式电源与微电网的投切过程、微电网与公共电网的投切过程、分布式电源和负荷的随机性功率变化，会发生电压质量和频率质量问题。尤其是在包括风电或光伏等可再生能源发电的微电网中，微源输出功率的间歇性和随机性及基于电力电子装置的发电方式会进一步加剧系统的电能质量问题。

储能系统根据微电网的运行状态，能够快速调整自身的功率输出，抑制系统电压和频率的波动，削减系统主要的谐波分量和无功分量，并实现三相平衡运行，改善微电网电能质量。

此外，储能系统还可以在微源供电不足或供电中断时，保障系统重要负荷的不间断供电。储能的不间断供电作用在含间歇性电源的独立微电网中显得尤为重要。

4. 适度的容量可信度

微电网要实现规模化并网，除了需要保障自身的稳定运行，还需要具备适度的容量可信度，即相对于大电网，微电网可以作为一个可控的电源或负荷，具有一定的可调度性与可预测性。由于微电网中存在微源和负荷两组不相关的随机变量，配置储能可以实现两者的解耦，能够在多个时间尺度上实现系统功率的控制，实现微电网的适度可调度性与可预测性。此外，储能与分布式电源相结合，还可以实现对大电网的峰谷调节，减缓配电系统的升级改造压力，提高负荷率。

由于储能的成本较高，在配置储能时的经济性是重点考量的因素之一，将储能的作用与微电网及公共电网的能量管理有机结合起来，以尽可能少的储能实现系统功能和性能的较大提升，取得最佳技术经济性。

（二）微电网的主要应用形态

微电网具有很明显的本地化特性和定制化特点，不同地区的自然条件、资源禀赋和负荷特性差异很大，因此，微电网在结构和运行控制上会有较大区别，而各地发展微电网的技术路线和实现方式也会各具特色。总体来看，微电网的应用场景主要包括：

1. 与城市工商业园区、公共事业单位结合

城市大中型商业区和居民区用电、热、冷负荷都非常集中。按照国家能源结构调整的要求，新开发的城镇不宜走烧煤污染或低效率单烧液化天然气的老路，也不适合采用分体式空调或窗式空调。因此，可以考虑采用燃气轮机等冷热电联供机组替代传统能源形式，有条件的地区还可以采用地源热泵，并适当结合建筑光伏和储能，形成单建筑或多建筑级微电网，向用户提供完整的能源供应。在此基础上，可以通过能量管理策略和需求侧管理来控制微电网内整体的电、热和冷的消耗，实现能源梯级利用，提高用户能源灵活性，缓解城市电网扩容等的压力。对于重要的商业和工业用户，还可以通过微电网的无缝切换等功能进一步提高供电质量和可靠性。

2. 与城市郊区别墅、度假村、农业生态园区结合

城市郊区别墅、度假村、农业生态园等地区通常可再生能源资源比较丰富，有大量屋顶和闲置地可以利用，部分地区甚至还可能有一些水力资源或生物质资源。

因此，可以考虑采用小水电、光伏发电、沼气发电等分布式电源，形成一个馈线级微电网。在此基础上，通过微电网的优化管理，使可再生能源得到最大化利用，减少温室气体排放，并为馈线和邻近地区提供无功电压支撑和电能质量改善等辅助服务。

3. 与偏远地区结合，如北部山区、西南干热河谷地区

为远离电网地区、电网末梢地区或者地理上的孤岛地区供电是一项极为重要的工作。我国“三北”地区风力和光照资源丰富，而西南地区水力资源发达，生物质资源充裕。因此，可以考虑通过合理配置可再生能源和储能，如风光互补发电系统、水光互补发电系统等，形成可孤岛运行或与大电网连接并互为备用和支撑的微电网，为这些地区提供可靠的电力供应。在充分利用当地资源、促进可再生能源在偏远地区开发利用的同时，改善这类地区的供电条件，可以加快区域经济发展，并实现环境保护。

4. 军用微电网

数字化、信息化、网络化的现代军事，对电力的需求越发强烈，对供电的安全、可靠、保密、经济与高效要求越来越高。通过微电网的整合作用，在军事设施或基地中增加分布式发电，减小对外能源依赖，提高供电的安全性；通过储能提高军事微电网的自愈与再生能力，提高供电可靠性；通过储能对电力潮流和谐波的调节与伪装，切断敌方通过用电信息判断我方动态的途径，提高军事行动的保密性。军事应用已然成为微电网发展的重要方向。

二、基于储能的微电网并 / 离网控制

一般地，微电网需要具有离网运行和并网运行两种模式，为了保证微电网内重要负荷的供电可靠性，微电网还应具备并网 / 离网模式间的平滑切换能力，这也是微电网发展的重要支撑性技术。

（一）并网运行控制

当储能作为微电网组网电源时，储能 PCS 的控制非常关键，是微电网并网 / 离网运行模式切换的控制主体。PCS 一般采用电压源型变流器（VSC），以及 L滤波电路，因而可以采用 3 个控制环进行控制，包括并网电感电流环、滤波电容电压环、滤波电感电流环。

（二）离网运行控制

当微电网离网运行时，作为组网电源的储能 PCS 一般采用可控制方式，建立并维持微电网离网运行的电压与频率。

微电网中往往含有非线性负载，如变频驱动类设备或晶闸管整流型直流设备、计算机、UPS 等。对于这一类负载，即使供电电压为标准正弦波，负载电流也是严重畸变的，其中包含大量的低次谐波。由于 PCS 及线路存在阻抗，这些谐波电流将在 PCS 的输出端产生谐波压降，导致输出电压畸变。因此，PCS 在控制上需要附加瞬时波形校正，以维持输出波形为标准正弦波。否则，所产生的谐波电压会在微电网内各设备间产生谐波环流，影响系统的正常运行。

同时，微电网中存在单相负载，且低压微电网多采用三相四线制结构。相间负载不均衡将导致微电网出现零序和负序电流分量，进而导致微电网三相电压不平衡。

因此，在微电网离网运行过程中，作为组网电源的储能 PCS，需要解决微电网内非线性负载与三相不平衡负载带来的电流谐波和三相不平衡问题，以确保微电网在没有公共电网做支撑时，其电压质量符合规定的要求，这也是 PCS 离网运行时的控制重点。

由于三相不平衡分量可以分解为正序、负序和零序三组对称分量，因此，可以将三相不平衡问题转化为对负序分量的补偿控制问题。

采用旋转坐标系下的负序补偿控制策略。将采样的三相电压值分别通过正序和负序 Park 变换，得到的负序分量与标准正弦波在负序下的分量进行比较，以消除负序影响；将得到的正序电压由分量与标准正弦波在正序下的给定值进行比较，产生的偏差量通过 PI 调节器后作为电感电流内环控制量。

电感电流控制环可以提高系统动态性能和稳态性能，并便于对 PCS 进行过电流保护。

（三）并网 / 离网切换控制

微电网并网 / 离网运行的平滑切换，是保证重要负载供电可靠性的关键，包括微电网从并网运行模式向离网运行模式的切换，以及从离网运行模式向并网运行模式的切换。由于从离网状态向并网切换，微电网往往有充分的时间进行同期调节和模式切换，因而控制难度较小。反之，微电网从并网状态切换至离网状态，存在计划性和非计划性两种场景，尤其是在非计划性场景下，储能等组网电源的状态翻转往往很大，控制模式切换要求快，因而在控制上难度较大，甚至存在切换失败的风险。

1. 并网至离网运行模式切换

当公共电网出现故障时，微电网需要快速识别并迅速切换到离网运行模式，此为非计划性离网。在此过程中，作为组网电源的储能 PCS 切换过程需要足够快，以最大程度地减小电网故障对微电网内负荷和分布式电源的影响。当外部电网进行计划检修而需要停电时，微电网 EMS 接收到停电通知后，能够主动地转至离网运行模式，以确保微电网内负荷的供电连续性，并维持分布式电源的正常运行。

当储能作为微电网的组网电源时，储能 PCS 在微电网并网运行时往往采用三环控制的间接电流控制方式，在离网瞬间，当确认并网点开关已经断开时，PCS 切换至双环工作方式。保持滤波电容电压环和滤波电感电流环在离网瞬间两种运行模式下基本不变，因而能够确保储能系统在模式转换过程中的平滑和快速。

需要注意的是，微电网通过 PCC 与公共电网连接，并通过控制并网点开关实现并网和离网运行。为了提高微电网从并网至离网的切换成功率，储能 PCS 模式的切换要与并网点开关在逻辑上配合，保证 PCS 运行于 V/f 模式时并网点开关已可靠断开。

常用的并网点开关可以为机械式接触器或固态开关，由于固态开关的动作时间比接触器短，因而被更多地选用。固态开关一般是由两个晶闸管反向并联组成的交流开关，其闭合和断开由逻辑控制器实现。由于晶闸管实现自由关断的前提条件是阳极电压小于阴极电压，因而理论上晶闸管的最长关断时间为半个周波，对于 50Hz 系统即为 10ms。

为了缩短固态开关的关断时间，可以采用晶闸管的强制关断策略，其基本思想是通过改变 PCS 滤波电容电压的幅值，使之高于或低于电网电压，进而在并网电感两端形成反压，该反压迫使并网电流迅速下降，当下降到晶闸管的维持电流以下时，晶闸管由通态变为阻断，从而断开与电网的连接。

2. 离网至并网运行模式切换

微电网处于离网运行模式时，实时检测公共电网的状态，当判断出公共电网恢复供电且微电网得到并网许可时，微电网能够逐渐调整 PCC 处的电压状态（频率、幅值和相位），在达到与公共电网同期状态瞬间，闭合并网点开关，使微电网并入公共电网。

作为组网电源的储能 PCS，将实时检测的公共电网的电压幅值与相位信息作为参考控制量，以此调整微电网 PCC 处的电压幅值和相位。当符合同期并网条件且确认并网点开关闭合后，储能 PCS 从滤波电容电压环和滤波电感电流内环的双环工作基础上增加并网电感电流外环，切换为间接电流控制模式快速精确的电网状态检测与锁相控制可以减少并网冲击，实现平稳的模式切换。

设置严格的并网同步条件，可以减小微电网并网瞬间的冲击电流，有利于微电网和大电网的稳定运行，但会导致并网时间相应延长。鉴于微电网从离网运行模式切换至并网运行模式时，一般没有严格时间要求，并出于微电网今后的规模化发展考虑，微电网的并网条件可以设置得严格一些。

3. 微电网并离网切换实验

搭建微电网实验平台，采用三相四线制，线电压为 380V，频率为 50Hz，线路 1 的阻抗为 0.0774Ω，线路 2 的阻抗为 0.018Ω，线路 3 的阻抗为 0.1548Ω，微电网与配电网之间由固态开关控制。光伏单元容量为30kW，风电单元容量为HkW，储能作为组网电源，采用铅酸蓄电池，PCS容量为50kVA。

系统启动。微电网启动并进入离网运行，储能工作于V/f控制模式，建立并维持系统的电压与频率。系统稳定后光伏单元和风电单元相继投入，微电网实现离网运行。

由离网向并网模式转换。储能接受微电网EMS的并网指令，调整微电网的电压幅值与相位，在达到并网要求瞬间，固态开关闭合，微电网切换至并网运行模式，储能转至PQ控制模式。在并网模式下，储能可以从配电网吸收功率，也可以在负荷、光伏/风电功率波动时输出功率以维持PCC处潮流的稳定。

微电网并网功率调度。微电网接受EMS的调度指令，调整馈入公共电网的电流（主要由储能或可控负载实现），使其对于公共电网成为一个可控单元。

由并网向离网过程转换。储能检测到外部配电网故障，或接受微电网EMS的离网指令，关断固态开关的驱动信号，根据PCC处的潮流情况，采用V/f控制模式对输出电压进行调整，强制关断固态开关，当判断其已完全断开后，转入离网运行模式。

第二节　风储联合参与系统调频调压

一、风储联合参与系统调频

（一）电力系统调频

频率反映了交流电力系统发电与用电之间的平衡，是电力系统的重要指标之一。一方面，频率不稳定可能引发电力系统频率崩溃、系统瓦解等事故；另一方面，当系统运行在低频工况时，由于异步电动机和变压器等设备的励磁电流增大，导致消耗的无功功率增加，使系统电压水平下降，也可能引发电压崩溃等事故。

电力系统的频率直接取决于同步发电机的转速，其关系为

$$f=\frac{np}{60}$$

式中，n为同步发电机转速，p为同步发电机极对数。

因此，要保持电力系统频率稳定，要求系统中所有发电机的转速保持稳定。机组转速取决于原动机输入功率和发电机输出功率相平衡的程度，并且受转子机械惯

性的制约，当忽略转子机械阻尼的影响时，它们之间的关系为

$$\begin{cases}\dfrac{\mathrm{d}\delta}{\mathrm{d}t}=\omega-\omega_0\\[2mm]\dfrac{\mathrm{d}\omega}{\mathrm{d}t}=\dfrac{\omega_0}{T_j}\left(P_t-P_e\right)\end{cases}$$

式中，ω 为发电机电角速度，ω_0 为同步电角速度，δ 为两种电角速度的夹角，T_j 为发电机组的惯性时间常数，P_t 为机械转矩，P_e 为电磁转矩。可以看出，发电机转子的运动状态由原动机的机械功率和发电机的电磁功率的差值决定。当两者差不为零时，必然会引起发电机转速的变化，进而会引起频率的变化。原动机的机械功率取决于其本身及调速系统的特性，虽然不是恒定不变的，但在机电暂态过程中可以认为其保持不变；发电机输出的电磁功率除了与其本身的电磁特性有关外，更决定于电力系统的负荷特性、网络结构和其他发电机运行工况等因素，是引起电力系统频率波动的主要原因。

电力系统的频率稳定性是指系统由于发生大扰动，如发电机停机、甩负荷等，而出现有功功率不平衡时，在自动调节装置的作用下，全系统频率或者解列后的子系统的频率能够保持在允许范围内或不会降低到危险值以下的能力。

电力系统遭受扰动后，频率调节主要分为以下 3 个阶段：

首先，在扰动后的初期，由系统所有运行机组的转子惯性动能来补偿。考虑到传统发电机组的转子转速与系统频率是相互耦合的，各机组转子将首先会主动响应系统频率的变化，瞬时释放 / 存储部分动能以抑制系统频率的变化。这一过程不需要任何调节，是自然完成的，它反映了电力系统的自然特性——惯性，也称为惯性响应（Inertia Response），其体现为系统的等效惯性时间常数 H：

$$H=\frac{J\omega_n^2}{2S}$$

当转速为 ω 时，同步发电机组具有的旋转动能为

$$E_K=\frac{1}{2}J\omega^2$$

当系统频率变化时，同步发电机转速随频率的变化而改变，此时发电机释放的动能为

$$\Delta P=\frac{dE_K}{\mathrm{d}t}=\frac{1}{2}J\times 2\omega\frac{\mathrm{d}\omega}{\mathrm{d}t}=J\omega\frac{\mathrm{d}\omega}{\mathrm{d}t}$$

写成标准值形式：

$$\Delta P^*=\frac{\Delta P}{S}=2H\frac{\mathrm{d}\omega^*}{\mathrm{d}t}=2H\frac{\mathrm{d}f}{\mathrm{d}t}$$

式中，J 为机组惯量，ω 为转子转速，S 为机组额定容量。传统机组的惯性常数 H 一般为 2 ~ 9s，因机组类型而不同，火电机组较大，水电机组较小。

当扰动持续几秒钟后，若频率偏差超过一定阈值，仅靠惯性响应调节频率的效果不佳。此时，发电机组将启动机组调速器来消减系统频率偏差，在发电机功频特性及负荷本身调节特性的调节下，使频率上升或下降，这一过程称为一次调频（Primary Frequency Regulation，PFR）。但是，一次调频是有偏差的，不能使频率回到额定值。电力系统一次调频是由各发电机组根据本地的频率信息独立完成的，其有功功率的改变程度取决于系统的频率偏差值，体现为发电机组的下垂特性 R：

$$R = \frac{-\Delta f / f_r}{\Delta P / P_r}$$

式中，f_r 为系统额定频率，P_r 为机组额定功率，Δf 为频率偏差，ΔP 为功率偏差。系统中机组的 R 值通常为 4% ~ 6%。

若频率变化持续时间较长，频率持续波动达到分钟级时，则自动发电控制（Automatic Generation Control，AGC）或者发电机组的调频器开始动作，对频率进一步调节，使其恢复到额定状态，频率的这一调整过程称为二次调频（Secondary Frequency Regulation，SFR）。

电力系统频率还存在三次调节，即主要考虑到季节因素、发电经济因素等，按照经济调度的原则重新分配机组出力。

随着风电的持续快速发展，风电在电力系统中的渗透率逐步提高。当前最常用的风电机型为双馈型和直驱型，一般运行在最大功率跟踪模式下，即任一风速时，输出的有功功率已经达到可利用风能效率的最大值。因而，与常规的火电或水电机组相比，风电机组在电力系统频率变化时，无法主动提供频率调节能力。

（二）风电机组调频

早期的风电机组大多采用笼型异步发电机，为定速运行，风电机组转子转速与系统频率耦合，转差率约为 1% ~ 2%。这种风电机组能够主动为系统提供惯性响应支持，但可以提供的容量较小，而且在后继的频率调节过程中基本没有贡献。

目前主流的双馈型风电机组和直驱型风电机组为变速型风电机组，由于电力电子变流器的控制作用，前者的转子电磁转速可以在系统同步转速的 ± 30% 内波动，而后者的波动范围更大。因而，变速风电机组转子与系统频率解耦，无法在系统频率变化时主动提供惯性支撑。

不过，由于变速型风电机组具有较大的控制灵活性，通过调整控制目标和控制策略，可以使机组主动响应系统频率的变化，使其具备类似于传统机组的惯性响应和频率调节能力。目前，风电机组主要通过转子惯性控制、超速减载控制和变桨减载控制等方式，参与系统惯性响应和频率调节。

1. 惯性控制

转子惯性控制是在风电机组运行过程中，通过改变机组转子侧变流器的电流给定，控制转子速度发生临时性变化情况下短时释放 / 吸收风电机组旋转质体所存储的部分动能，以快速响应系统频率的暂态变化，提供类似于传统机组的转动惯量。

以双馈型风电机组为例，通过增加辅助频率控制环，实时检测系统的频率变化率 df/dt，并控制存储在风电机组桨叶中的动能以提供短时功率支撑。增加了辅助频率控制环的风电机组，在对系统频率支撑方面有明显的效果，使系统的等效惯量增加，减小了系统在扰动后的频率偏差和频率变化率。

$$\Delta P = K_{df}\frac{d\Delta f}{dt} + K_{pr}\Delta f$$

式中，K_{df} 为频率偏差的微分权重系数；K_{pf} 为频率偏差的权重系数；Δf 为系统频率偏差。

尽管变速风电机组通过控制可以提供类似于传统机组的虚拟惯量支撑，但在应用中存在以下几点不足：① 受风电机组转速可调整范围的限制，在系统频率下降而风速较低时，难以通过降低转子转速增加机组功率输出；在系统频率升高而风速较高时，难以通过提高转子转速以降低机组输出功率。② 控制效果与其运行状态有关。由于风速的随机性和波动性，难以保证可信度较高的惯性响应容量，即使是在同一个调频过程中，也会因为风速的变化而增加不确定性。③ 由于转子转速不能长时间维持在降速 / 升速状态，在惯性响应之后的风电机组转速恢复过程中，因吸收 / 释放部分能量，有可能会造成系统频率的二次降低 / 升高。

2. 超速控制

风电机组的超速控制是控制风电机组转子超速运行，使其运行于非最大功率捕获状态的次优点，保留一部分的有功功率备用，用于惯性响应和一次调频。

在一定风速下，风电机组输出功率由其转速决定，通过调节风电机组转速可以改变其运行点。风电机组的超速控制通过在风电机组控制系统中增加频率调节环节，其技术优势在于，参与系统一次频率调节的响应速度快，对风电机组本身机械应力影响不大。该技术不足之处在于，当风速达到额定以后，机组需要通过桨距角控制实现恒功率运行，因而超速发电仅适用于额定风速以下的运行工况。当然，超速控制在一定程度上降低了风电场的发电效益。

3. 变桨控制

风电机组的变桨控制是通过控制风电机组的桨距角，改变桨叶的迎风角度与输入的机械能量，使其处于最大功率点之下的某一运行点，从而留出一定的备用容量。在风况一定的情况下，桨距角越大，机组留有的有功备用也就越大。

桨距角控制的调节能力较强，调节范围较大，可以实现全风速下的功率控制。但由于其执行机构为机械部件，因而响应速度较慢；而且当桨距角变化过于频繁时，也容易加剧机组的机械磨损，缩短使用寿命，增加维护成本。一般情况下，变桨控制多用于额定风速以上的工况，而且在系统频率下降时的备用支撑较为有效。在这种情况下，风电机组参与系统频率调节的作用时间较为持久。

由以上分析可见，风电机组的惯性响应控制、超速控制和变桨控制等频率响应手段各有一定的适用范围和运行条件约束。为满足系统对风电频率调节快速性和持续性的要求，可以将风电机组上述调频手段进行组合应用，以形成优势互补，提高风电调频能力和运行的经济效益。但是，风电机组的组合控制也不可避免受制于风速变化和机组运行状态的影响，在全风况下参与系统一次调频和惯性响应的容量可信度难以得到有效保证。

（三）储能参与风电调频

在风电场配置一定容量的储能系统，利用其快速响应、精确控制、双向调节、灵活可控、不受机组运行状态约束的技术优势，可以作为风电参与系统频率调节的手段。

储能可以与风电机组直接结合实现运行过程优化。如飞轮储能与双馈型风电机组结合、电池储能直接接入 STATCOM 的直流母线、超级电容器储能接入多直驱型风电机组的公共直流母线等，以平滑风电机组的有功输出和调频等辅助功能，但也会导致风电机组的结构与控制变得复杂。

然而，无论储能与风电机组结合，还是独立配置在风电场中，如果只依靠储能承担风电场全部的有功控制和调频需求，必然会造成储能容量配置大、成本高、经济效益差的问题。如果将风电自身调频手段与储能有机结合起来，利用储能的技术优势弥补前者在响应速度和容量可信度等方面的不足，可以使风电具备全风况下的惯性响应和频率调节能力，提高系统的整体技术经济性。

因此，这里提出在风电场层面配置储能，将转子控制（包括惯性控制和超速控制）、储能和变桨控制相结合的风储协调控制策略。利用风电机组转子转速控制响应快速和灵活的优势，首先响应系统的频率变化；变桨控制在一定时间后较为持久地参与系统频率的调节；储能则及时弥补风电机组调频的盲区和由于风速变化而导致的备用容量缺失等问题，避免转子转速控制提供能量有限、储能成本高和变桨控制响应时间慢、频繁动作降低其寿命等问题，在满足系统调频需求的同时，降低储能成本和机组磨损程度。

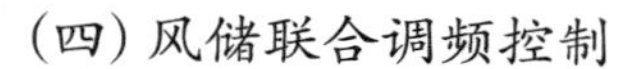

（四）风储联合调频控制

1. 风电机组功率备用策略

考虑到调频的技术经济性，设定了 4 个风速定值，且对应不同风速定值给出了不同的减载备用策略。设定调频备用容量为风电机组特定风速下最大发电功率一定占比的值，并设定使风电机组最大输出功率为额定功率 40% 时的风速为门槛风速。考虑到转子转速限制，从门槛风速到切出风速定值之间分为 3 个阶段，分别为低风速、中风速及高风速。其中，低风速的上限为超速控制可完全提供备用容量的风速；中风速的上限为采用最大功率点跟踪时，转速即达到最大转速时的风速。

当风速低于门槛风速时，风电机组可发出的功率较小，此时，超速备用功率较小，可提供调频容量过小，在此阶段，风电机组可按照最大功率跟踪运行。当风速处于低风速段时，超速控制即可提供一定的调频容量，此时，风电机组应运行于减载备用模式。当风速处于中风速段时，由于转速限制，超速到最大转速后无法进行超速，不足的备用容量由变桨控制提供。当处于高风速段时，调频备用容量主要由风电机组变桨控制提供。

2. 调频功率分配策略

当系统出现频率变化时，调频功率分配模块将根据系统频率需求及风电机组实时工况决定调频功率缺额的具体分配情况。

当检测到系统频率低于额定频率时，需要风储系统提供一定的有功功率参与频率向上调节。此时，优先释放出系统减载备用的能量，当风电机组调节能力达到极限后，剩余部分由储能提供。当检测到系统频率高于额定频率时，需要风储吸收一定的有功功率以参与频率向下调节，此时可通过调节风电机组转速及桨距角减少风电机组输出功率，同时储能可以充电以吸收一定的有功功率，从而起到调频的作用。

二、风储联合参与系统调压

（一）电力系统调压

电力系统电压稳定指的是电力系统在受到扰动后系统中所有母线都持续地保持可接受电压的能力。反之，如果出现渐进的、不可控的电压降落，则系统进入电压不稳定状态。造成电力系统电压质量下降或失稳的原因有许多，如 ① 负荷大量增加，造成了系统传输容量大于所能承受的最大功率。② 电网结构削弱，由于线路故障使得输电线路的某些部分被切除，导致线路无功损耗增大。③ 电源电压降低，使得系统不能维持正常电压。

电压与无功功率的平衡有关，通过对电力系统中无功功率的产生、消耗及传输的控制，可以对系统中母线电压进行控制。常用的调压方式有以下几种：

第一种：改变发电机的励磁电流。发电机自动电压调节器（Automatic Voltage Regulator，AVR），通过调节励磁电流的大小，维持发电机端电压的恒定。即增大发电机的励磁电流，则提高发电机的电压；减小发电机的励磁电流，则降低发电机的电压。

同步发电机都装有自动励磁调节设备 AVR，自动调整发电机的机端电压、分配无功功率以及提高发电机同步运行的稳定性，发电机可以在其额定电压的 95% ~ 105% 范围内保持额定功率运行。由于可以充分利用发电机本身的无功功率调节能力，不需要附加设备及投资，因而在各种调压手段中优先采取。

第二种：利用无功电压调节装置。包括：① 并联电容器、并联电抗器、调相机及静止无功补偿装置（SVC）等。其中，调相机和 SVC 能够自动调节无功功率大小，以保证所连节点母线电压保持不变，同时也可与发电机共同作用维持电压恒定。② 串联电容补偿器。

无功补偿设备的配置原则按照无功功率“分层分区，就地平衡”的原则。在无功功率不足的系统中，首要的问题是增加无功功率补偿设备，大量采用并联电容器作为无功补偿设备。在有特殊要求的场合下，采用静止补偿器与同步调相机。对于 500kV、330kV 及部分 220kV 线路，还要装设足够的感性无功补偿设备，以防止线路轻载时充电功率过剩引起的电网过电压。

第三种：通过调整变压器分接头改变系统无功功率分布。包括：① 有载调压，带载下切换变压器分接头，调节范围可以达到额定电压的 30% 以上。② 无载调压，在变压器停电时调整分接头档位以改变电压比，适用于季节性停电的变电站。

此外，也可采取改变电网的导线截面积、改变电网的接线方式、改变并列运行的变压器台数、输电线路串联电容补偿等进行调压。如增大导线截面积，可以减少电压损耗，或者通过切除或投入双回路中的一条线路，切除或投入变电所中一部分并列运行的变压器等方法，改变电网的接线方式。

我国大多数风电场接入电网相对薄弱，风电机组启动与运行需要消耗大量无功功率，而风电机组自身无功电压调节能力不足，导致风电场接入点的电压波动，容易引起电网电压不稳定性问题。风电汇集地区的机械式电压调整方式（如投切电容器、电抗器等手段）受限于调节速度和调节次数，导致接入点电压不合格，甚至越限，存在引发风电机组高、低电压连锁脱网的风险。

另外，风电场电压稳定和电压质量问题也会对风电机组的正常运行造成影响。

双馈型风电机组定子直接与电网相连，转子绕组通过变流器与电网相连。双馈型风电机组变流器容量约等于发电机转差功率，一般为机组额定容量的20%~30%。在电网短路故障冲击作用下，电网电压的突然跌落会在转子绕组中感应出较大的暂态电压，进而产生很大的冲击电流，可能会毁坏转子侧变流器。

为解决电网电压跌落对风电机组的影响，可以采用撬棒控制等转子侧控制策略。撬棒控制虽然在一定程度上实现了风电机组的低电压穿越，但其发生作用时，由于转子侧变流器被阻断，风电机组若正常工作，需要从电网中吸收一定的无功功率，会给电网的电压恢复带来不利影响。

挖掘双馈型和直驱型风电机组无功调节能力，形成适合于风电高渗透率电力系统的调压方案，发挥风电对电网的无功支撑能力，具有重要的意义。

（二）风电机组调压

风电机组的调压能力即风电机组发出无功功率的能力。从发电机运行方式看，风力发电机分为恒速恒频风力发电机和变速恒频风力发电机两种类型。

恒速恒频风力发电机采用笼型异步发电机，当发电机的转子转速小于同步转速时，该发电机从电网吸收有功功率；当发电机的转子转速大于同步转速时，将风电机组的机械能转换为电能，向电网输出有功功率。这种类型的风力发电机在运行时需从电网吸收无功功率来建立磁场，不能向系统发出无功功率，需要配有附加无功补偿装置，如电容器。

变速恒频风力发电机主流为双馈型，正常运行状态下，双馈型感应发电机（Double Fed Inductive Generator，DFIG），具有灵活的功率调节特性，包括最大功率跟踪、输出功率解耦控制、转子侧变流器有功功率双向流动等，通过调节转子电流实现有功、无功功率解耦控制，扩大无功调节范围，在一定程度上起到支撑风电场并网点电压水平的作用，但其无功调节能力并非稳定、可靠。其无功调节的极限范围随其有功出力的变化而变化，风功率具有极强的随机波动性，必然使其无功调节能力随之波动。

双馈型风电机组可以通过控制其转子侧与网侧变流器产生无功功率，其中转子侧输出无功功率主要依托于励磁电流产生，网侧变流器则通过改变功率因数产生。

三、风储联合调频调压方案

风电和储能的联合，可充分发挥风电机组超速控制响应快速、变桨控制调节能力强、调节范围广和储能设备灵活可控等优点，规避风电机组超速控制能量有限、变桨控制响应时间长、频繁参与调节降低使用寿命、储能设备成本高等因素的影响，在满足系统调频需求的同时，提高风储系统的整体经济效益，控制简单，易于应用工程实践。

风储联合参与系统调频调压在控制上可分为3个模块，包括调频模块、调压模块和协同控制模块。其中，调频模块由风电机组功率备用模块、调频需求功率判定单元与调频功率分配模块组成，根据系统频率状态或调度需求，确定风储联合系统的有功功率输出；调压模块由调压需求功率判定单元与调压功率分配模块组成，根据系统电压状态或调度需求，确定风储联合系统的无功功率输出；协同控制模块由风电机组有功/无功功率输出参考值确定模块、储能有功/无功功率输出参考值确定模块组成，根据风电机组和储能运行状态，确定相应的有功功率、无功功率输出。

当检测到系统频率变化时，首先通过惯性控制，释放储备在风电机组转子中的超速备用容量，进行惯性响应。

随之，风电机组减载控制开始作用进行调频运行，包括超速控制及变桨控制。超速控制方法可以减小频繁变桨造成的机械磨损，控制速度快，其调节效能优于变桨控制。然而，当风速较高时，由于风电机组转子的转速限制，无法进行超速运行，需要采用变桨控制；当风速过低时（如接近切入风速），风电机组自身通过超速或变桨提供的调频能力有限，储能可以补充一定的调频容量。

当检测到系统电压变化时，通过调整风电机组励磁电流及网侧变流器功率因数可以使风电机组发出或吸收无功功率，参与系统调压。同样，受风电机组变流器容量及转子电流的限制，在系统无功需求较大时，储能可以补充一定的调压容量。

四、风储联合调频调压控制策略

考虑到风电受到风电机组变流器容量及转子电流限制，储能设备同样会受到配置容量限制。系统出现电压或者频率变化时，应根据风储运行状态，合理分配风电机组和储能设备的调频、调压容量，以实现最优的调节效果。

电力系统的频率依赖于有功功率的平衡，是靠系统内所有发电机组发出的有功功率总和与所有负荷消耗（包括网损）的有功功率总和之间的平衡来维持的。由于系统内的有功负荷是时刻变化的，从而导致频率的变化。为了保证频率在允许范围内，需要及时调整系统内各运行机组输出的有功功率。

电力系统的电压质量是电能质量的重要指标之一，其波动常常因电网的一些扰动而发生，如负荷出现了较大容量的投切动作，或者系统状态发生变化等。

第三节 基于储能的虚拟电厂

一、虚拟电厂概述

面对风电、光伏等分布式可再生能源的规模化接入，以及其出力随机、波动性等特点，传统电力系统在结构、形态以及运行模式上也必然会随之发生变革以适应新需求。结合当今先进的网络通信、实时监测、大数据处理等技术手段，虚拟电厂（Virtual Power Plant，VPP）出现并得到了快速发展。

简单来说，VPP 是一个聚合了电源、储能和可调负荷的有机结合体。电源可以包含传统的火电、水电以及光伏、风电等多种可再生能源；储能包括各种电池储能、抽水蓄能。用户可以加入 VPP 中参与需求侧响应（Demand Response，DR）计划，包括基于价格和基于激励的需求侧响应。电源、储能、负荷三者之间通过先进的通信技术与控制中心连接，实现了控制中心与各单元之间的双向通信。

储能的快速发展也给辅助市场带来了新的资源，基于储能的 VPP 有能力也有需求同时参与到能量市场和辅助市场中。可调负荷，通过 VPP 参与需求侧响应，获得相应的回报，这也是 VPP 之所以能参与到多类电力市场中的主要原因。而通信和控制技术的进步，突破了早期 VPP 参与需求侧响应计划的规模限制，在 VPP 容量、响应速度和调控精度等方面都有了长足进步。

在运营模式上，微电网侧重于“自治”，其自上而下的结构更多采用的是能源就地使用的方式，实现正常时并网运行，故障时孤岛运行。而 VPP 在设计理念上强调的是“参与”，通过吸引并聚合各种分布式资源，形成一个整体以参与电网调度或者电力市场交易。

在物理结构上，微电网是依靠各种电力元件与电力线路的整合，需要在实际物理层面上对电网进行结构上的拓展，因此微电网的覆盖范围会受限于地理位置。而 VPP 则是以通信技术与软件技术为基础，其聚合范围以及参与市场的交互范围只取决于通信的覆盖范围和可靠度。然后通过智能计量系统对范围内的分布式资源进行远程监控，采集到的信息通过通信网络进行交互。故 VPP 不需要对原有电网结构进行拓展，且覆盖范围远大于微电网。

在运行特性上，微电网相对于外部大电网为一个可控的功率元件，通过公共连接点处的开关控制，在正常时可以运行在“并网模式”，而在故障时可以运行在“孤岛模式”。而 VPP 一般只能运行于“并网模式”，所以其与电网系统相互作用的性能指标要求要更加严格。

风电、光伏、储能等分布式电源的规模化发展，以及电力市场的改革推进，成

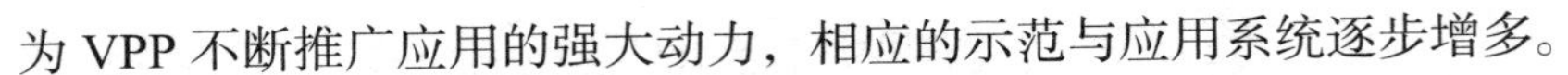

为 VPP 不断推广应用的强大动力，相应的示范与应用系统逐步增多。

VPP 依靠先进的通信控制硬件和智能计算软件，将地理位置分散的分布式资源进行有效聚合，可参与聚合的资源种类非常多，包括各种分布式电源、储能系统、可调负荷等。

在各种分布式电源中，典型的主要有风电和光伏，为不可控电源，其发电主要取决于风速和光照条件等。同时，还有一些可控分布式电源，包括各种部署于用户侧的冷热电联产机组（CCHP）、燃料电池等，其可调可控的特点提高了 VPP 的调控性能。

储能是 VPP 非常重要的调控手段和资源，保证 VPP 对控制区域内多种分布式资源的整合并提供快速精准的功率响应能力。随着储能技术的不断发展和快速部署，VPP 消纳、整合、管理电力资源的能力将会越来越强，也正因如此，国内外很多的 VPP 项目均是依托于大规模储能系统开展的。储能大多以电池储能系统为主，而随着电动汽车的大量出现，通过对电动汽车的有序充放电管理，也可以作为分布式储能资源参与 VPP 调控，给 VPP 增加了灵活调控手段。

二、虚拟电厂中储能技术的应用

（一）储能技术

1. 储能技术的内涵

储能技术简单来说主要是指电能的储存。从广义上来看储能即能量存储，是指通过一种介质或者设备来将一种能量形式应用另外一种方式来展现或者存储，并在未来应用的时候以特定能量的形式释放出来。储存的能量可以作为社会发展的应急能源，也可以作为电网负荷低时的一种能量补充支持，即在电网高负荷的时候输出能量，用来削峰填谷，减轻电网波动。

2. 储能技术的应用方向

（1）电化学储能

电化学储能技术在适用性、效率、寿命、充放电、重量和便携式方面更具优势。从发展实际情况来看，我国电化学储能项目的年增长率达到45%，超过全球增速。电化学储能技术主要在集中式可再生能源并网、辅助服务以及用户侧等领域中的应用比较活跃。① 可再生能源并网。在“自发自用、余电上网”模式下，用户电价高于当地脱硫煤上网电价，且用户自发自用部分占比越大，收益就越高。储能技术在光伏发电中的引入能够缓解光伏发电高峰期和用户用电高峰值的时间错位，在实现对电力资源科学利用的同时提升光伏自用率和用户收益。② 用户侧。在我国一些经

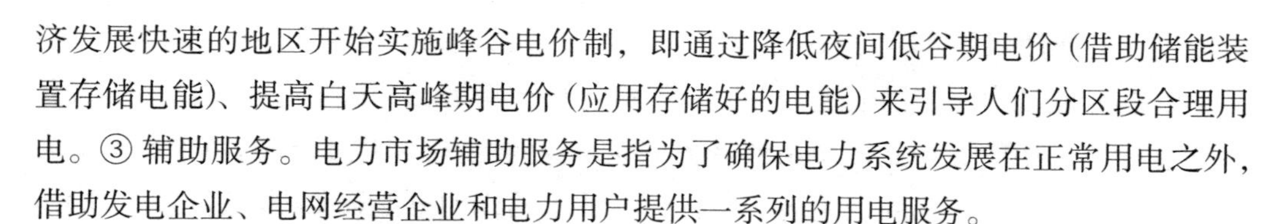

济发展快速的地区开始实施峰谷电价制，即通过降低夜间低谷期电价（借助储能装置存储电能）、提高白天高峰期电价（应用存储好的电能）来引导人们分区段合理用电。③ 辅助服务。电力市场辅助服务是指为了确保电力系统发展在正常用电之外，借助发电企业、电网经营企业和电力用户提供一系列的用电服务。

（2）机械储能

机械储能在具体应用的时候需要将多余的电能转变为一种势能、动能等机械能的形式来进行存储，机械储能包含以下几种类型：第一，抽水蓄能。抽水蓄能主要是指在电力负荷较低的时候，将水资源从地下水库中调整转移到地上水库中，在水库之间的转变将水利资源转变为电力资源。在资源能源经过一系列转换之后更好地提升电力发送功能。在对比各种储能技术之后发现，当前成熟度和优越性最高的要属抽水蓄能，占比最高。但是抽水蓄能操作也存在一定的使用局限，具体表现为厂址的选择受上下水库地理位置的影响，大多数情况下与负荷中心较远、耗资大、施工工期长。

（3）电磁储能

电磁储能是将多余的电力转变为电磁的形式来进行存储，具体包含以下几种形式：① 超导磁储能。这种储能主要是利用超导材料制作出超导线圈，之后在变流器、功率变换器的作用下来将电能转变为电磁能，为用户用电提供重要支持。从实际应用情况来看，超导磁储能具有反应时间快、功率密度高、能量消耗少的优势，且充放电的效率能够达到95%以上。② 超级电容器储能。超级电容器储能在具体应用操作的时候分成两种，第一种是双电层电容器储能。双电层电容器储能是指在电极、电解质溶液之间形成的双电层库仑力和分子作用力等固液界面符号相反的两层电荷。法拉第准电容器主要是指在电极表面或者体相中的二维空间上，电活性物进行欠电位沉积，之后出现较高强度的可逆性化学吸附。第二种是超级电容器储能。超级电容器储能具备充放电反应快、功率密度高、储能效率高、安全稳定等特点。

（二）储能技术在虚拟电厂中的应用

1. 在储能技术的作用下提高可再生能源利用率

虚拟电厂包含多种形式的可再生资源，但是从发展实际情况来看，受外界因素的影响，可再生资源的使用存在较强的波动性、随机性和不可预测性等特点，应用稳定性较差。储能技术在虚拟电厂中的应用能够有效弥补可再生资源使用和转化的应用局限，提升可再生能源发电并网运行能力，减少可再生能源使用的波动性和不确定性。在风力发电、光伏发电超出规定数值的时候，可以将多余的功率临时放在储能设备上；在可再生能源出力缺乏的时候，可以借助储能技术将存储在设备中的能源进行转换使用。

2. 在储能技术的作用下提升虚拟电厂的电能质量

虚拟电厂中的分布式能源虽然具备节能环保的特点，但是广泛的使用产生了大量的谐波，干扰了系统的稳定运行。在储能技术的作用下能够借助其逆变器，输出和谐波相反的电流，通过补偿操作来提升虚拟电厂的电能质量。当系统中发电侧的供给和负荷需求不平衡时，系统频率会产生一定偏差。在这种情况下，借助储能技术能够平衡这种频率偏差，比如在系统运行对负荷需求量较大、电力系统频率降低、频率偏差为负数的时候，可以借助储能装置来确保系统供电平衡，降低偏差；在系统运行对负荷需求量较小、系统频率增高、频率偏差为正数的时候，可以借助储能装置来确保系统供电平衡，降低偏差。

3. 在储能技术的作用下提升虚拟电厂的供电可靠性

在借助可再生能源发电的时候，受外界环境因素的影响有时候会使得可再生能源发电设备产生的力量为零。同时，电网在出现故障之后也会中断用户的用电。在这种情况下，借助储能系统能够确保虚拟电厂为用户始终提供持续的供电支持。

(三) 储能技术在虚拟电厂应用中存在的问题和未来发展展望

1. 储能技术在虚拟电厂应用中存在的问题

首先，储能技术在虚拟电厂的应用成本较高。储能技术在虚拟电厂运行中的应用处于起步阶段，受材料、技术等因素的影响，储能技术难以大规模地被广泛应用到虚拟电厂中。其次，各种储能技术不能同时兼顾虚拟电厂的要求。不同形式的存储技术在具体应用的时候都存在一定的使用局限，无法有效兼顾各个虚拟电厂的发展需要。

2. 储能技术在虚拟电厂的应用展望

随着清洁能源技术不断取得突破以及智能电网技术的普及应用，虚拟电厂将会迎来更加广阔的发展空间。相应地，储能技术也会被人们更加全面地应用到虚拟电厂中。在这样的发展背景下，国家在资金、政策和制度等方面就储能技术在虚拟电厂发展中的应用予以了充分的支持，在一定程度上提升了充放电的效率和速度，增强了虚拟电厂运行的安全性能，提升了储能设备的能量密集度。在国家对储能技术的应用需求下，可以有选择地将各个适合的储能技术进行组合应用，在充分发挥各自优点的情况下更好地促进储能技术在虚拟电厂中的应用。在选择储能技术时候要注重遵循国家环保发展原则。

利用储能技术，虚拟电厂综合运营服务平台能够对各个生产领域非核心生产设备、空调、照明灯等用电设备实行柔性改造，对用户用数据进行监测、分析。通过合理减少终端用电需求，提升分布式新能源的利用效率，从而产生“富余”电能，起到类似增加建设电厂的效果。

电动汽车由于其经济、环保等优点可以作为新能源开发的重要载体，为此，可以在保证电动汽车用户正常出行的前提下，将电动汽车中所具备的电池充当储能设备，在负荷低谷时段充电，在峰时段放电。并在具体应用操作的时候将充电站的具体用电情况控制在合理的范围内，进而减少对储能设备的投资，提升电动汽车电池的综合利用率。

参考文献

[1] 赵仲民 . 电力系统与分析研究 [M]. 成都：电子科技大学出版社，2017.07.

[2] 黄桂春，张过有，翟溪 . 电力系统继电保护 [M]. 延吉：延边大学出版社，2017.11.

[3] 唐飞，刘涤尘 . 电力系统通信工程 [M]. 武汉：武汉大学出版社，2017.07.

[4] 王彦辉，王敬敏 . 电力系统安全风险评估及应急管理 [M]. 北京：中国质检出版社，2017.11.

[5] 杨培宏 . 电力系统低频振荡分析方法与控制策略 [M]. 成都：电子科技大学出版社，2017.09.

[6] 肖洪 . 电力系统继电保护技术基础实验教程 [M]. 济南：山东大学出版社，2017.03.

[7] 何国军 . 电力调度自动化系统运维管理技术 [M]. 重庆：重庆大学出版社，2017.12.

[8] 聂小武 . 电力机车制动系统检修与维护 [M]. 成都：西南交通大学出版社，2017.02.

[9] 马晓久 . 电力系统通信技术 [M]. 北京：九州出版社，2017.12.

[10] 朱应敏，王维超，张大兴 . 现代电力系统 [M]. 北京：电子工业出版社，2017.01.

[11] 林亚君 . 电力系统实验指导 [M]. 厦门：厦门大学出版社，2018.12.

[12] 杨一平，穆亚辉，薛海峰 . 电力系统安装与调试 [M]. 哈尔滨：哈尔滨工程大学出版社，2018.12.

[13] 杜志强，徐庆坤 . 新能源与电力系统研究 [M]. 北京：北京工业大学出版社，2018.05.

[14] 刘小保 . 电气工程与电力系统自动控制 [M]. 延吉：延边大学出版社，2018.06.

[15] 陈歆技 . 电力系统智能变电站综合自动化实验教程 [M]. 南京：东南大学出版社，2018.04.

[16] 殷伟斌 . 电力系统金属材料防腐与在线修复技术 [M]. 北京：机械工业出版社，2018.01.

[17] 李媛媛，曾国辉 . 电力电子系统与控制 [M]. 北京：中国铁道出版社，2018.05.
[18] 谢若承 . 电力 ERP 系统运维管理 [M]. 杭州：浙江大学出版社，2018.07.
[19] 李静，程祥 . 电力系统过电压 [M]. 北京：科学出版社，2018.12.
[20] 朱一纶 . 电力系统分析 [M]. 北京：机械工业出版社，2018.04.
[21] 杨剑锋 . 电力系统自动化 [M]. 杭州：浙江大学出版社，2018.06.
[22] 宋云亭，丁剑，唐晓骏 . 电力系统新技术应用 [M]. 北京：中国电力出版社，2018.03.
[23] 王承民，孙伟卿，王简 . 电力系统柔性评价与分析 [M]. 北京：科学出版社，2018.08.
[24] 霍慧芝，赵菁 . 电力系统自动装置 [M]. 重庆：重庆大学出版社，2019.11.
[25] 张明君，伦淑娴，王巍 . 电力系统微机保护 [M]. 北京：冶金工业出版社，2019.04.
[26] 张文豪 . 电力系统数字仿真与实验 [M]. 上海：同济大学出版社，2019.05.
[27] 王耀斐，高长友，申红波 . 电力系统与自动化控制 [M]. 长春：吉林科学技术出版社，2019.05.
[28] 陈生贵，袁旭峰 . 电力系统继电保护 [M]. 重庆：重庆大学出版社，2019.04.
[29] 韩子娇，杨林，杨晓明 . 电力系统网源协调知识题库 [M]. 沈阳：东北大学出版社，2019.02.
[30] 杨明 . 电力系统运行调度的有效静态安全域法 [M]. 北京：机械工业出版社，2019.07.
[31] 张家安 . 电力系统分析 [M]. 北京：机械工业出版社，2019.09.
[32] 孙丽华 . 电力系统分析 [M]. 北京：机械工业出版社，2019.01.
[33] 王灿，徐明 . 电力系统自动装置 [M]. 北京：中国电力出版社，2019.01.
[34] 孙淑琴，李昂，李再华 . 电力系统分析 [M]. 北京：机械工业出版社，2019.01.